Metodologia de pesquisa científica:
fundamentos, princípios e processos

Ronaldo Domingues Filardo

Metodologia de pesquisa científica: fundamentos, princípios e processos

Rua Clara Vendramin, 58 . Mossunguê
CEP 81200-170 . Curitiba . PR . Brasil
Fone: (41) 2106-4170
www.intersaberes.com
editora@intersaberes.com

Conselho editorial
Dr. Alexandre Coutinho Pagliarini
Drª. Elena Godoy
Dr. Neri dos Santos
Mª. Maria Lúcia Prado Sabatella

Editora-chefe
Lindsay Azambuja

Gerente editorial
Ariadne Nunes Wenger

Assistente editorial
Daniela Viroli Pereira Pinto

Copidesque e edição de texto
Tiago Krelling Marinaska

Capa
Sílvio Gabriel Spannenberg

Projeto gráfico
Bruno Palma e Silva

Adaptação do projeto gráfico
Mayra Yoshizawa

Diagramação
Renata Silveira

Iconografia
Regina Claudia Cruz Prestes
Sandra Lopis da Silveira

Dados Internacionais de Catalogação na Publicação (CIP)
(Câmara Brasileira do Livro, SP, Brasil)

Filardo, Ronaldo Domingues
    Metodologia de pesquisa científica : fundamentos, princípios e processos / Ronaldo Domingues Filardo. - Curitiba, PR : InterSaberes, 2024.

    Bibliografia.
    ISBN 978-85-227-0824-6

    1. Ciência – Metodologia 2. Pesquisa – Metodologia 3. Trabalhos científicos I. Título.

23-170409   CDD-001.42

Índices para catálogo sistemático:
1. Pesquisa científica : Metodologia   001.42

Cibele Maria Dias – Bibliotecária – CRB-8/9427

1ª edição, 2024.
Foi feito o depósito legal.

Informamos que é de inteira responsabilidade do autor a emissão de conceitos.

Nenhuma parte desta publicação poderá ser reproduzida por qualquer meio ou forma sem a prévia autorização da Editora InterSaberes.

A violação dos direitos autorais é crime estabelecido na Lei n. 9.610/1998 e punido pelo art. 184 do Código Penal.

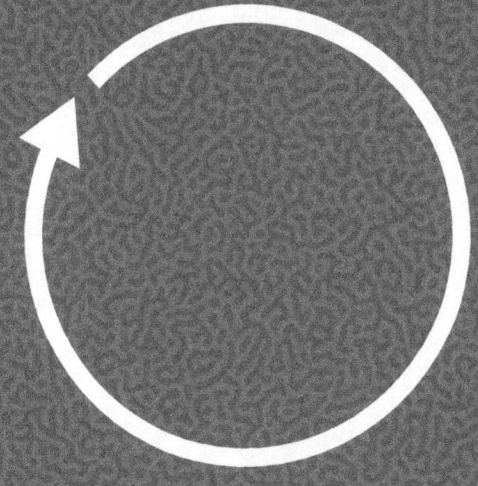

SUMÁRIO

APRESENTAÇÃO p. 11

capítulo 1 **Fundamentos do conhecimento humano** p. 17

- *1.1* **Ideia** p. 20
- *1.2* **Pensamento** p. 22
- *1.3* **Conhecimento** p. 25
- *1.4* **Ciência** p. 35
- *1.5* **Metodologia** p. 37

capítulo 2 **Fundamentos da pesquisa científica** p. 47

- *2.1* **Natureza da pesquisa** p. 53
- *2.2* **Abordagem filosófica** p. 57

2.3   Tipos de pesquisa, p. 62

2.4   Métodos científicos p. 72

2.5   Abordagem metodológica p. 76

2.6   Objetivos p. 92

2.7   Estratégias ou desenhos (*designs*) p. 98

2.8   Temporalidade ou horizonte temporal p. 122

capítulo 3   **Processo intelectual de um projeto acadêmico** p. 125

3.1   Revisão de literatura: pré-problema p. 128

3.2   Problema da pesquisa p. 131

3.3   Definições operacionais p. 138

3.4   Revisão de literatura: pós-problema p. 141

3.5   Hipóteses p. 150

3.6   Objetivos p. 155

3.7   Desenho (*design*) p. 158

3.8   Coleta de dados p. 163

3.9   Variáveis p. 177

3.10 Resultados e conclusões p. 181

capítulo 4   **Aspectos práticos da redação de um projeto de pesquisa** p. 183

4.1   Projeto de pesquisa: um documento direto p. 185

4.2   Tópico a tópico p. 188

4.3   Recomendações gerais: detalhamento da proposta de pesquisa e estruturação do texto com base nas abordagens quantitativa e qualitativa p. 212

capítulo 5		**Formas de apresentação de trabalhos acadêmicos** p. 219
	5.1	Elaboração do relatório de pesquisa p. 221
	5.2	Tipos de trabalhos acadêmicos p. 226
	5.3	Apresentações da pesquisa em eventos p. 231
	5.4	Artigos de periódicos p. 236
	5.4	Lista de verificação de conceitos e considerações relacionadas à pesquisa p. 239
	5.5	Compartilhando autoria p. 242
	5.6	Respondendo às críticas dos revisores p. 243
capítulo 6		**Aspectos práticos instrumentais da redação de pesquisa científica** p. 245
	6.1	Exemplos de *sites* de pesquisa científica p. 248
	6.2	Como armazenar a pesquisa p. 250
	6.3	Microsoft Office® p. 253
	6.4	Apresentação oral do trabalho científico p. 308
	6.5	Apresentação impressa de trabalhos p. 314

CONSIDERAÇÕES FINAIS p. 319

REFERÊNCIAS p. 323

SOBRE O AUTOR p. 335

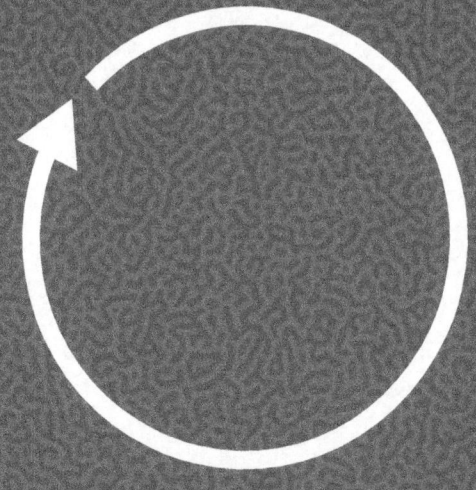

Apresentação

A formação acadêmica demanda foco na produção de conhecimento. Para tanto, o estudante deve dominar a capacidade de "ler de forma científica", ou seja, de extrair informações relevantes e identificar linhas de pensamento.

É somente por meio da leitura de forma científica que o estudioso se torna capaz de auferir conhecimentos de materiais acadêmicos; portanto, as competências da leitura, do pensamento e da análise, quando somadas, têm como resultado o desenvolvimento de conhecimento. Por meio dessa competência, o estudante/pesquisador pode conceber uma ideia própria ou emitir considerações fundamentadas sobre determinado(s) aspecto(s) da realidade.

Essa prática é fundamental para o âmbito científico, pois muitas vezes o conhecimento necessário para algum tipo de empreendimento ainda não disponível, o que demanda a pesquisa, e mais especificamente a dita *pesquisa científica*, que exige um método – naturalmente – científico.

Todavia, nem todo método é científico, pois, para sê-lo, ele deve passar por uma série de etapas até que se torne científico de fato. Por exemplo: cotar o preço de um tênis em diferentes lojas não exige um método científico, e qualquer pessoa pode fazê-lo; contudo, cotar o preço de um tênis visando determinar a melhor opção em determinadas condições pode exigir certo conhecimento em pesquisa científica. Portanto, quanto mais variados forem os critérios, mais apurada poderá ser a pesquisa, mesmo a não científica.

Assim, a pesquisa científica (ou a forma de se pensar pesquisa) pode transcender os laboratórios e passar a fazer parte do cotidiano de qualquer acadêmico ou profissional de qualquer área de atuação. Pesquisar é a arte de se questionar, organizar, fundamentar e produzir algo (inédito ou não) que de alguma maneira contribua para determinada área.

Esta obra tratará dos fundamentos do conhecimento, dos princípios da pesquisa, do processo científico e de como pesquisar um tema pesquisado. Com base nas abordagens conceitual e procedimental, o conteúdo do livro é distribuído e estruturado da seguinte maneira:

No Capítulo 1, tratamos dos **fundamentos** mais caros à metodologia da ciência, tais como conhecimento, método e ciência.

No Capítulo 2, apresentamos as especificidades da **pesquisa científica** propriamente dita, apontando sua abordagem, sua natureza, seus objetivos e seus procedimentos.

No Capítulo 3, tratamos das **características procedimentais** da pesquisa, descrevendo o desenvolvimento do raciocínio científico.

Ainda nessa esteira, no Capítulo 4 passamos a elencar os **componentes do projeto** e as demandas de elaboração de todos esses elementos.

No Capítulo 5, tratamos sobre os **trabalhos acadêmicos**, suas diferentes categorias e seus correspondentes formatos de apresentação.

No Capítulo 6, abordamos **aspectos práticos das apresentações de trabalhos científicos**, apresentando recomendações e direcionamentos de operacionalização da produção textual da pesquisa até o momento da apresentação do trabalho.

Assim, os objetivos serão, no geral, apresentar os itens de uma pesquisa científica necessários para a realização de um trabalho acadêmico. Como objetivos específicos, propomos: 1) estabelecer inter-relações com o conhecimento científico e outras modalidades de conhecimento; 2) apresentar métodos e processos aplicáveis à pesquisa em suas diversas etapas; e 3) demonstrar como confeccionar e apresentar um trabalho de conclusão de acordo com os padrões requisitados no âmbito acadêmico.

Fundamentos do conhecimento humano

Conteúdos do capítulo:

- Conceitos de ideia.
- Definições de *pensamento*.
- Categorias de conhecimento.
- Especificidades da ciência.
- Fundamentos da metodologia científica.

Nossas criações, nossa influência sobre o mundo, nossos sistemas de pensamento, nossas construções teóricas e nossas tecnologias foram e continuam sendo resultado de reflexões e elaborações que ser tornaram cada vez mais complexas no decorrer da história. Desse cenário surgiu a pesquisa científica, ferramenta fundamental para a construção do conhecimento da humanidade e a sua evolução, que nos legou realizações de pessoas que questionaram a realidade e propuseram soluções para os problemas que as inquietavam.

Essa dinâmica e sua complexidade dependem da realização de **processos**, que, por sua vez, pressupõem um modo de ver e analisar fenômenos da realidade e aprender com eles. Essas atividades podem produzir resultados ótimos, se executadas de acordo com todas as suas etapas, ou podem se desestruturar e não chegar a lugar algum quando interrompidas inadvertidamente ou conduzidas de maneira imprópria. Esse sistema não é diferente no âmbito da metodologia de pesquisa, fundamental tanto para a construção de conhecimentos acadêmicos quanto para a consolidação de conhecimentos das mais diversas áreas profissionais.

Levando em consideração que a disciplina de Metodologia da Pesquisa é fundamentada em conceitos básicos, ou premissas, que devem ser rigorosamente observados, a trajetória acadêmica e profissional de inúmeros estudiosos depende desse cuidado. Vamos começar com os conceitos[1] básicos de **ideia, pensamento, conhecimento** e **ciência**.

1.1 Ideia

De acordo com Nicola Abbagnano, em seu *Dicionário de filosofia* (2013), o termo *ideia* refere-se, entre outros significados, a "um objeto qualquer, do pensamento humano, ou seja, como uma representação em geral" (Abbagnano, 2013, p. 608). Muitas são as aplicações desse conceito, como demonstra o citado autor:

> *Esse significado já se encontra na tradição literária (p. ex., em MONTAIGNE, Essais, II, 4), mas Descartes introduziu-o na linguagem filosófica, entendendo por I. o objeto interno do pensamento em geral. Nesse sentido, afirma que por I. se entende "a forma de um pensamento, para cuja imediata percepção estou ciente desse pensamento" (Resp. II, def. 2). Isso significa que a I. expressa aquele caráter fundamental do pensamento graças ao qual ele fica imediatamente ciente de si mesmo. Para Descartes, toda I. tem, em primeiro lugar, uma realidade como ato do pensamento e essa realidade é puramente subjetiva ou mental. Mas, em segundo lugar, tem também uma realidade que Descartes denominou escolasticamente de objetiva, porquanto representa um objeto: neste sentido as I. são "quadros" ou "imagens" das coisas (Méd., III). Esta terminologia era amplamente aceita pela filosofia pós-cartesiana. A Lógica de Port-Royal adotou-a, entendendo por I. "tudo o que está*

---

1 Para Silva e Porto (2016, p. 16), os "conceitos são verdadeiras ferramentas com as quais o sujeito capta a realidade, organiza e classifica suas vivências, faz planejamentos, estabelece relações e interpreta tudo a sua volta. Em nosso cotidiano, se não utilizarmos de modo natural e espontâneo vários conceitos, é impossível debatermos qualquer assunto, mesmo em situações informais como uma conversa sobre futebol, sobre assuntos do nosso trabalho ou sobre a educação dos filhos".

em nosso espírito quando podemos dizer com verdade que concebemos uma coisa, seja qual for a maneira como a concebemos" (ARNAULD, Log., I, 1). Também foi aceita por Malebranche (Rech. de Ia ver., II, 1) e Leibniz, que considera as I. como "os objetos internos" da alma (Nouv. ess. II, 10, § 2). Este último, porém, pretendia reservar o termo I. apenas para o conhecimento claro, distinto e adequado, passível de ser analisado em seus constituintes últimos e isento de contradições (Phil. Schriften, ed. Gerhardt, IV, pp. 422 ss.). Espinoza, por sua vez, entendia por I. "o conceito formado pela mente enquanto pensa" e preferia a palavra "conceito" a "percepção" porque a percepção parece indicar a passividade da mente diante do objeto, enquanto o conceito exprime sua atividade (Et., II, def. 3). Por outro lado, Hobbes já definira a I. como "a memória e a imaginação das grandezas, dos movimentos, dos sons, etc, bem como da ordem e das partes deles, coisas estas que, apesar de serem apenas I. ou imagens, ou seja, qualidades internas da alma, aparecem como externas e independentes da alma" (De corp., 7, § 1). Mas, sem dúvida, foi Locke quem difundiu esse significado (Ensaio, I, 1, 8) e o impôs ao empirismo inglês e ao Iluminismo, através dos quais entrou para o uso comum. Para Locke, assim como para Descartes, a I. é o objeto imediato do pensamento: I. é "aquilo que o homem encontra em seu espírito quando pensa" (ibid., II, 1,1). No prefácio da 4ª edição do Ensaio, Locke insistia na conexão da I. com a palavra. "Escolhi esse termo" – dizia ele – "para designar, em primeiro lugar, todo objeto imediato do espírito, que ele percebe, tem à sua frente e é distinto do som que ele emprega para servir-lhe de signo; em segundo lugar, para mostrar que essa I. assim determinada, que o espírito tem em si mesmo, conhece e vê em si mesmo, deve estar ligada sem mudanças àquele nome, e aquele nome deve estar ligado exatamente àquela ideia" (Ibid., trad. it., I, p. 23). Tais observações permaneceram como fundamento dessa noção que, nesse aspecto, acabou por identificar-se com a noção de representação. Wolff dizia: "A representação de uma coisa denomina-se I. quando se refere à coisa, ou seja, quando é considerada objetivamente" (Psychol. empírica, § 48). O iluminismo alemão aceitou esse significado atribuído por Wolff ao termo, mas este, como dissemos, depois seria impugnado por Kant. Nesse segundo significado, esse termo não se distingue de representação, e os problemas a ele relativos são os mesmos relativos à consciência em geral. Contudo, há um significado no qual a palavra I. (aliás, a única usada na linguagem comum) continua distinguindo-se de "representação": é aquele graças ao qual, tanto na linguagem comum quanto na filosófica, ela indica o aspecto de antecipação e projeção da atividade humana, ou, como diz Dewey, uma possibilidade. "Uma I. é, acima de tudo, uma antecipação de alguma coisa que pode acontecer: ela marca uma possibilidade" (Logic, II, 6; trad. it., p. 164). (Abbagnano, 2013, p. 611)

Portanto, podemos concluir que a ideia pode ser considerada a manifestação de um pensamento, o despertar de um tipo de pensamento; realidade subjetiva; projeção objetiva de elementos da realidade; produto efetivo e verdadeiro de nosso espírito; materialização de objetos e coisas ao nosso redor; conhecimento racional, elaborado de maneira criteriosa, isento de qualquer incoerência; conceitualização da mente pensante; exercício da imaginação dos elementos da realidade. Contudo, seu significado mais importante para o escopo desta obra é o de potencialidade, ou seja, de capacidade de antecipar e projetar nossos desejos, nossos anseios, nossos empreendimentos, nossos projetos.

1.2 Pensamento

O pensamento, por sua vez, exige uma faculdade, além da imaginativa, que permeia o campo das ideias, pois exige um conhecimento mínimo de algo. De acordo com Hax (2015, p. 14-15),

A palavra "pensamento", como outras palavras que exibem a capacidade de especificar um ato e o conteúdo ou resultado desse ato, pode ser usada para designar a atividade de pensar e para designar o conteúdo desta atividade. Podemos, em ocasiões distintas, pensar o mesmo conteúdo. O conteúdo do pensar é abstrato. Em cada ocasião distinta, a atividade de pensar é concreta.

[...]

[O] pensar tem a propriedade básica de dirigir-se a algo. Pensar é pensar em algo. Franz Brentano (1874) afirmou que todo pensamento é "dirigir-se" a algo. "Intencionalidade" é o nome dado à característica de dirigir-se a algo. Em outras palavras, podemos dizer que o pensamento dirige-se para algo.

[A] intencionalidade [é] uma propriedade básica do pensar. É da natureza do pensar que ele seja intencional. Na condição de uma propriedade básica, ela não pode ser instaurada por meio da exemplificação de outras propriedades. Considero que qualquer atividade que possa ser classificada como uma atividade de pensar possui essa propriedade de forma primitiva.

Podemos aceitar que o pensar tem essa característica sem ter que aceitar a tese de que existe a entidade acerca da qual versa o pensar. Para simplificar, designo a entidade ou entidades acerca das quais um pensamento versa com o termo "tema".

[Quando] alguém pensa sobre uma entidade existente, está em uma relação real com essa entidade. Nessas situações, não apenas o pensante está em uma atividade de pensar. Há também uma relação genuína entre o pensante e o tema de seu pensar.

[...]

Pensar sobre algo é estar em uma relação real com aquele algo. É uma relação real que para acontecer exige a existência daquele que pensa e do tema do pensar.

Eu aceito que a intencionalidade, esta capacidade de dirigir-se para algo, é uma propriedade básica do pensar. Como, porém, o tema de um pensamento não é-lhe interno, a existência do pensamento não garante a existência do tema de pensamento. A simples intencionalidade, propriedade de qualquer atividade de pensar, não garante a ancoragem. É isso que confere especial importância aos pensamentos que versam sobre coisas reais.

É quando o pensamento ancora-se em algo real que temos aquela situação especial em que a mente daquele que pensa entra em uma relação real com algo externo ao pensar. Este é um estado de coisas cuja realização envolve três entidades: o pensante (um sujeito, uma mente, uma consciência) a relação de pensar em algo e a entidade sobre a qual o pensante pensa. Se uma das três não existe, o estado de coisas não se realiza.

Assim sendo, estamos diante de uma manifestação mais elaborada que a ideia. Trata-se de uma construção resultante da capacidade de direcionarmos nossas percepções para os mais diversos aspectos, sejam eles ligados à nossa realidade circundante ou não. Portanto, é por meio do pensamento que estabelecemos uma relação com os objetos e tecemos impressões e reflexões sobre eles, em um fenômeno composto pelo trinômio "pensante-pensar-entidade na qual se pensa".

1.3 Conhecimento

Do ponto de vista de Lalande (1993, p. 192, citado por Mota, Prado e Pina, 2008, p. 112):

a) *Ato do pensamento que põe legitimamente um objeto enquanto objeto, quer se admita ou não uma parte de passividade neste conhecimento.*

b) *Ato do pensamento que penetra e define o objeto do seu conhecimento. O conhecimento perfeito de uma coisa é, neste sentido, aquele que, subjetivamente considerado, não deixa nada obscuro ou confuso na coisa conhecida; ou que, objetivamente considerado, não deixa fora dele nada do que existe na realidade à qual se aplica.*

c) *Conteúdo do conhecimento no sentido A (pouco usado).*

d) *Conteúdo do conhecimento no sentido B. Muito frequente, sobretudo, no plural: os conhecimentos humanos, etc.*

Por sua vez, para a filosofia, Abbagnano (2007, p. 174) definiu conhecimento como

> *em geral, uma técnica para a verificação de um objeto qualquer, ou a disponibilidade ou posse de uma técnica semelhante. Por técnica de verificação deve-se entender qualquer procedimento que possibilite a descrição, o cálculo ou a previsão controlável de um objeto; e por objeto deve-se entender qualquer entidade, fato, coisa, realidade ou propriedade. Técnica, nesse sentido, é o uso normal de um órgão do sentido tanto quanto a operação com instrumentos complicados de cálculo: ambos os procedimentos permitem verificações controláveis. Não se deve presumir que tais verificações sejam infalíveis e exaustivas, isto é, que subsista uma técnica de verificação que, uma vez empregada em relação a um conhecimento C. x, torne inútil seu emprego ulterior em relação ao mesmo C, sem que este perca algo de sua validade.*

O conhecimento como verificação por meio de uma técnica (conjunto de procedimentos sustentados por uma teoria) demanda pensamento sistematizado por meio de um método, pois é essa dinâmica que pode resultar em mais conhecimento; caso contrário, temos apenas ideias comuns, que, por sua vez, são ausentes de teorias.

Logo, as construções teóricas relacionadas ao conhecimento são divididas em:

- **Gnosiologia**: de acordo com Gomes (2009), refere-se "às propriedades fundamentais necessárias à constituição do sujeito e suficientes para que os objetos produzam efeitos na construção do sentido consciente, e no desenvolvimento do intelecto".
- **Epistemologia**: diz respeito à "filosofia da ciência, isto é, quais os tipos de inquéritos e comprovações utilizados para definir uma crença como verdadeira ou falsa" (Gomes, 2009).
- **Metodologia**: refere-se aos "vários tipos particulares de métodos, [organizando-os] num sistema, que orienta num todo teórico o trabalho de investigação da realidade. A metodologia explica um conjunto de métodos, donde também decorre a técnica" (Nunes, 1993, p. 51).

1.3.1 Conhecimento humano

O conhecimento humano pode ser dividido em **empírico** (também dito "popular" ou "senso comum"), **filosófico** e **científico**. Essas categorias de conhecimento pressupõem atributos da verdade, conceito que nunca deve ser tomado de modo absoluto. Vejamos o conceito de falseabilidade, criado pelo filósofo Karl Popper, que ilustra essa afirmação:

Na construção dos elementos que constituem o conhecimento, o processo de construção da verdade está implícito entre conceitos e juízos que, tirados das experiências da sensibilidade, constituem precisamente o objeto próprio do conhecimento sensível, que é o primeiro conhecimento. Portanto, Popper se baliza dentro da perspectiva da falseabilidade de teorias e dos enunciados universais, assim, postula que sua posição está alicerçada numa assimetria entre verificabilidade e falseabilidade, assimetria esta que decorre de forma lógica dos enunciados universais (POPPER, 2011). Para Popper (2011), o confronto da teoria com as asserções de teste, porém, nunca é direta; há necessidade de se combinar as leis universais com condições específicas e derivar, dedutivamente, hipóteses ou conclusões com baixo nível de generalidade. Estas podem, em princípio, ser confrontadas com os fatos. Se os fatos apoiarem as conclusões, se as conclusões forem dadas como verdadeiras, não há retransmissão da verdade para as hipóteses com alto nível de generalidade – as leis universais. Apesar disso e considerando que, não importa quantas "confirmações" de uma teoria tenham sido obtidas, é sempre logicamente possível que no futuro se derive uma conclusão que não venha a ser confirmada. (Helfer; Fischborn, 2019, p. 8)

Portanto, de acordo com o exemplo em tela, para que determinada construção teórica seja considerada comprovada, ela deve ser resistente a várias investidas de refutação. Assim, teorias que não puderem ser expostas a tal processo não são válidas, devendo ser tomadas por "mitos".

1.3.2 **Conhecimento empírico**

De acordo com Cantanhede (2022),

O empirismo (do grego empeirìa, que significa experiência) é um ramo filosófico nascido na segunda metade do século XVII na

Grã-Bretanha. O conhecimento humano deriva exclusivamente dos sentidos ou da experiência.

Em um sentido amplo, entende-se por empirismo uma abordagem prática e experimental para aprender, baseada na investigação e um modo de proceder de acordo com as observações do cotidiano.

O conhecimento empírico é produto da experiência, é adquirido quando os órgãos dos sentidos estabelecem contato com o mundo externo.

Esse tipo de conhecimento permitiu que a humanidade acumulasse experiências valiosas ao longo de sua história.

Para Lakatos e Marconi (p. 18, 2011), o conhecimento popular é

> valorativo por excelência, pois se fundamenta numa seleção operada com base em estados de ânimo e emoções: como o conhecimento implica uma dualidade de realidades, isto é, de um lado o sujeito cognoscente e, de outro, o objeto conhecido, e este é possuído, de certa forma, pelo cognoscente, os valores do sujeito impregnam o objeto conhecido. É também reflexivo, mas, estando limitado pela familiaridade com o objeto, não pode ser reduzido a uma formulação geral. A característica de assistemático baseia-se na "organização" particular das experiências próprias do sujeito cognoscente, e não em uma sistematização das ideias, na procura de uma formulação geral que explique os fenômenos observados, aspecto que dificulta a transmissão, de pessoa a pessoa, desse modo de conhecer. É verificável, visto que está limitado ao âmbito da vida diária e diz respeito ao que se pode perceber no dia a dia. Finalmente, é falível e inexato, pois se conforma com a aparência e com o que se ouviu dizer a respeito do objeto. Em outras palavras, não permite a formulação de hipóteses sobre a existência de fenômenos situados além das percepções objetivas.

Portanto, o conhecimento empírico apoia-se nos estímulos sensoriais que nos cercam a cada momento para compor qualquer manifestação de conhecimento, direcionando-se sempre do concreto para o abstrato. Nessa abordagem, o saber tem sua origem no particular, haja vista que a forma como o pensamento direciona seu foco não é regida por conceitos universais, ao passo que "a universalidade dos conceitos (obtida por meio de generalizações) é apenas um ponto de chegada" (Cantanhede, 2022). Caracterizado pelo método da indução, esse conhecimento diz respeito única e tão somente aos saberes advindos do contato imediato do observador com o alvo de sua análise. Pelo fato de basear-se em dados como sensações, percepções, impressões e ideias, o aprendizado fundamentado em tal conhecimento impede qualquer extrapolação dos dados, ou seja, qualquer possibilidade de se chegar a uma metafísica (Cantanhede, 2022; Lakatos; Marconi, 2011).

1.3.2.1 Senso comum

De acordo com Mirleide Andrade Silva, Edivaldo da Silva Costa e Aline Alves Costa (2013), essa forma de conhecimento é concebida no seio de interações fundamentadas na subjetividade, em nossos conjuntos de crenças e valores condicionados por nossas vivências, sendo repassadas para a posteridade de modo essencialmente desprovido de crítica.

Prodanov e Freitas (2013, p. 21) complementam, apontando que

> *não deixa de ser conhecimento aquele que foi observado ou passado de geração em geração através da educação informal ou baseado em imitação ou experiência pessoal. Esse tipo de conhecimento, dito popular, diferencia-se do conhecimento científico por lhe faltar o embasamento teórico necessário à ciência.*

Portanto, o senso comum tem os seguintes aspectos:

Quadro 1.1 – Especificidades do conhecimento de senso comum

Utilitário	Por ter sua origem em nossas experiências cotidianas e ser aplicado em nossas atividades diárias.
Subjetivo	Por variar de pessoa para pessoa e ser condicionado pela situação.
Superficial	Por não pressupor aprofundamento em qualquer aspecto da realidade ou verificação das causas de determinado fenômeno, de modo possibilitar a avaliação racional do evento.

Contudo, apesar dessas características, o senso comum tem seu lugar nas investigações científicas e filosóficas, *vide* que o conhecimento universal também é escrutinado por esses âmbitos do saber, como no caso da sociologia da vida cotidiana, que, segundo Martins (1998, citado por Dourado, 2018), trouxe "ricas interpretações sobre o senso comum ao propor um caminho metodológico para o entendimento da realidade vivida". Ainda nesse sentido, consideram Garfunkel (1967) e Gouldner (1972), também citados por Dourado (2018):

> *O senso comum seria uma espécie de método de produção de significados, identificando um aspecto positivo dessa definição. Os autores verificaram inclusive que, mesmo em momentos de desestruturação social, como guerras e catástrofes, o senso comum teria a capacidade de produzir novos significados compartilhados, substituindo rapidamente a ausência dos significados destruídos. Pesquisas produzidas nessa perspectiva inauguraram a possibilidade de produção de novas descobertas relacionadas ao estudo da vida comum, do pensamento do cidadão comum. Os pensamentos rotineiros e da ordem do dia emergem, então, como ingrediente essencial para o entendimento da sociedade moderna, inclusive sobre a Ciência Moderna.*

Portanto, o conhecimento do senso comum é um conhecimento natural, consequência das inúmeras vivências do ser humano na lida dos problemas de sua realidade.

1.3.3 Conhecimento filosófico

Essa manifestação do saber caracteriza-se pelo exercício racional do questionamento das mais diversas dinâmicas humanas e da distinção entre o certo e o errado. A matéria-prima de suas ponderações são os pensamentos, a construção de conceitos e a reflexão sobre relações lógicas cujo estudo demanda a superação do empirismo. Por se apoiar na racionalidade, sua abordagem consiste em uma aproximação dedutiva da realidade, o que a isenta de chancela de experiências físicas; seu fundamento reside em um encadeamento lógico de pensamentos direcionados a temas de um espectro generalista, e suas construções conceituais buscam uma visão universal consolidada e unificada. Tal empreendimento tem, como objetivo dirimir as dúvidas mais profundas da humanidade e estabelecer leis de âmbito universal que abranjam e equilibrem conclusões do campo da ciência (Lakatos; Marconi, 2011).

Para Lakatos e Marconi (2011, p. 19), o conhecimento filosófico

> *é valorativo, pois seu ponto de partida consiste em hipóteses, que não poderão ser submetidas à observação: "as hipóteses filosóficas baseiam-se na experiência, portanto, este conhecimento emerge da experiência e não da experimentação" [...]; o conhecimento filosófico é não verificável, já que os enunciados das hipóteses filosóficas, ao contrário do que ocorre no campo da ciência, não podem ser confirmados nem refutados. É racional, em virtude de consistir num conjunto de enunciados logicamente correlacionados. Tem a característica de sistemático, pois suas hipóteses e enunciados visam a uma representação coerente da realidade estudada, numa tentativa de apreendê-la em*

sua totalidade. Por último, é infalível e exato, já que, quer na busca da realidade capaz de abranger todas as outras, quer na definição do instrumento capaz de apreender a realidade, seus postulados, assim como suas hipóteses, não são submetidos ao decisivo teste da observação (experimentação). Portanto, o conhecimento filosófico é caracterizado pelo esforço da razão pura para questionar os problemas humanos e poder discernir entre o certo e o errado, unicamente recorrendo às luzes da própria razão humana.

O conhecimento filosófico consiste na reflexão, entre outras instâncias, sobre o próprio conhecimento científico (epistemologia). Nesse caso, convém ressaltar que o senso comum e o conhecimento empírico, quando associados em determinadas situações ao pensamento filosófico, pode inclusive gerar, com as devidas considerações apresentadas na seção a seguir, o conhecimento científico.

1.3.4 Conhecimento científico

De acordo com Cella (2010, p. 127), o conhecimento científico consiste em uma "crença verdadeira e justificada, a partir do que trata das noções de crença, de justificação racional e de verdade, sendo que esta última é tratada na sua acepção clássica de verdade como correspondência e, ainda, na acepção de quase-verdade ou verdade pragmática, sempre provisória".

Nesse contexto, é a iniciativa do cientista que escolhe o fato a ser observado. *Per si*, um evento qualquer não pressupõe interesse para o estudioso da área. Ele só será levado à análise se ele puder contribuir para o estudo de outros fatos ou se, sendo predito, seu estudo culminar na confirmação de uma lei (Cella, 2010).

O conhecimento científico busca, entre outras atividades, trazer tanto o senso comum como o conhecimento empírico à luz da razão, utilizando-se de recursos específicos como hipóteses e métodos científicos para resolver possíveis problemas. Além disso, o conhecimento científico tem como linha mestra a já citada razão, bem como a busca da síntese, a verificação lógica e a objetividade. Portanto, é pragmático, ou seja, trabalha com o plausível.

Demo (2000, p. 22), em contrapartida, acredita que

> no campo científico é sempre mais fácil apontarmos o que as coisas não são, razão pela qual podemos começar dizendo o que o conhecimento científico não é, apesar de não haver limites rígidos para tais conceitos, conhecimento científico: a) não é senso comum – porque este se caracteriza pela aceitação não problematizada, muitas vezes crédula, do que afirmamos ou temos por válido. Disso não segue que o senso comum seja algo desprezível; muito ao contrário, é com ele, sobretudo, que organizamos nossa vida diária, mesmo porque seria impraticável comportarmo-nos apenas como a ciência recomenda, seja porque a ciência não tem recomendação para tudo, seja porque não podemos dominar cientificamente tudo. No entanto, o conhecimento científico representa a outra direção, por vezes vista como oposta, de derrubar o que temos por válido; mesmo assim, em todo conhecimento científico há sempre componentes do senso comum, na medida em que nele não conseguimos definir e controlar tudo cientificamente; b) não é sabedoria ou bom-senso – porque estes apreciam componentes como convivência e intuição, além da prática historicamente comprovada em sentido moral; c) não é ideologia – porque esta não tem como alvo central tratar a realidade, mas justificar posição política. Faz parte do conhecimento científico, porque todo ser humano, também o cientista, gesta-se em história concreta, politicamente marcada e d) não é paradigma específico – como se determinada corrente pudesse comparecer como única herdeira do conhecimento científico, muito embora lhe seja inerente essa tendência.

Por sua vez, Lakatos e Marconi (2011, p. 20) sintetizam o conhecimento científico como

> *real (factual) porque lida com ocorrências ou fatos, isto é, com toda "forma de existência que se manifesta de algum modo". Constitui um conhecimento contingente, pois suas proposições ou hipóteses têm sua veracidade ou falsidade conhecida por meio da experimentação e não apenas pela razão, como ocorre no conhecimento filosófico. É sistemático, já que se trata de um saber ordenado logicamente, formando um sistema de ideias (teoria) e não conhecimentos dispersos e desconexos. Possui a característica da verificabilidade, a tal ponto que as afirmações (hipóteses) que não podem ser comprovadas não pertencem ao âmbito da ciência. Constitui-se em conhecimento falível, em virtude de não ser definitivo, absoluto ou final, por este motivo, é aproximadamente exato: novas proposições e o desenvolvimento de técnicas podem reformular o acervo de teoria existente.*

Nesse panorama, de acordo com Kiane (2017), podemos distinguir o conhecimento científico em dois tipos: o explícito e o tácito.

- **Conhecimento científico explícito**: presente em produções como periódicos, publicações acadêmicas, plataformas de conteúdo científico, bases de dados, abrangendo a literatura elaborada no âmbito da ciência.
- **Conhecimento científico tácito**: concebido no seio das relações entre estudiosos, estando associado às *expertises* dos cientistas.

Convém ressaltar que o cultivo desse conhecimento demanda constantes pesquisa, produção acadêmica, realização de eventos correlatos e consolidação e cooperação de grupos científicos, pois é a divulgação desse saber que viabiliza a manutenção e a continuidade da ciência.

1.4 Ciência

Ainda que o termo *ciência* conte com vários significados, todos devidamente chancelados em fontes bibliográficas consagradas, a definição do vocábulo não é um trabalho trivial e muito menos definitivo: de acordo com Morais (1988), citado por Francelin (2004, p. 27), a palavra remete a "mais do que uma instituição, é uma atividade. Podemos mesmo dizer que a 'ciência' é um conceito abstrato". Além disso, o que há de palpável, de concreto na ciência consiste nos trabalhos científicos propriamente ditos e em seus criadores, ou seja, os cientistas. Por outro lado, os experimentos científicos, por si só, não são elemento suficiente para designar o que é ciência de fato. Até pode o ser quando se trata de ciências exatas ou biológicas, mas o mesmo raciocínio não se aplica necessariamente às denominadas *ciências humanas*. Nesse último caso, antecedendo a práxis temos a ideia, fundamento do que conhecemos como *filosofia da ciência*, bem como da "epistemologia, dos paradigmas, da ética, da moral, da política, enfim, características relacionadas e inter-relacionadas ao desenvolvimento do conhecimento e aos possíveis desdobramentos e consequências *que possam trazer*" (Francelin, 2004, p. 27).

Contudo, de acordo com Abbagnano (2013, p. 165), a ciência consiste em

> *Conhecimento que inclua, em qualquer forma ou medida, uma garantia da própria validade. A limitação expressa pelas palavras "em qualquer forma ou medida" é aqui incluída para tornar a definição aplicável à C. moderna, que não tem pretensões de absoluto. Mas, segundo o conceito tradicional, a C. inclui garantia absoluta de validade, sendo, portanto, como conhecimento, o grau máximo da certeza. O oposto da C. é a opinião (v.), caracterizada pela falta de garantia*

acerca de sua validade. As diferentes concepções de C. podem ser distinguidas conforme a garantia de validade que se lhes atribui. Essa garantia pode consistir: 1º na demonstração; 2º na descrição; 3º na corrigibilidade.

Conforme Araújo (2006), numa acepção mais estrita, a ciência, como forma de conhecimento, tem sua origem no século XVI, resultado de um rompimento do mundo moderno com o sistema feudal e a esfera eclesiástica. Nesse contexto, em seu empreendimento de criação de saberes e de procura pelo que há de verdadeiro na realidade, a ciência se fundamenta tanto na renovação contínua quando na solidificação de conhecimentos previamente concebidos.

Entre os objetivos da ciência estão a busca do controle prático da natureza, a descrição e compreensão do mundo e a possibilidade de predição (Gressler, 2003: 37). Posteriormente, ela se alia à técnica – é quando ela realmente "se destaca" (Ibidem: 24) e passa a resultar numa série de avanços nos modos de produção da sociedade, tendo seu ápice na Revolução Industrial do século XVIII com grandes inventos como a lançadeira (1733), o tear mecânico (1738), a máquina a vapor (1768), a locomotiva (1813), o barco a vapor (1821) e muitas outras que alteraram de forma significativa as formas de produção e de vida das sociedades. Ao mesmo tempo, o conhecimento científico se desenvolve e busca sua legitimidade a partir de sua institucionalização nas universidades, conselhos, associações, congressos; institutos, publicações e eventos. (Araújo, 2006)

Em sua evolução no decorrer dos séculos XX e XXI, a ciência deixou de ser um campo do saber caracterizado por objetividade plena, isenta de qualquer influência do cientista, e pela busca de leis monolíticas e inalteráveis, dando lugar a um tipo de conhecimento construído socialmente, coletivo e que "lida com 'objetos construídos'" (Demo, 1985, p. 45, citado por Araújo, 2006).

Independentemente da visão de ciência que se eleja, todas compartilham um fator fundamental: o método, que fundamenta qualquer busca por conhecimento científico, pois a ciência precisa de processos devidamente norteados, seguros e validados. É sobre esse tema que vamos tratar na próxima seção.

1.5 Metodologia

Para Abbagnano (2007, p. 669), o termo *metodologia* pode designar quatro fatores diferentes: "1ª lógica ou parte da lógica que estuda os métodos; 2ª lógica transcendental aplicada; 3ª conjunto de procedimentos metódicos de uma ou mais ciências; 4ª análise filosófica de tais procedimentos".

Segundo, Gerhardt e Silveira (2009, p. 13),

> *a metodologia se interessa pela validade do caminho escolhido para se chegar ao fim proposto pela pesquisa; portanto, não deve ser confundida com o conteúdo (teoria) nem com os procedimentos (métodos e técnicas). Dessa forma, a metodologia vai além da descrição dos procedimentos (métodos e técnicas a serem utilizados na pesquisa), indicando a escolha teórica realizada pelo pesquisador para abordar o objeto de estudo.*

Logo, o universo da metodologia avalia como métodos e técnicas podem ser utilizados, aplicados e validados para que um estudo possa ser desenvolvido de acordo com os critérios de cientificidade vigentes.

1.5.1 **Método**

Experiências, análises ou interpretações devem seguir métodos específicos. De acordo com o Dicionário Eletrônico Houaiss da Língua Portuguesa (Houaiss; Villar, 2009), o termo se refere a:

1. procedimento, técnica ou meio de fazer alguma coisa, esp. de acordo com um plano;
2. processo organizado, lógico e sistemático de pesquisa, instrução, investigação, apresentação etc. (ex.: *m. analítico, dedutivo*);
3. ordem, lógica ou sistema que regula uma determinada atividade;
4. meio, recurso, forma (ex.: *um bom m. para economizar*);
5. derivação: por extensão de sentido ou maneira de se comportar, agir ou pensar (ex.: *cada pessoa tem seu m.*);
6. qualquer procedimento técnico, científico (ex.: *m. psicoterápico*);
7. conjunto de regras e princípios normativos que regulam o ensino, a prática de uma arte etc. (ex.: *aprendeu a ler pelo m. da silabação*);
8. derivação: por metonímia, compêndio que apresenta os princípios de uma arte, ciência etc.;
9. derivação: sentido figurado ou maneira de agir ou de ser cuidadoso, equilibrado, ponderado, objetivo, ordenado (ex.: *vive com m.*);
10. rubrica: filosofia ou conjunto sistemático de regras e procedimentos que, se respeitados em uma investigação cognitiva, conduzem-na à verdade.

Portanto, ao se aplicar determinado método, tanto por definição conceitual como por pertinência, a escolha realizada se diferencia de outras efetuadas pelos indivíduos no cotidiano, pois exige um conhecimento de que um método é melhor ou pior que outros. Portanto, para que esse juízo de valor sobre ideias, fatos e teorias possa ser efetuado, tal opção deve ir além da simples aceitação de ideias referentes a aspectos da realidade tais como elas se apresentam. Além disso, a adoção crítica de determinado método por meio da proposição de hipóteses estruturadas e embasadas em conceitos científicos possibilita o amadurecimento do saber. Logo, nada de novo é criado, mas sim confirmado ou refutado em certa medida. Nesse contexto, de uma perspectiva conceitual, o termo *método*, conforme Abbagnano (2007, p. 668), apresenta dois significados fundamentais: "1º qualquer pesquisa ou orientação de pesquisa; 2º uma técnica particular de pesquisa".

No caso da primeira acepção, não há distinção entre "investigação" ou "doutrina". No caso da segunda, há uma restrição maior e a pressuposição de um procedimento de investigação organizado, repetível e autocorrigível, que garanta a obtenção de resultados válidos. O primeiro significado estabelece relação com expressões como "m. hegeliano", "m. dialético", "m. geométrico", "m. experimental". O segundo, por sua vez, se refere a expressões como "m. silogístico", "m. residual", que, em geral, designam procedimentos específicos de investigação e verificação.

Nesse contexto, podemos afirmar que um método tem por objetivo organizar uma tarefa específica ao considerar os elementos apresentados no quadro a seguir:

Quadro 1.2 – Fatores considerados para a aplicação de um método

Premissas	Uma ideia, ponto inicial abstrato e generalizado relacionado a um futuro raciocínio que pode se tornar falso ou verdadeiro.
Pressupostos	Determinada conjectura referente àquilo que se pensa de algo.
Constructos[1]	Conjunto consciente de ideias simples concebidas com algum propósito ou que podem compor uma teoria.
Leis	Conjunto empírico, testável e limitado que expressa somente um enunciado.
Teorias	Conjunto de regras, constructos, leis e doutrinas que se aplicam sistematicamente a uma área específica, que, por sua vez, inclui termos específicos e de caráter explicativo universal.

Nota: [1] Para Thomas, Nelson e Silverman (2012, p. 217), "Muitas características humanas não são diretamente observáveis. Em vez disso, elas consistem em construtos hipotéticos, que carregam certo número de significados associados, relativos ao modo como um indivíduo com alto nível de determinadas características pode se comportar de maneira diferente de outra com baixo nível dessas mesmas características. Ansiedade, inteligência, senso esportivo, criatividade e atitude são alguns construtos hipotéticos. Uma vez que essas características não são diretamente observáveis, medi-las torna-se um problema".

Com esse panorama, podemos concluir que o método tem a função de conferir validade e credibilidade a determinada investigação por proteger o processo da subjetividade do pesquisador e por conduzir o trabalho para a elaboração de conhecimentos cientificamente validáveis. Do contrário, toda a pesquisa corre o risco de ser reduzida a uma simples experimentação ou até mesmo um mero achismo do estudioso.

1.5.1.1 Método científico

Com o conceito de *método* devidamente esclarecido, podemos avançar para o chamado *método científico*, ferramenta básica de organização dos conteúdos analisados pela ciência. Inúmeros são os recursos dessa natureza; contudo, todos em alguma medida conduziram os trabalhos científicos empreendidos ao longo da história da humanidade, consolidando formas de pesquisar, pensar e agir de acordo com os contextos histórico e epistemológico de cada época.

Antes de apresentarmos os métodos científicos propriamente ditos, é importante destacarmos alguns conceitos correlatos que, para Tartuce (2006), citado por Gerhardt e Silveira (2009, p. 25), são fundamentais para uma compreensão adequada desses recursos:

- **Fatos**: ocorrência da realidade, independentemente de haver ou não um observador.
- **Fenômeno**: percepção que o observador tem do fato; pessoas diversas podem observar no mesmo fato fenômenos diferentes, dependendo do paradigma que rege seus pontos de vista.
- **Paradigmas**: referenciais teóricos que orientam a abordagem metodológica de investigação. Ainda que os paradigmas sejam fundamentados em construções teóricas, não há cisão entre teoria e prática ou entre teoria e lei científica – ambas coexistem, consolidando o que se pode denominar *praxiologia*.
- **Método científico**: expressão lógica do raciocínio associada à formulação de argumentos convincentes. Tais argumentos, uma vez apresentados, têm por finalidade

informar ou descrever um fato, ou, ainda, persuadir determinado(s) interlocutor(es) a respeito do evento. Para alcançar tais objetivos, o estudioso deve utilizar-se dos seguintes recursos:

- **Termos**: palavras, declarações, significações convencionais que se referem a um objeto.
- **Conceito**: representação, expressão e interiorização daquilo que a coisa ou indivíduo é (compreensão da coisa); em outras palavras, é a idealização do objeto. Consiste em atividade mental que consolida um conhecimento, tornando compreensível não apenas essa coisa ou indivíduo *per si*, mas todas as coisas e indivíduos correlatos da mesma época.
- **Definição**: manifestação e apreensão inequívocas dos elementos contidos no conceito.

A utilização acurada de termos, conceitos e definições resulta na expressão metodológica correta do fenômeno científico que se quer analisar.

Da Grécia Antiga ao século XX, muitos foram os procedimentos científicos criados por inúmeros estudiosos. Cada método "evoluiu" em função dos outros e dos paradigmas vigentes de cada período – na já citada Grécia, os filósofos pré-socráticos procuraram romper com paradigmas mitológicos; os platônicos associavam fatos e fenômenos aos sentidos humanos; os aristotélicos conceberam o processo de indução com base na superação do "mundo platônico" dos sentidos e na inserção de juízos por meio da divisão da realidade em três mundos: o físico, o celeste e o divino, modelo que pode ser denominado *ciência qualitativa*.

O modelo científico aristotélico perdurou até o século XV, passando por Agostinho de Hipona e Tomás de Aquino, fundamentados em visões de caráter cristão da ciência e no método criado pelo filósofo de Estagira. No final do século XVI, essa abordagem foi atacada duramente por Galileu (1564-1642) e Bacon (1561-1626). Foi a ruptura do modelo teocêntrico (que vê Deus como centro de tudo) em favor do modelo antropocêntrico (que considera o homem centro de tudo), influente durante o Renascimento e a Revolução Científica moderna.

Portanto, independentemente da época, os métodos científicos criados no decorrer da história sempre estabeleceram algum tipo de vínculo com as correntes filosóficas de seus respectivos períodos. A seguir, apresentamos duas abordagens que ilustram essa dinâmica:

1. **Método dedutivo**: parte do todo para a parte (do complexo para o simples), usando a lógica (analítica ou formal) como pressuposto e fundamento básico. Parte-se de uma certeza até se chegar à prova daquilo que se está a estudar. Não gera novos conhecimentos de modo geral, mas tem a função de confirmar a certeza ou até mesmo refutá-la.
2. **Método indutivo**: aborda da parte para o todo, inferindo um juízo universal, mesmo sem analisar todo o cenário relacionado a ele. Por exemplo, um cão é mortal; um pássaro é mortal; portanto, todo animal é mortal. Trata-se de um método que parte da observação, da inter-relação para a generalização. O processo pode ser completo (pela observação de todos os dados de determinado universo) ou incompleto (pela observação de alguns significativos dados de determinado universo). Segundo Lakatos e Marconi (2011, p. 57), as inferências indutivas podem partir:

a) da amostra para a população (indutiva, universal ou estatisticamente);
b) da população para a amostra (estatística direta ou de forma singular);
c) de amostra para amostra (forma preditiva: padrão, estatística ou singular);
d) consequências verificáveis de uma hipótese para a própria hipóteses;
e) por analogia.

Por abordarem os objetivos de uma pesquisa, esses métodos precedem aqueles relacionados aos aspectos procedimentais/operacionais desse mesmo processo.

Além dos métodos indutivo e dedutivo, existem outros que estão ligados às seguintes ações:

- **Descrições de fenômenos**: ocorrem a partir do método científico.
- **Classificação e categorização de situações**: descrevem comportamentos.
- **Previsão de comportamentos**: identificam a correlação entre variáveis e viabilizam a previsão de processos mentais/comportamentais.
- **Explicação de fenômenos**: fundamentam o entendimento de fenômenos.
- **Busca de soluções**: visa à aplicação de conhecimento na prática ou à aplicação do conhecimento e dos métodos de abordagem para encontrar soluções cotidianas.

Ainda que não se trate do objetivo desta obra, é importante ressaltar que todos os métodos apresentam subdivisões e escolas, tais como o método indutivo-confirmável[2] e o hipotético-dedutivo[3], cuja utilização depende do contexto do problema científico analisado. Além disso, é importante não se confundir métodos científicos de abordagem, que se aplicam ao objetivo geral como os anteriormente descritos, com métodos de procedimentos, que se aplicam aos objetivos específicos, que se concentram na forma como a pesquisa será conduzida, e aos objetivos relacionados ao "controle" geral de determinado estudo/experimento.

---

[2] De acordo com Köche (2009, p. 56), citado por Panaseiwicz e Baptista (2013, p. 94), "O método indutivo é o método proposto por autores empiristas como Hume, Locke, Bacon e Hobbes. Para eles o conhecimento está fundamentado apenas na experiência e não deve partir de princípios preestabelecidos (dedutivos). A conclusão indutiva é provável e não necessariamente verdadeira.
O esquema de uma variante desse método, chamado de 'indutivo-confirmável', é o seguinte: observação do fenômeno e seus elementos – análise da 'relação quantitativa entre os elementos' – 'indução de hipóteses quantitativas' – teste experimental de verificação das hipóteses – generalização dos resultados".

[3] "Apresentado o problema, o investigador lança uma hipótese para explicá-lo. Depois, deduz-se da hipótese os testes com potencial para refutá-la. Se o resultado dos testes refutar a hipótese, ela é eliminada. Se o resultado dos testes não refutar a hipótese, ela é suportada ou corroborada, modificando o problema inicial. […] É importante definir exatamente o que significa uma hipótese e o método hipotético-dedutivo" (Groen, Patel, 1985). "Uma hipótese é uma declaração afirmativa relacionada a uma situação que pode ser verdadeira ou falsa (embora uma incerteza sobre sua verdade ou falsidade sempre exista na prática). O método hipotético-dedutivo é o procedimento de testagem da hipótese. A hipótese permite a dedução de quais testes podem ou devem ser realizados para avaliar sua verossimilhança (grau de verdade ou falsidade de uma hipótese)" (Réa-Neto, 1998, p. 301).

2

Fundamentos da
pesquisa científica

Conteúdos do capítulo:

- Especificidades da pesquisa científica.
- Influência da filosofia na pesquisa científica.
- Características dos métodos de pesquisa científica.
- Abordagens das pesquisas quantitativa e qualitativa.
- Objetivos da pesquisa científica.
- Estratégias de pesquisa científica e recursos de obtenção de dados.
- Recortes temporais de pesquisa científica.

A pesquisa científica é um instrumento que viabiliza a análise em profundidade de inúmeros fenômenos da realidade. Por meio desse recurso, o cientista pode investigar eventos, desenvolver conhecimentos e inovar processos e produtos. Tal atividade demanda um trabalho minuciosamente sistematizado, como demonstraremos a seguir.

Estudos dessa natureza, se não apoiados por uma metodologia de pesquisa adequada, não são considerados científicos. Portanto, o objetivo desta obra consiste em mostrar "o caminho das pedras" da metodologia de pesquisa científica, no intuito de subsidiar o leitor com conhecimentos fundamentais para a aplicação desse recurso em suas pesquisas e estudos, de modo a conferir a tais trabalhos o revestimento científico necessário, que podem vir a ser publicados na forma de artigos em revistas especializadas, resumos em congressos, palestras, entre outros.

No capítulo anterior, apresentamos vários conceitos relativos ao conhecimento humano e aos diferentes modos como ele é sistematizado por meio do método científico. Como explicamos anteriormente, um método é um recurso destinado ao planejamento de pesquisas, motivadas por perguntas que precisam ser respondidas ou problemas que demandam solução, delimitando os dados necessários e as técnicas a serem utilizadas para coletá-los.

> **Exemplificando**
>
> No início de uma pesquisa, é frequente a utilização de questionários ou a realização de entrevistas; obviamente, essa escolha tem de ser devidamente justificada no que diz respeito à sua influência na ideia central do trabalho científico em questão, pois essa fundamentação demonstra a seriedade da pesquisa realizada.

Logo, a pesquisa é, antes de mais nada, um empreendimento filosófico, tendo-se em vista que se trata de um esforço eminentemente intelectual. Nesse contexto, é importante ressaltar que o conhecimento filosófico, num primeiro momento, é a fonte de ideias – muitas vezes abstratas – que são exploradas no âmbito científico, até porque o aspecto filosófico da pesquisa se refere a um sistema de crenças e suposições sobre o desenvolvimento do conhecimento de um campo específico, por meio de um olhar e de um repertório de escolhas que somente o pesquisador terá.

Antes de adentrarmos nas abordagens filosóficas da pesquisa científicas, devemos tratar das **premissas de estruturas** – distinções presentes nas suposições normalmente feitas por estudiosos das diferentes áreas da filosofia. De maneira simplificada, há três tipos de premissas que podem distinguir filosoficamente o trabalho de pesquisa: ontologia, epistemologia e axiologia.

- **Ontologia**: conjunto de suposições referentes à natureza da realidade. Exemplos: as ontologias leves, que se concentram na definição da taxonomia e na representação da ordem desses conceitos; as ontologias densas ou pesadas, que analisam os mesmos fatores, acrescentando ao estudo as relações semânticas entre conceitos; as ontologias de domínio e tarefa, que tratam, respectivamente, do saber relacionado a um tópico específico e da possibilidade de aplicar o conhecimento extraído dessa análise à solução de certo problema (O que é..., 2020). Embora os pensamentos relacionados a esse pressuposto possam parecer abstratos e distantes de um projeto de pesquisa, tais suposições moldam a maneira como o indivíduo enxerga a realidade e, por conseguinte, o modo como analisa objetos de pesquisa.

- **Epistemologia:** conjunto de suposições referentes ao conhecimento, à constituição de um conhecimento aceitável, válido e legítimo, bem como ao modo como ele pode ser comunicado a outros. Exemplos: a epistemologia lógica, materializada nas teorias do empirismo e do positivismo; a epistemologia genética, cujo maior expoente foi Jean Piaget, que concentrou seus estudos na área do estruturalismo genético e construtivista da psicologia da inteligência; a epistemologia histórico-crítica, que focou suas análises na história das produções científicas; a epistemologia crítica, que avalia as repercussões da ciência nos âmbitos social e cultural (Trevisan, 2010). Enquanto a ontologia pode inicialmente parecer abstrata, a abordagem da epistemologia é mais óbvia. Levando-se em conta que o contexto multidisciplinar de qualquer área de estudo pressupõe diferentes tipos de conhecimento – desde dados numéricos a dados textuais e visuais, de fatos a opiniões, de narrativas a histórias –, todos esses saberes podem ser considerados legítimos. Consequentemente, diferentes pesquisadores adotam diferentes epistemologias em suas pesquisas, incluindo projetos fundamentados em estudos de arquivos, relatos autobiográficos, narrativas ou pesquisas de campo. Em outras palavras, essa variedade de epistemologias oferece uma grande variedade de métodos. No entanto, é importante compreender as implicações das diferentes suposições epistemológicas em relação à escolha de método(s), aos pontos fortes e às limitações das descobertas de pesquisas subsequentes. Por exemplo, a suposição (positivista) de que fatos objetivos provavelmente, mas não exclusivamente, representam a evidência científica mais sólida resulta na escolha de métodos de pesquisa quantitativos, cujos resultados são considerados objetivos e generalizáveis. No entanto, esses mesmos índices, quando em comparação com outras visões de conhecimento, inviabilizam a consolidação de uma visão rica e complexa das realidades organizacionais, a explicação das diferenças de contextos e experiências individuais e a proposição de um modo radical de se enxergar o mundo. Em outras palavras, a despeito dessa diversidade de correntes epistemológicas, são os próprios pressupostos epistemológicos do pesquisador (e, possivelmente, aqueles do orientador de projeto) que vão determinar o que o estudioso considera legítimo para sua pesquisa.

- **Axiologia**: filosofia que analisa o papel dos valores e da ética nas diferentes manifestações da realidade. Exemplos: o relativismo, que defende a inexistência de valores atemporais e universais, ou seja, nega a invariância axiológica; o universalismo, que trata os valores como pré-existentes, universais – as constantes transformações da realidade não interferem na existência desses conceitos, vistos como eternos (Dutra, 2023). Uma das principais avaliações axiológicas que o pesquisador deve fazer em relação ao seu trabalho diz respeito ao nível do impacto positivo que seus valores e suas crenças podem ter em sua pesquisa. Consequentemente, ele deve decidir como lidar com seus próprios conceitos e com os do alvo de seu projeto. Afinal, o recorte do trabalho denuncia em alguma medida os valores do estudioso.

Levando em consideração esses grandes fundamentos do trabalho de pesquisa, partiremos na seção a seguir para o aprofundamento das especificidades desse trabalho científico.

2.1 Natureza da pesquisa

Apesar das muitas discussões existentes sobre *natureza da pesquisa* e das diferentes visões correlatas, esse conceito é relativamente simples – a pesquisa pode ser de natureza **básica** ou **aplicada**. De acordo com Thomas, Nelson e Silverman (2012, p. 25),

> *a pesquisa básica e a pesquisa aplicada podem ser pensadas como dois extremos de um continuum. A pesquisa básica aborda problemas teóricos, geralmente em laboratório, e pode ter aplicação direta limitada. A pesquisa aplicada aborda problemas imediatos, geralmente em situações menos controladas do mundo real, e é mais proximamente ligada à aplicação [...] a pesquisa pode ser colocada em um continuum que tem pesquisa aplicada em um extremo e pesquisa básica no outro. Ambos os extremos possuem características próprias. A pesquisa aplicada tende a tratar de problemas imediatos, utilizar os chamados ambientes do mundo real, usar sujeitos humanos e dispor de controle limitado sobre o ambiente investigado. Porém, fornece resultados de valor direto para a prática profissional. A pesquisa básica [...] utiliza o laboratório como ambiente [...], manipula condições de controle com cuidado e produz resultados de aplicação direta limitada. De certa forma, os pontos fortes da pesquisa aplicada são os pontos fracos da pesquisa básica, e vice-versa. Com certeza, a maioria das pesquisas não é puramente aplicada, nem apenas básica, mas incorpora certo grau de ambas.*

Para Prodanov e Freitas (2013), a pesquisa aplicada tem como resultado produtos e/ou processos a serem empregados em uma realidade imediata, valendo-se dos conhecimentos auferidos no processo, apoiado pelos recursos tecnológicos à disposição. A pesquisa básica, a seu turno, produz conhecimento que não atende a nenhuma demanda imediata, podendo ser usada em pesquisas aplicadas ou tecnológicas. Portanto, essas duas categorias se retroalimentam.

Por sua vez, ao comparar as ciências aplicada e fundamental, Kothari (2004, p. 3, tradução nossa) sugere que

> A pesquisa pode ser aplicada (ou ação) ou fundamental (básica ou pura). A pesquisa aplicada visa encontrar uma solução para um problema imediato enfrentado por uma sociedade ou uma organização industrial/empresarial, enquanto a pesquisa fundamental se preocupa principalmente com generalizações e com a formulação de uma teoria. Reunir conhecimento pelo conhecimento é denominado pesquisa pura ou básica. A pesquisa sobre algum fenômeno natural ou relacionada à matemática pura são exemplos de pesquisa fundamental. Da mesma forma, os estudos de pesquisa sobre o comportamento humano realizados com o objetivo de fazer generalizações sobre o comportamento humano também são exemplos de pesquisa fundamental, mas a pesquisa voltada para certas conclusões (digamos, uma solução) enfrentando um problema social ou empresarial concreto é um exemplo de pesquisa aplicada. Pesquisas para identificar tendências sociais, econômicas ou políticas que podem afetar uma instituição em particular ou a pesquisa de cópia (pesquisa para descobrir se certas comunicações serão lidas e compreendidas) ou a pesquisa de mercado ou pesquisa de avaliação são exemplos de pesquisa aplicada. Assim, o objetivo central

da pesquisa aplicada é descobrir uma solução para algum problema prático urgente, enquanto a pesquisa básica é direcionada a encontrar informações que tenham uma ampla base de aplicações e, assim, se agreguem ao corpo organizado de conhecimento científico já existente.

Resumidamente, temos o seguinte panorama:

- **Pesquisa fundamental/básica:** frequentemente denominada *pesquisa pura* ou *exploratória*, relaciona-se principalmente com a formulação de teorias. Concentra-se na generalização da natureza e do comportamento humano em diferentes situações. É frequentemente relacionada a investigações intelectuais que surgem da curiosidade intrínseca dos seres humanos, não estando associada à resolução de um problema específico, mas sim à exploração da possibilidade de conceber leis ou teorias universais.
- **Pesquisa aplicada:** como o próprio nome explica, essa categoria de pesquisa direciona-se principalmente a programas orientados para algum tipo de aplicação imediata, ou seja, visa encontrar uma solução para um problema enfrentado por uma sociedade, nação ou organização empresarial (p. e., a pesquisa de mercado). É orientada para a ação e é frequentemente criticada, tendo em vista que muitas vezes apresenta resultados que dificilmente são aceitos pelos indivíduos.

Esclarecidas as naturezas da pesquisa, podemos avançar para as suas respectivas hierarquias, apresentadas no fluxo apresentado na Figura 2.1 e exploradas nas seções a seguir.

Figura 2.1 – Possível arranjo de níveis hierárquicos da pesquisa científica

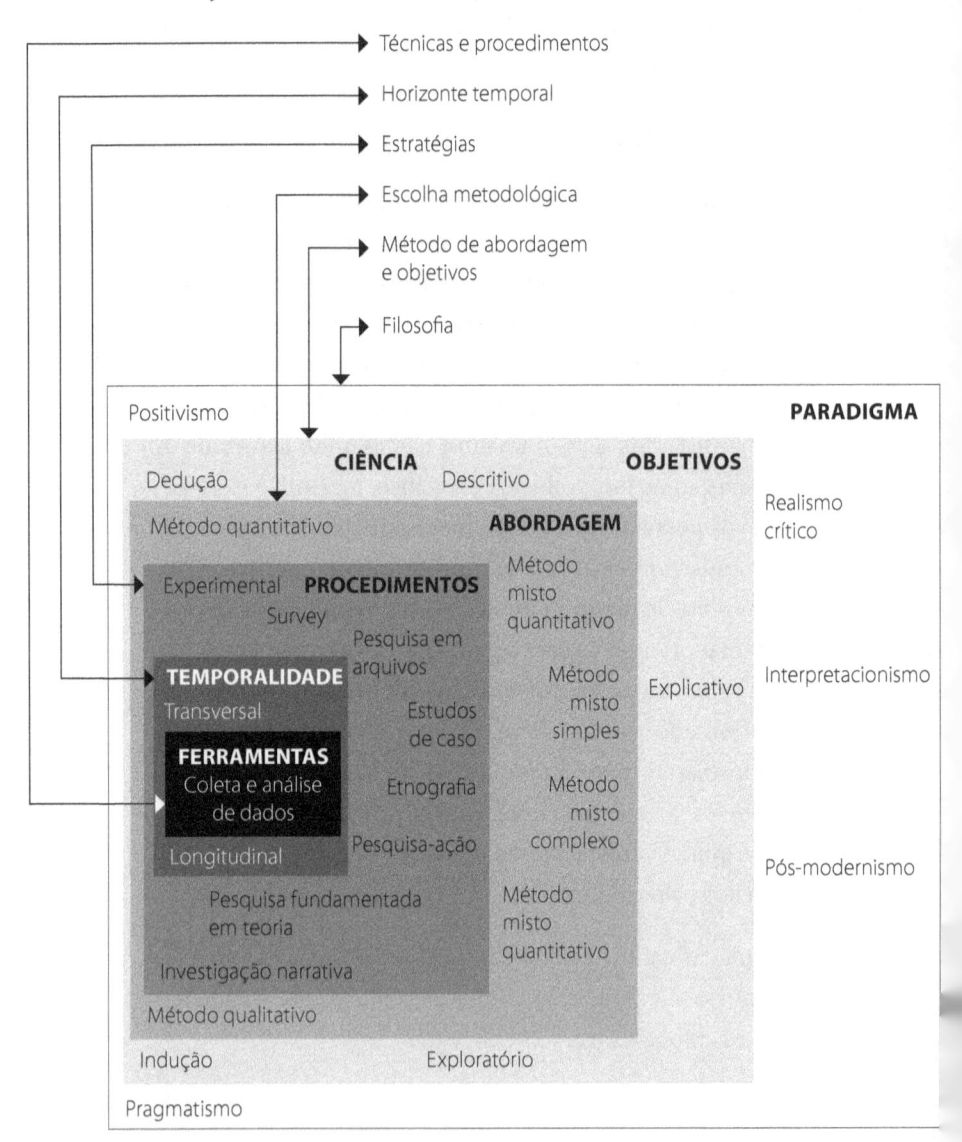

- Técnicas e procedimentos
- Horizonte temporal
- Estratégias
- Escolha metodológica
- Método de abordagem e objetivos
- Filosofia

Positivismo

PARADIGMA

Dedução

CIÊNCIA Descritivo **OBJETIVOS**

Realismo crítico

Método quantitativo

ABORDAGEM

Experimental **PROCEDIMENTOS**
Survey

Método misto quantitativo

Pesquisa em arquivos

TEMPORALIDADE

Transversal

Estudos de caso

Método misto simples

Explicativo Interpretacionismo

FERRAMENTAS
Coleta e análise de dados

Etnografia

Método misto complexo

Pesquisa-ação

Longitudinal

Pesquisa fundamentada em teoria

Método misto quantitativo

Pós-modernismo

Investigação narrativa

Método qualitativo

Indução

Exploratório

Pragmatismo

2.2 Abordagem filosófica

No conjunto mais externo da Figura 2.1 encontra-se a abordagem filosófica, ou aquilo em que o pesquisador filosoficamente pensa e acredita de maneira direta ou indireta. De acordo com Jonker e Pennink (2010, p. 25, tradução nossa), a pesquisa científica se insere no que os autores denominam *pirâmide da pesquisa*:

> *uma vez que o pesquisador identificou a questão no início de um novo projeto, ele se depara com uma série de opções que precisa escolher. Se as escolhas forem feitas corretamente, a pesquisa será sólida. No entanto, o problema aqui é que muitas vezes um pesquisador não está realmente ciente dessas escolhas, como elas correspondem e o fato de que ele precisa fazer muitas dessas escolhas com antecedência para terminar com um projeto adequado.*

Nesse contexto, a pirâmide conta com quatro níveis, quais sejam:

> 1. *o paradigma de pesquisa: como o pesquisador vê a "realidade". Um paradigma é expresso em sua "abordagem básica"; 2) as metodologias de pesquisa: "uma maneira" de conduzir a pesquisa que é adaptada ao paradigma de pesquisa; 3) os métodos de pesquisa: etapas específicas de ação que precisam ser executadas em uma determinada ordem (rigorosa); e 4) as técnicas de pesquisa: "instrumentos" ou "ferramentas" práticas para gerar, coletar e analisar dados.*

> *A principal função da pirâmide é ajudar o pesquisador a aprender a estruturar conscientemente sua abordagem da pesquisa. A pesquisa deverá ser planejada de forma que o pesquisador seja capaz de justificar sua pesquisa. O pressuposto aqui é que o pesquisador terá que tornar suas ações transparentes. Para poder fazer isso, o pesquisador precisa refletir sobre sua abordagem e planos, e tentar descobrir o que ele considera ser uma "boa" pesquisa.* (Jonker; Pennink, 2010, p. 25, tradução nossa)

As posições filosóficas que um indivíduo adota determinam suas visões sobre os diferentes aspectos da realidade, seja no âmbito cotidiano, seja no plano científico. Nesse contexto, a consciência referente à profundidade das diferenças e divergências entre distintas filosofias auxilia o pesquisador a delinear e justificar suas próprias escolhas em relação ao método de pesquisa escolhido para seu projeto.

Em outras palavras, a abordagem filosófica de pesquisa é um reflexo de valores e da escolha de técnicas de coleta de dados. Por exemplo, uma estratégia de pesquisa caracterizada pela ênfase em dados coletados por meio de entrevistas pessoais sugere que o pesquisador valoriza a coleta de informações através da interação pessoal com os participantes do estudo, em detrimento de opiniões expressas por respostas a um questionário anônimo.

À medida que se desenvolve como pesquisador, o aluno/estudante desenvolve a capacidade de distinguir as inúmeras especificidades dos mais variados rótulos e pensamentos filosóficos e, consequentemente, eleger fundamentos que se coadunem com suas crenças e necessidades.

Muitas são as correntes filosóficas (estruturadas de diferentes maneiras no decorrer da história) que fundamentam as pesquisas científicas. No Quadro 2.1, a seguir, apresentamos uma comparação entre as correntes privilegiadas na contemporaneidade e uma descrição do modo como cada corrente "enxerga ou apresenta" seus respectivos paradigmas.

Quadro 2.1 – Comparação entre correntes filosóficas de pesquisa em relação às premissas de estrutura

	Ontologia (Natureza da realidade ou do ser)	Epistemologia (O que constitui conhecimento)	Axiologia (Papel dos valores)	Métodos típicos
Positivismo	Real, externo, independente	Método científico	Pesquisa sem valor	Normalmente dedutivo
	Uma verdadeira realidade (universalismo)	Fatos observáveis e mensuráveis (generalizações semelhantes a leis)	Pesquisador é desapegado, neutro e independente do que é pesquisado	Altamente estruturado
	Granular (coisas)	Números	Pesquisador mantém postura objetiva	Grandes amostras; medições
	Ordenado	Explicação causal e previsão como contribuição		Métodos de análise tipicamente quantitativos; contudo, vários dados podem ser estudados
Realismo crítico	Estratificado/em camadas (o empírico, o atual e o real)	Relativismo epistemológico	Pesquisa carregada de valor	Análise em profundidade historicamente situada de estruturas pré-existentes e agência emergente
	Externo, independente	Conhecimento historicamente situado e transitório	Pesquisador reconhece preconceito por visões de mundo, experiência, cultura e educação	Variedade de métodos e tipos de dados para se adequar ao assunto
	Intransigente	Fatos são construções sociais	Pesquisador tenta minimizar tipos de preconceitos de erros	
	Estruturas objetivas	Explicação causal-histórica como contribuição		
	Mecanismos causais		O pesquisador é o mais objetivo possível	

(continua)

(Quadro 2.1 – continuação)

	Ontologia (Natureza da realidade ou do ser)	Epistemologia (O que constitui conhecimento)	Axiologia (Papel dos valores)	Métodos típicos
Interpretacionismo	Complexo, rico	Teorias e conceitos simplistas	Pesquisador de valor	Normalmente indutivo
	Socialmente construído por meio da cultura e da linguagem	Foco em narrativas, histórias, precepções e interpretações	Pesquisador como parte do que é pesquisado, subjetivo	Amostras pequenas; investigações aprofundadas
	Múltiplos significados, interpretações e realidades	Novos entendimentos e visões de mundo como contribuição	Interpretações do pesquisador são fundamentais para a contribuição	Métodos qualitativos de análise; contudo, vários dados podem ser estudados
	Fluxos de processos, experiências e práticas		Pesquisador reflexivo	
Pós-modernismo	Nominal	O que conta como "verdade" e "conhecimento e decidido por ideologias dominantes"	Pesquisa constituída de valor	Normalmente desconstrutivo de textos e realidades contra si mesmas
	Complexo, rico		Pesquisador e pesquisa inseridos nas relações de poder	Investigações aprofundadas de anomalias, silêncios e ausências
	Socialmente construído por meio de relações de poder	Foco em ausências, silêncios e significados oprimidos/reprimidos; interpretações e vozes	Algumas narrativas de pesquisa são reprimidas e silenciadas às custas de outras	Gamas de tipos de dados
	Alguns significados, interpretações e realidades são dominados e silenciados por outros		Pesquisador radicalmente reflexivo	Normalmente, métodos qualitativos de análise
	Fluxo de processos, experiências e práticas	Exposição das relações de poder e desafio das visões dominantes como contribuição		

(Quadro 2.1 – conclusão)

	Ontologia (Natureza da realidade ou do ser)	Epistemologia (O que constitui conhecimento)	Axiologia (Papel dos valores)	Métodos típicos
Pragmatismo	Complexo, rico, externo	Significado prático do conhecimento em contextos específicos	Pesquisa orientada para o valor	Seguindo o problema de pesquisa e a questão de pesquisa
	"Realidades" são as consequências práticas das ideias	Teorias e conhecimentos "verdadeiros" são aqueles que permitem uma ação bem-sucedida	Pesquisa iniciada e sustentada pelas dúvidas e crenças do pesquisador	Variedade de métodos: mista, múltipla, quantitativa, pesquisa-ação
	Fluxos de processos, experiências e práticas	Foco nos problemas, práticas e relevâncias	Pesquisador reflexivo	Ênfase em soluções práticas e resultados
		Resolução de problemas e prática futura informada como contribuição		

Para alguns estudiosos, os conceitos de ontologia, epistemologia e axiologia se misturam em um único conceito chamado *paradigma*, que consiste na visão, na perspectiva que um indivíduo tem do mundo. No caso de um paradigma metodológico, Jonker e Pennink (2010, p. 27, tradução nossa) explicam que sua função é a de tratar

> *especificamente do comportamento de pesquisa e pode, portanto, fornecer indicações sobre a maneira como a pesquisa deve ser conduzida. Uma metodologia de pesquisa específica direciona o comportamento do pesquisador, mas – inversamente – o pesquisador pode ter uma certa afinidade com uma forma específica de pesquisa (por mais não intencional que seja). Portanto, a escolha (implícita ou explícita) de um paradigma de pesquisa específico é direcionada pela natureza da questão, respectivamente, os fenômenos a serem examinados, seu contexto e a afinidade do pesquisador. Essa afinidade, que chamamos de atitude básica, é bastante determinante no início de uma pesquisa [...]. Paradigma teórico diz respeito ao(s) pensamento(s) predominante(s) sobre um determinado assunto ou objeto de pesquisa.*

A esta altura do texto, você pode se perguntar: as especificidades anteriormente descritas realmente importam? A resposta é "sim", pois tais diferenças delineiam fundamentalmente as possíveis visões de mundo do pesquisador e de seu projeto. No entanto, essa batalha de suposições ontológicas, epistemológicas e axiológicas entre as diferentes filosofias motivam a produção de pesquisas que podem fazer a diferença em vários aspectos da realidade, principalmente se levarmos em consideração a forte inclinação de várias linhas de estudo para o pragmatismo e o positivismo. No entanto, os pesquisadores não podem se valer do pragmatismo/positivismo como uma "zona de conforto", evitando dessa maneira compreender outras correntes filosóficas ou explorar métodos científicos mais trabalhosos ou que exijam mais aprofundamento em áreas que os estudiosos (ou até mesmo o orientadores) não dominem (por exemplo, a estatística).

2.3 Tipos de pesquisa[1,2]

A pesquisa é uma jornada para a melhoria da vida humana. É uma ferramenta inovadora, intelectual e de apuração de fatos; dependendo da natureza, dos objetivos e de outros fatores, o programa de pesquisa pode ser definido ou categorizado em diferentes tipos; todavia, os diferentes tipos de programa de pesquisa mencionados abaixo são, em certa medida, sobrepostos, mas cada um deles tem algumas características únicas para colocá-los em categorias diferentes:

---

1 Trecho de SAHU, P. K. **Research Methodology**: a Guide for Researchers in Agricultural Science, Social Science and Other Related Fields. India: Springer, 2013. p. 5-11.

2 Vale destacar que, além dos exemplos citados no texto, os tipos de pesquisas representam um universo rico e variado, que, conforme cada autor, pode ser classificado de maneiras diferentes, pois tal classificação passa por inúmeros vieses e paradigmas.

1. **Pesquisa conceitual:** leva a um esboço da estrutura conceitual a ser usada para um possível curso de ação em um programa de pesquisa. Assim, as pesquisas conceituais têm como objetivo formular uma teoria intermediária que esteja relacionada ou conectada a todos os aspectos da investigação. A pesquisa conceitual está relacionada ao desenvolvimento de novos conceitos ou inovações e interpretações de novas ideias para métodos existentes. Geralmente é adotado pelo filósofo e formuladores de políticas ou pensadores de políticas.
2. **Pesquisa original:** até certo ponto, é fundamental ou básica por natureza. Isso não se baseia exclusivamente em um resumo, revisão ou síntese de publicações anteriores sobre o assunto da pesquisa. O objetivo da pesquisa original é adicionar novos conhecimentos, em vez de apresentar o conhecimento existente em uma nova forma. Um trabalho original pode ser experimental, exploratório ou analítico. A originalidade da pesquisa é um dos principais critérios para acessar um programa de pesquisa
3. **Pesquisa artística:** uma de suas características é sua natureza subjetiva, ao contrário das utilizadas nos métodos científicos convencionais. Assim, a pesquisa artística, em certa medida, pode ter semelhanças com a pesquisa qualitativa. A pesquisa artística é usada principalmente para investigar e provar uma atividade artística na obtenção de conhecimento para as disciplinas artísticas. Ela é baseada em métodos artísticos, prática e criticidade. A ênfase principal é enriquecimento do conhecimento e compreensão do campo das artes.
4. **Pesquisa-ação:** é principalmente orientada para problemas específicos. O objetivo desse tipo de pesquisa é descobrir os motivos e entender as situações para aprofundar

o problema de forma que uma solução orientada para a ação possa ser atendida. Isso é usado principalmente em pesquisas de ciências sociais; a participação da população local é a principal característica desse tipo de pesquisa. Geralmente, esse tipo de pesquisa não inclui uma base teórica forte com método de análise altamente complexo; em vez disso, é direcionado para mitigar problemas imediatos em uma determinada situação.

5. **Pesquisa histórica**: significa investigação do passado. Nesse tipo de pesquisa, as informações anteriores são anotadas e analisadas para interpretar a condição existente durante o período das investigações. Pode ser uma pesquisa transversal ou uma pesquisa de série temporal. Esse método utiliza fontes como documentos, restos mortais, etc., para estudar eventos ou ideias passadas, incluindo as filosofias de pessoas e grupos em qualquer ponto remoto no tempo. Na previsão, geralmente, os registros anteriores são analisados para descobrir as tendências e comportamentos de determinado assunto de interesse. Eventualmente, eles são modelados matematicamente para extrapolar o futuro de um fenômeno com a suposição de que as situações passadas provavelmente continuarão no futuro. O Delphi e os métodos de opinião de especialistas são exemplos de como usar esse método histórico de pesquisa na solução de problemas de pesquisa.

6. **Pesquisa de laboratório**: é uma das técnicas mais poderosas para obter as respostas que um pesquisador tem em mente. A pesquisa em laboratório também é uma das asas da pesquisa experimental. Pode ser combinada com a pesquisa de campo ou pode funcionar de forma independente. A pesquisa científica moderna é fortemente dependente das instalações laboratoriais/instrumentais

disponíveis para os pesquisadores. Uma melhor instalação de laboratório, em conjunto com a tremenda curiosidade de um pesquisador, pode levar a uma conquista científica incrível para a melhoria da vida humana. Existem tantos laboratórios bons, populares e renomados no mundo, que continuam a contribuir para o banco de conhecimento não apenas por cientistas geniais, mas também pelas instalações disponíveis para eles. Em condições de laboratório, uma pesquisa está sendo realizada até certo ponto sob condições de controle. Na pesquisa de laboratório, um experimentador tem a liberdade de manipular algumas variáveis enquanto mantém outras constantes. Os experimentos de laboratório são caracterizados por sua replicabilidade.

7. **Pesquisa de campo**: é um tipo de pesquisa que não se limita necessariamente a laboratórios. Por pesquisa de campo, geralmente queremos dizer que as pesquisas foram realizadas em condições de campo; as condições do campo podem ser agrícolas, industriais, sociais, psicológicas e assim por diante. Os experimentos de campo são as principais ferramentas em psicologia, sociologia, educação, indústria, negócios, agricultura etc. Um experimentador pode ou não ter controle sobre as variáveis. A pesquisa de campo pode ser uma pesquisa *ex post facto*. Pode ser de natureza exploratória e pode ser um tipo de pesquisa de levantamento. A pesquisa de campo pode ser muito adequada para testar hipóteses e teorias. Para conduzir uma pesquisa de campo, um experimentador deve ter alto conhecimento experimental social, psicológico e outros.

8. **Pesquisa de intervenção**: a pesquisa intervencionista teve como objetivo principal buscar o tipo de intervenção necessária para melhorar a qualidade de vida. Seu principal objetivo é obter uma resposta para o tipo de

intermediários e intervenções (podem ser institucionais, formais, informais e outros) necessários para resolver determinado problema. Uma vez obtida a descoberta de uma pesquisa de intervenção, o governo e outras agências elaboram uma estratégia de intervenção. Por exemplo, fica decidido que para garantir a segurança alimentar e nutricional até 2020, a produtividade deve aumentar em 3% ao ano. A questão não está apenas relacionada a qual deve ser a estratégia para atingir a meta, mas também a quais devem ser os passos apropriados; qual deve ser o papel do governo, de agências semigovernamentais e não governamentais; e quais são as intervenções técnicas, socioeconômicas e outras necessárias em diferentes níveis – a pesquisa de intervenção é a única solução. Nos negócios, determinada casa quer popularizar seus produtos junto ao consumidor. Agora é preciso pesquisar para responder às questões: quais devem ser as estratégias de marketing/promocional/intermediário para chegar ao consumidor, além de pesquisas motivacionais sobre os consumidores? Nos níveis governamentais, diferentes programas de melhoria da saúde são adotados com base em resultados de pesquisas de intervenção sobre aspectos específicos. Assim, a pesquisa de intervenção é mais pertinente na perspectiva de melhoria social, tendo objetivos bem definidos.

9. **Pesquisa de simulação**: simulação significa que um ambiente artificial relacionado a determinado processo é enquadrado com a ajuda de modelos numéricos ou outros para indicar a estrutura do processo. Nesse esforço, o comportamento dinâmico do processo é tentado ser replicado em condições controladas. O objetivo desse tipo de pesquisa é traçar o caminho futuro em diferentes situações com o determinado local de condições. A pesquisa de

simulação tem uma aplicabilidade mais ampla, não apenas em negócios e comércio, mas também em outros campos como agricultura, medicina, espaço e outras áreas de pesquisa. É útil na construção de modelos para a compreensão do curso futuro.

10. **Pesquisa motivacional**: é, em geral, um tipo de pesquisa de qualidade realizada a fim de investigar o comportamento das pessoas. Ao investigar as razões por trás do comportamento das pessoas, a motivação por trás desse comportamento deve ser explorada com a ajuda de uma técnica de pesquisa, conhecida como pesquisa motivacional. Nesse tipo de pesquisa, o objetivo principal continua sendo descobrir a intenção/desejo/motivo subjacente a um determinado comportamento humano. Usando entrevistas/interações em profundidade, os pesquisadores tentam investigar as causas de tal comportamento. No processo, os pesquisadores podem obter ajuda de um teste de associação, teste de conclusão de palavras, teste de conclusão de frase, teste de conclusão de história e algum outro teste objetivo. A pesquisa é projetada de forma a investigar a atitude e a opinião das pessoas e/ou descobrir como as pessoas se sentem ou o que pensam sobre determinado assunto. Assim, em sua maioria, são de natureza qualitativa. Por meio dessas pesquisas, pode-se motivar o gosto ou o desgosto das pessoas por certo fenômeno. Há pouco escopo de análise quantitativa de tais investigações de pesquisa. Mas uma coisa é certa: ao fazer essa pesquisa, deve-se ter conhecimento suficiente sobre a psicologia humana ou pedir a ajuda de um psicólogo.

11. **Pesquisa única**: um programa de pesquisa pode ser realizado em certo momento ou pode ser continuado ao longo do tempo. A maioria dos tipos de levantamento de

projetos de pesquisa são pesquisas únicas. Esse tipo de pesquisa pode ser qualitativa ou quantitativa por natureza e aplicada ou básica por natureza e também pode ser pesquisa-ação. A pesquisa de pesquisa pode ser realizada pela Organização Nacional de Pesquisa por Amostra (NSSO[3]), na Índia, e outro tipo semelhante de organizações em diferentes países assume o tipo de pesquisa de pesquisa para responder a diferentes problemas de pesquisa que vêm principalmente sob um programa de pesquisa único. Embora os programas de pesquisa sejam realizados em um determinado ponto do tempo, eles podem ser replicados ou repetidos para verificar seus resultados ou estudar as variações dos resultados em diferentes pontos do tempo na mesma situação ou em diversas situações.

12. **Pesquisa longitudinal**: ao contrário da pesquisa única, a pesquisa longitudinal é realizada ao longo de vários períodos de tempo. Em projetos de pesquisa experimental, particularmente no campo da agricultura, é necessário verificar a consistência do resultado imerso de determinado programa de pesquisa; como tal, fazem parte de um programa de pesquisa longitudinal. Experimentos de longo prazo no campo da agricultura estão ficando sob a alçada da pesquisa longitudinal. Esse programa de pesquisa ajuda a obter não apenas as relações entre os fatores ou variáveis, mas também seu padrão de mudança ao longo do tempo. A análise de séries temporais em economia, negócios e previsões pode ser incluída em um programa de pesquisa longitudinal. Desvendar a complexa interação entre variáveis ou fatores sob a configuração experimental de longo

---

3 Em inglês, National Sample Survey Office.

prazo é de muita importância em comparação com um único experimento ou experimento único.

13. **Pesquisa clínica/diagnóstica**: nos campos de pesquisa médica, bioquímica, biomédica, biotecnológica e outros, a pesquisa clínica/diagnóstica é uma parte importante. Geralmente esse tipo de pesquisa segue um método de estudo de caso, no qual o estudo em profundidade é feito para revelar as causas de um determinado fenômeno ou para diagnosticar um determinado fenômeno. Esse tipo de pesquisa clínica/diagnóstica ajuda a conhecer as causas e a relação entre as causas de um determinado efeito já ocorrido.

14. **Pesquisa orientada à conclusão**: nesse tipo, um pesquisador aborda seu projeto de problema e redesenha um processo de pesquisa à medida que prossegue para ter uma conclusão definitiva da pesquisa. Este tipo de pesquisa leva a conclusões definitivas.

15. **Pesquisa orientada à decisão**: nesse tipo um pesquisador precisa realizar um processo de pesquisa de forma a facilitar o processo de tomada de decisão. Um pesquisador não é livre para iniciar um processo de pesquisa ou programa de pesquisa de acordo com sua própria inclinação.

16. **Pesquisa de avaliação**: em um sentido amplo, a pesquisa evolutiva conota o uso de métodos de pesquisa para avaliar o programa ou serviços e determinar a eficácia com que estão atingindo os objetivos. A pesquisa avaliativa contribui para um corpo de conhecimento verificável. O governo ou diferentes organizações estão assumindo diferentes projetos ou programas de desenvolvimento. A pesquisa avaliativa desenvolve uma ferramenta para avaliar o sucesso/fracasso/lacunas de tal programa de pesquisa. O programa de pesquisa avaliativa ajuda no processo de

tomada de decisão no mais alto nível de departamentos governamentais ou ONGs.
17. **Pesquisa operacional**: é um tipo de pesquisa orientada para a decisão. É um método científico de fornecer uma base quantitativa para a tomada de decisão pelos tomadores de decisão sob seu controle.
18. **Pesquisa de mercado**: a pesquisa de mercado é um importante campo de negócios ou indústria. Esse tipo de pesquisa geralmente se enquadra no padrão de pesquisa socioeconômica em que o comportamento socioeconômico do consumidor, dos intermediários, da comunidade empresarial, da nação e do mundo é investigado em profundidade. Essa categoria de pesquisa é tanto qualitativa quanto quantitativa por natureza. Atitude, preferência, gosto, não gosto etc., em relação à adoção ou não adoção de determinado produto estão sob a pesquisa qualitativa, enquanto a área/*quantum* dos consumidores, possível volume de negócios, possível lucro ou perda etc., constituem as partes quantitativas de uma pesquisa. A pesquisa de mercado é o tipo básico e obrigatório de pesquisa antes de lançar um novo produto no mercado. A pesquisa de mercado também inclui os tipos de canais de *marketing* envolvidos no processo, sua modernização e atualização etc., para que os produtos sejam bem-vindos pelos usuários finais. Nenhuma unidade de negócios pode ignorar a importância da pesquisa de mercado. A pesquisa de mercado investiga sobre a estrutura do mercado, sonhos e desejos dos clientes. Uma estratégia de *marketing* eficaz deve ter uma ideia clara sobre a natureza das escolhas do cliente-alvo, os produtos competitivos e os canais operantes no sistema.

19. **Pesquisa dialética**: tipo de pesquisa qualitativa principalmente de natureza exploratória. Esse tipo de pesquisa utiliza o método da dialética. O objetivo é descobrir a verdade por meio do exame e interrogação de ideias, argumentos e perfeitos concorrentes. A hipótese não é testada nesse tipo de pesquisa; por outro lado, ocorre o desenvolvimento da compreensão. Ao contrário da pesquisa empírica, essas são pesquisas que trabalham com argumentos e ideias em vez de dados.
20. **Pesquisa na internet**: se a pesquisa é uma jornada em direção ao conhecimento, a pesquisa na internet também pode ser considerada pesquisa. É um meio amplamente utilizado e facilmente acessível de pesquisar, aprimorar, definir e redefinir o corpo de conhecimento existente. A pesquisa na internet ajuda a reunir informações com o objetivo de aprofundar o entendimento. A pesquisa na internet inclui pesquisa pessoal sobre determinado assunto, pesquisa para projetos e artigos acadêmicos e pesquisa para histórias e artigos escritos por escritores e jornalistas. Mas há uma discussão quanto a reconhecer ou não a pesquisa na internet como pesquisa. Essa categoria é claramente diferente do processo rigoroso e bem definido de pesquisa científica. Pode-se reconhecer ou não a pesquisa na internet, mas é enfaticamente claro que, no mundo científico moderno, a internet tem um grande papel a desempenhar em desenterrar ou descobrir a chamada verdade oculta para o aperfeiçoamento da humanidade.

2.4 Métodos científicos

Os métodos científicos determinam até que ponto uma pesquisa está comprometida com o teste ou a construção de outra teoria ou materializam questões importantes referentes ao *design* de um projeto de pesquisa. Há duas abordagens contrastantes que representam essa dinâmica: a dedutiva ou a indutiva.

> **O que é?**
>
> O **raciocínio dedutivo**[4] se faz presente quando a conclusão é oriunda/derivada logicamente de um conjunto de premissas derivadas da teoria (nos casos em que a conclusão e todas as premissas forem verdadeiras). Por exemplo, uma pesquisa dessa natureza pode se referir a prováveis vendas no varejo *on-line* de um novo aparelho celular a ser lançado no mercado, considerando três premissas (hipóteses): 1) que os varejistas *on-line* receberam estoque limitado de novos telefones por parte do fabricante; 2) que a demanda dos clientes pelos dispositivos excede o fornecimento; e 3) que os varejistas *on-line* permitem que os clientes façam o pré-pedido dos aparelhos. Se essas premissas forem verdadeiras, podemos deduzir que a conclusão de que os varejistas *on-line* terão "vendido" toda a sua alocação do novo celular no dia do lançamento também será verdadeira.

---

4 Conforme o Dicionário Eletrônico Houaiss da Língua Portuguesa (Houaiss; Villar, 2009), *deduzir* é: "1) concluir (algo) pelo raciocínio; inferir (exs.: pela reação do amigo, deduziu que estava na hora de parar; acontecimento do qual se deduz que as coisas podem piorar), 2) reunir em coleção; ajuntar, colecionar, coligir (ex.: d. citações dos clássicos), 3) enumerar detalhadamente; expor com minúcias (ex.: d. razões e fundamentos), 4) propor (ação, demanda etc.), expor ou alegar (razões etc.) em juízo, embasando-se em fatos e argumentos bem fundamentados".

Em contraste, no **raciocínio indutivo**[5] há uma lacuna no argumento lógico entre a conclusão e as premissas observadas – a conclusão é "julgada" para ser fundamentada pelas observações realizadas; logo, considerando o exemplo anteriormente apresentado, as observações sobre o próximo lançamento conduzem às seguintes premissas (hipóteses): 1) que a mídia está relatando reclamações efetuadas pelos varejistas *on-line* sobre a atribuição de estoque limitado do novo telefone celular pelos fabricantes; 2) que a mídia está relatando que a demanda pelos aparelhos excederá a oferta; e 3) que os varejistas *on-line* estão permitindo que os clientes encomendem os celulares. Com base nessas observações, existem motivos para acreditar que os varejistas *on-line* terão "vendido" toda a sua alocação do novo telefone celular no dia do lançamento; contudo, embora seja suportada por observações, essa conclusão não é garantida, pois, no passado, os fabricantes lançaram novos telefones com vendas abaixo do esperado.

Portanto, se uma pesquisa é iniciada com a construção de uma teoria, muitas vezes desenvolvida com base no estudo da literatura acadêmica, e projeta uma estratégia de análise para a testagem de tal elaboração, estamos diante de uma abordagem dedutiva. Por outro lado, se uma pesquisa é iniciada com a coleta dados destinada à exploração de um fenômeno e à concepção de uma "nova" teoria (geralmente na forma de uma estrutura conceitual), então temos uma abordagem indutiva. O Quadro 2.2 demonstra as diferenças entre esses dois métodos de abordagem.

---

5 Conforme o Dicionário Eletrônico Houaiss da Língua Portuguesa (Houaiss; Villar, 2009), *induzir* é: "1) ser causa ou motivo de; inspirar, provocar (ex.: i. insegurança (na população), 2) concluir por meio de raciocínio lógico; inferir, deduzir (exs.: comparando várias regras, induziu uma norma mais abrangente; desde a primeira infância, induzia com precisão)".

Quadro 2.2 – Dedução e indução: da razão à pesquisa

	Dedução	Indução
Lógica	Quando as premissas são verdadeiras, a conclusão também deve ser verdadeira	As premissas conhecidas são usadas para gerar conclusões não testadas
Generabilidade	Do geral para o específico, do macro para o micro, do maior para o menor	Do específico para o geral, do micro para o macro, do menor para o maior
Uso de dados	Avalia proposições ou hipóteses relacionadas a uma teoria existente	Explora um fenômeno por meio da identificação de temas e padrões e da criação de uma estrutura conceitual
Teoria	Falsificação ou verificação de teoria	Geração e construção de teoria

Com base no conteúdo apresentado, podemos afirmar que o método dedutivo parte de teorias ou observações. Tomemos por exemplo um estudo da Organização Mundial da Saúde[6] que aponta a existência de uma epidemia global de obesidade na contemporaneidade: com base nessa afirmação, podemos inferir que grande parte da população mundial, se não toda ela, é obesa. No caso do raciocínio indutivo, a constatação da obesidade em uma parcela considerável de um grupo de adolescentes analisados permite "concluir" que todos os adolescentes são obesos. Em suma, no método dedutivo parte-se do macro para o micro, ou seja, a hipótese de epidemia global de obesidade viabiliza conclusões locais; no método indutivo, determinado percentual de obesos num grupo de indivíduos corresponde ao "mesmo percentual" na população mundial.

---

6 WHO – World Health Organization. **Controlling the Global Obesity Epidemic**. Disponível em: <https://www.who.int/activities/controlling-the-global-obesity-epidemic>. Acesso em: 12 abr. 2023.

A Figura 2.2 apresenta esquematicamente os ciclos dos dois métodos.

Figura 2.2 – Esquema dos métodos dedutivo e indutivo

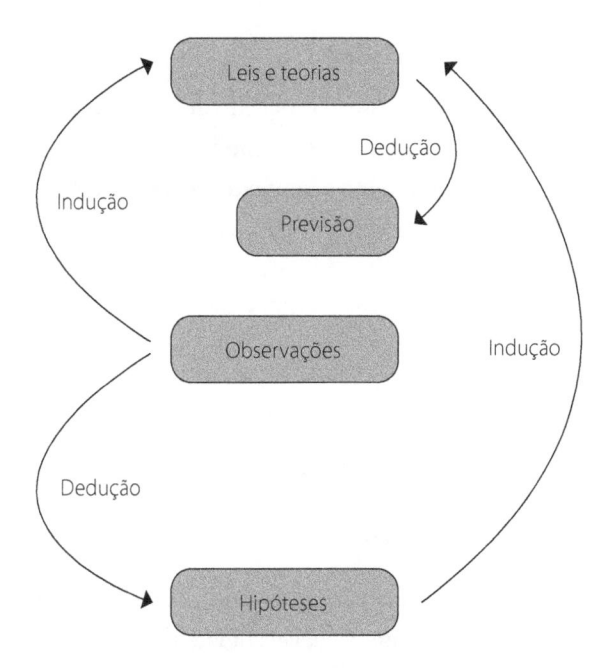

```
                    Leis e teorias
                                    Dedução
         Indução
                      Previsão

                    Observações        Indução

         Dedução

                     Hipóteses
```

Para que se possa concluir algo com precisão tendo-se como base os métodos dedutivo e indutivo, deve-se escolher corretamente os procedimentos metodológicos específicos para a análise do fenômeno estudado. No exemplo da pesquisa sobre epidemia global de obesidade realizada por meio do método dedutivo, temos o uso de indicadores/estudos aplicados em muitos países; no método indutivo, temos a correta seleção do grupo a ser estudado.

2.5 Abordagem metodológica

Uma pesquisa científica pode ser quantitativa ou qualitativa. Observe a seguir as características de cada uma dessas abordagem metodológicas.

2.5.1 Pesquisa quantitativa

Nessa abordagem, a premissa é o conceito de **quantidade**, ou seja, daquilo que pode ser enumerado de modo a gerar um resultado que pode ser analisado. Nesse contexto, os seguintes métodos estatísticos são fundamentais (Prodanov; Freitas, 2013):

- percentagem;
- média;
- moda;
- mediana;
- desvio-padrão;
- coeficiente de correlação;
- análise de regressão.

Essa abordagem é mais precisa quando apoiada em uma hipótese e fundamentada em variáveis devidamente relacionadas. Presente em muitos tipos de pesquisa, a pesquisa quantitativa é adequada na busca por relações de causa e efeito, pois facilita a interpretação dos dados de processos, mudanças de fenômenos e formações de eventos.

Logo, a pesquisa quantitativa pressupõe investigações sistemáticas com propriedades, fenômenos e relacionamento quantitativos. Os projetos fundamentados nessa abordagem são experimentais, correlacionais e descritivos por natureza, empregados para a mensuração, quantificação e análise numérica de fenômenos; nesse contexto, as estatísticas derivadas de pesquisas quantitativas podem ser usadas para estabelecer a relação associativa ou causal entre as variáveis. Como exemplos de aplicação desse recurso, podemos citar as flutuações relacionadas ao desempenho de vários negócios, medidas em termos de quantidade ou dados, e experimentos agrícolas relacionados à medição de caracteres quantitativos e suas atividades correlacionais.

Por fim, a pesquisa quantitativa depende da coleta de dados, da precisão dos instrumentos de coleta de dados e da consistência e eficiência das informações, haja vista que a utilização de ferramenta estatística adequada no teste de hipóteses ou na medição da estimativa dos tratamentos é pré-requisito para a elevada qualidade desse tipo de estudo.

2.5.2 Pesquisa qualitativa

Com foco em fenômenos sociais e culturais, as pesquisas qualitativas são fundamentadas em dados adquiridos por meio de experiências, percepções, pensamentos, valores, ações ou sentimentos individuais ou compartilhados em grupo, tendo como objetivo principal descobrir como os indivíduos vivenciam e interpretam suas próprias existências.

Essa categoria de pesquisa se utiliza de dados que não podem ser quantificados ou para os quais a quantificação é inútil. Em outras palavras, essas informações podem ser descritas em palavras, não em números. A ideia fundamental dessa abordagem é a de que os fenômenos são acessíveis ao pesquisador por meio de formas particulares de comunicação e observações do(s) assunto(s) estudado(s). A perícia em tais fenômenos é decisiva para que o pesquisador possa avaliar o modo como uma cultura funciona e compreender as razões pelas quais os indivíduos agem de determinadas maneiras em situações concretas. Isso só é possível quando o estudioso pode determinar como essas mesmas pessoas vivenciam e interpretam o mundo. Essa dinâmica é essencial, por exemplo, em estudos do campo da saúde e/ou das políticas governamentais de saúde pública em diferentes áreas ou frentes de atuação/combate.

> **Exemplificando**
>
> Pensemos no ato de fumar para ilustrar a pesquisa qualitativa. Há uma correlação estatística (levantada quantitativamente) amplamente documentada entre tabagismo e diferentes tipos de câncer. No entanto, muitas pessoas, que frequentemente iniciam o hábito de fumar ainda na juventude, não abandonam tal prática, ainda que saibam dos malefícios do cigarro. Infelizmente, muitas campanhas antitabagistas são mal-sucedidas. Por que isso ocorre? Quais são os desafios enfrentados pelas iniciativas contra o cigarro? Para que possa entender as motivações pelas quais as pessoas começam a fumar e continuam a fazê-lo, ainda que a ligação entre fumo e diversas categorias de neoplasias malignas seja amplamente conhecida, o pesquisador da área deve primeiramente compreender como as pessoas vivenciam e percebem o mundo, quais valores e ideais elas cultivam etc.

No que diz respeito ao enfoque qualitativo de pesquisa, Sampieri, Collado e Lucio (2013) explicam que essa abordagem tem a função de desenvolver e melhorar questões relacionadas ao trabalho de pesquisa e às interpretações necessárias ao seu andamento. Ao contrário da pesquisa quantitativa, cujas hipóteses e perguntas devem ser formuladas antes do empreendimento do estudo, a qualitativa permite maleabilidade em seu recorte temporal, pois essas elucubrações podem ser realizadas em qualquer etapa do trabalho.

Nesse contexto, a pesquisa é não linear, pois as perguntas feitas previamente podem ser modificadas por novos fatos e novas descobertas, gerando novas perguntas, que, por sua vez, podem reiniciar esse processo. Portanto, a conclusão do ciclo é menos previsível.m

Em síntese, a pesquisa qualitativa analisa fenômenos associados a diferentes comportamentos humanos, tendo por objetivo descobrir suas motivações, seja no âmbito individual, seja na esfera pública, explorando psicologicamente tais condutas. Um exemplo significativo dessa categoria de análise é o estudo "Experiência e atitudes de agentes acerca do aleitamento materno" (Silva et al., 2021). O artigo trata de uma pesquisa qualitativa com o seguinte objetivo:

Identificar experiências e atitudes de gestantes acerca do aleitamento materno [por meio de estudo] qualitativo mediatizado por uma pesquisa-ação, realizado com 12 gestantes, em duas Unidades Básicas de Saúde da cidade de Cajazeiras, Paraíba, com a função de identificar seus conhecimentos e experiências acerca do processo de amamentação. A coleta de dados foi realizada por meio de entrevistas semiestruturadas com questionamentos sobre os benefícios da amamentação, direitos e deveres das lactantes e experiências prévias, a fim de identificar melhor o grupo analisado. Após as entrevistas, as respostas foram [...] utilizadas para nortear o planejamento e realização de intervenções de educação em saúde visando solucionar a deficiência de conhecimento das participantes acerca da amamentação. (Silva et al., 2021, p. 1)

Tendo em vista esse escopo, a pesquisa é motivada pela seguinte questão:

Quais são as experiências e atitudes das gestantes acerca do Aleitamento Materno? Sabe-se que o estudo de fatores intervenientes associados à assistência, à saúde e aos hábitos materno-infantis de uma população são de grande utilidade para o reconhecimento de fatores relacionados

> à amamentação. Pesquisas tornam-se importantes ferramentas no intuito de elevar os índices de AM no país, pois fornecem aos profissionais e acadêmicos da saúde dados relevantes, que podem fomentar a necessidade de aprimoramento da sua conduta educativa, planejando de ações de apoio, incentivo e promoção do AM, ao mesmo tempo em que contribui para o aumento do conhecimento sobre a temática entre as gestantes e população em geral. Assim, o presente estudo objetivou identificar experiências e atitudes das gestantes acerca do aleitamento materno. (Silva et al., 2021, p. 3)

Portanto, a pesquisa se preocupa com o perfil comportamental/psicológico das entrevistadas (suas motivações para promoverem o aleitamento materno ou não, com base em suas experiências de vida) para refletir sobre um fenômeno importante da realidade (a maternidade associada à amamentação e suas implicações para o nascituro) para envidar esforços de melhoria de políticas públicas destinadas a essa ação.

Por fim, a pesquisa qualitativa usa testes como o de associação de palavras, o de frase ou o de competição de histórias, cujos dados são coletados, por exemplo, por meio da pesquisa de opinião, como no caso das pesquisas em períodos eleitorais para determinar como as pessoas reagem a manifestos políticos e candidaturas e para avaliar possíveis resultados de eleição.

2.5.3 Pesquisa qualitativa *versus* pesquisa quantitativa

Com as definições das seções anteriores, podemos distinguir em quais esferas do âmbito acadêmico as pesquisas qualitativas e quantitativas são utilizadas (obviamente, não se trata de uma categorização monolítica): nas áreas de ciências humanas, jurídicas e sociais, as pesquisas qualitativas se fazem mais presentes, ao passo que as pesquisas quantitativas são amplamente utilizadas nos cursos de ciências exatas e biológicas. Por sua vez, a área de educação frequentemente se vale de ambas as abordagens.

Para que não restem dúvidas a respeito dessa etapa da condução da pesquisa científica, apresentamos a seguir uma série de autores que comparam essas duas abordagens, bem como alguns exemplos dessa justaposição.

Comecemos com Jonker e Pennink (2010, p. 38, tradução nossa), que fazem a seguinte distinção entre as duas linhas de pesquisa:

> *Nos corredores de muitas universidades, a distinção entre questões abertas e fechadas, entre testar e descobrir ou entre positivismo e construtivismo é brevemente tratada como a distinção comum entre pesquisa quantitativa e qualitativa ou, mesmo, "pesquisa quantitativa versus qualitativa". A pesquisa quantitativa é muitas vezes considerada como puramente científica, justificável, precisa e baseada em fatos frequentemente refletidos em números exatos. Por outro lado, a pesquisa qualitativa é muitas vezes considerada como "bagunça", "vaga", não científica e desprovida de plano estruturado. Quem faz pesquisas quantitativas segue a tradição, trabalha em assuntos distintos e produz cifras confiáveis. Por outro lado, qualquer pessoa que informe seu tutor sobre sua intenção de conduzir pesquisas qualitativas provavelmente enfrentará críticas.*

Em uma outra linha de raciocínio, Prodanov e Freitas (2013, p. 70) relatam que

> *é comum autores não diferenciarem abordagem quantitativa da qualitativa, pois consideram que a pesquisa quantitativa é também qualitativa. Entendemos, então, que a maneira pela qual pretendemos analisar o problema ou fenômeno e o enfoque adotado é o que determina uma metodologia quantitativa ou qualitativa. Assim, o tipo de abordagem*

utilizada na pesquisa dependerá dos interesses do autor (pesquisador) e do tipo de estudo que ele desenvolverá. É importante acrescentar que essas duas abordagens estão interligadas e complementam-se.

A seguir, apresentamos no Quadro 2.3 as similaridades e as distinções entre as duas abordagens de pesquisa analisadas.

Quadro 2.3 – **Pesquisa qualitativa versus pesquisa quantitativa**

Ponto de comparação	Pesquisa qualitativa	Pesquisa quantitativa
Foco da pesquisa	Qualidade (natureza e essência)	Quantidade (quantos, quanto)
Raízes filosóficas	Fenomenologia, interação simbólica	Positivismo, empiricismo, lógico
Frases associadas	Trabalho de campo, etnografia, naturalismo, subjetivismo	Experimental, empírico, estatístico
Metas de investigação	Entendimento, descrição, descoberta, generalização, hipótese	Predição, controle, descrição, confirmação, teste de hipótese
Ambiente	Natural, familiar	Artificial, não natural
Amostra	Pequena, não representativa	Grande, ampla
Coleta de dados	Pesquisador como principal instrumento (entrevista, observação)	Instrumentos manipulados (escala, teste, questionário etc.)
Modo de análise	Indutivo (pelo pesquisador)	Dedutivo (pelo método estatístico)

Fonte: Prodanov; Freitas, 2013, p. 71.

Para Gerhardt e Silveira (2009, p. 33),

a pesquisa quantitativa, que tem suas raízes no pensamento positivista lógico, tende a enfatizar o raciocínio dedutivo, as regras da lógica e os atributos mensuráveis da experiência humana. Por outro lado, a pesquisa qualitativa tende a salientar os aspectos dinâmicos, holísticos e individuais da experiência humana, para apreender a totalidade no contexto daqueles que estão vivenciando o fenômeno.

Os autores mexicanos Sampieri, Collado e Lucio (2013, p. 36-39) abordam essa distinção de uma maneira admiravelmente didática. Na Figura 2.3 e no Quadro 2.4, a seguir, apresentamos duas elaborações esquemáticas das considerações dos estudiosos que mostram as diferenças entre as duas abordagens e, ainda, inserem uma terceira – a abordagem mista, que pode variar conforme o objetivo de cada estudo. Lembramos que, mesmo neste último caso, os pressupostos de cada procedimento devem ser rigorosamente observados, como demonstraremos na seção a seguir.

Figura 2.3 – Distinções entre as pesquisa qualitativa, quantitativa e mista

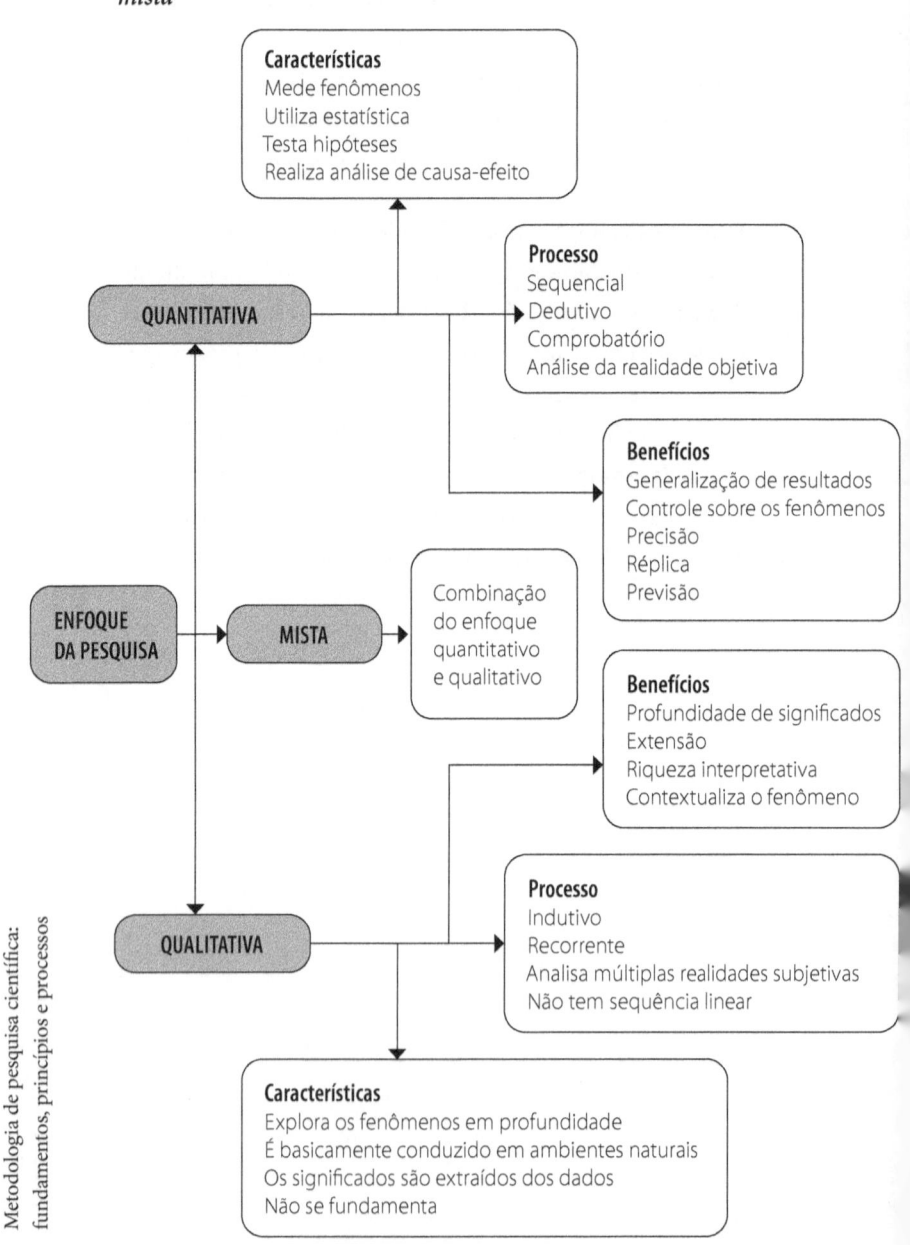

QUANTITATIVA

Características
- Mede fenômenos
- Utiliza estatística
- Testa hipóteses
- Realiza análise de causa-efeito

Processo
- Sequencial
- Dedutivo
- Comprobatório
- Análise da realidade objetiva

Benefícios
- Generalização de resultados
- Controle sobre os fenômenos
- Precisão
- Réplica
- Previsão

ENFOQUE DA PESQUISA

MISTA
Combinação do enfoque quantitativo e qualitativo

Benefícios
- Profundidade de significados
- Extensão
- Riqueza interpretativa
- Contextualiza o fenômeno

QUALITATIVA

Processo
- Indutivo
- Recorrente
- Analisa múltiplas realidades subjetivas
- Não tem sequência linear

Características
- Explora os fenômenos em profundidade
- É basicamente conduzido em ambientes naturais
- Os significados são extraídos dos dados
- Não se fundamenta

Fonte: Elaborado com base em Sampieri; Collado; Lucio, 2013.

Quadro 2.4 – Diferenças entre os enfoques quantitativo e qualitativo

Definições (dimensões)	Enfoque quantitativo	Enfoque qualitativo
Marcos referenciais gerais básicos	Positivismo, neopositivismo e pós-positivismo.	Fenomenologia, construtivismo, naturalismo, interpretacionismo.
Ponto de partida	Existência de uma realidade a ser conhecida por meio da mente.	Existência de uma realidade a se descobrir, construir e interpretar, sendo ela correspondente à mente.
Realidade a ser estudada	Existência de uma realidade objetiva única e externa ao pesquisador.	Existência de várias realidades subjetivas construídas na pesquisa, que variam em sua forma e conteúdo entre indivíduos grupos e culturas. Nesse contexto, o pesquisador qualitativo parte da premissa de que o mundo social é "relativo" e que somente pode ser entendido com base no ponto de vista dos atores estudados. Em suma, o mundo é construído pelo pesquisador.
Natureza da realidade	Impossibilidade de alteração da realidade, a despeito das observações e medições realizadas.	Alteração da realidade em razão das observações e da coleta de dados.
Objetividade	Busca pela objetividade.	Admissão da subjetividade.
Metas da pesquisa	Descrição, explicação e previsão dos fenômenos (causalidade). Geração e comprovação de teorias.	Descrição, compreensão e interpretação dos fenômenos por meio das percepções e dos significados produzidos pelas experiências dos participantes.
Lógica	Aplicação da lógica dedutiva (do geral ao particular – das leis e teorias aos dados).	Aplicação da lógica indutiva (do particular ao geral – dos dados às generalizações, não estatísticas – e a teoria).
Relação entre ciências físicas/ naturais e sociais	Ciências físicas/naturais e sociais são uma unidade. Possibilidade de aplicação dos princípios das ciências naturais às ciências sociais.	Diferença entre ciências físicas/ naturais e sociais; impossibilidade de aplicação dos mesmos princípios.

(continua)

(Quadro 2.4 – continuação)

Definições (dimensões)	Enfoque quantitativo	Enfoque qualitativo
Posição pessoal do pesquisador	Neutralidade. Pesquisador "deixa de lado" seus próprios valores e suas crenças. Com posição "imparcial", o estudioso procura assegurar procedimentos rigorosos e "objetivos" de coleta e análise dos dados, bem como evitar que suas propensões e tendências influenciem nos resultados.	Explicitação. Pesquisador reconhece seus próprios valores e crenças, que, aliás, são parte do estudo.
Interação física entre o pesquisador e o fenómeno	Distanciamento, separação.	Aproximação, contato.
Interação psicológica entre o pesquisador e o fenômeno	Distanciamento, neutralidade.	Proximidade, empatia, envolvimento.
Papel dos fenômenos estudados (objetos, seres vivos etc.)	Passividade dos papéis.	Atividade dos papéis.
Relação entre o pesquisador e o fenômeno estudado	Independência e neutralidade não se afetam. São separados.	Interdependência, influência mútua; inseparabilidade.
Formulação do problema	Delimitação, demarcação, especificidade, pouca flexibilidade.	Abertura, liberdade, ausência de delimitações ou demarcações; flexibilidade.
Uso da teoria	Utilização da teoria para ajustar seus postulados ao mundo empírico.	Teoria como marco referencial.

(Quadro 2.4 – continuação)

Definições (dimensões)	Enfoque quantitativo	Enfoque qualitativo
Criação da teoria	Criação da teoria com base na comparação entre a pesquisa anterior e os estados do estudo, que se constituem como uma extensão dos estudos antecedentes.	Fundamentação da teoria nos dados empíricos obtidos e analisados.
Papel da revisão da literatura	Papel crucial da literatura como orientadora da pesquisa. Fundamental para a definição da teoria, das hipóteses, do desenho do processo e de suas demais etapas.	Desempenho inicial de menor importância da literatura, ainda que tenha importância no desenvolvimento do processo. Eventualmente, ela indica o caminho; contudo, é a evolução de eventos que indica o rumo, durante o estudo e a aprendizagem que são obtidos dos participantes. Marco teórico é um instrumento de justificação da necessidade de pesquisar o problema formulado. Autores de enfoque qualitativo consideram que seu papel é apenas auxiliar.
Revisão da literatura e das variáveis ou dos conceitos de estudo	Revisão da literatura por parte do pesquisador, buscando variáveis significativas que possam ser medidas.	Pesquisador confia no próprio processo de pesquisa para identificar e descobrir as variáveis ou os conceitos-chave do estudo e determinar como se relacionam.
Hipóteses	Testes das hipóteses, que são estabelecidas ou rejeitadas, dependendo do grau de certeza (probabilidade).	Criação de hipóteses durante o estudo e ao final deste.
Desenho da pesquisa	Estruturado, predeterminado (precede a coleta dos dados).	Abertura, flexibilidade, construção em paralelo ao trabalho de campo ou à realização do estudo.
População-amostra	Generalização dos dados de uma amostra para uma população (de um grupo pequeno a um maior).	Normalmente, não há a pretensão de generalizar os resultados obtidos na amostra para uma população.

(Quadro 2.4 – continuação)

Definições (dimensões)	Enfoque quantitativo	Enfoque qualitativo
Amostra	Envolvimento de muitos sujeitos na pesquisa, tendo como objetivo a generalização dos resultados do estudo.	Poucos sujeitos envolvidos, pois a intenção não é necessariamente generalizar os resultados do estudo.
Composição da amostra	Casos que em conjunto são estatisticamente representativos.	Casos individuais, não representativos a partir do ponto de vista estatístico.
Natureza dos dados	A natureza dos dados é quantitativa (dados numéricos).	Natureza qualitativa dos dados (textos, narrativas, significados etc.).
Tipo de dados	Dados confiáveis e sólidos (em inglês: *hard*).	Dados profundos e enriquecedores (em inglês: *soft*).
Coleta de dados	Coleta se baseia em instrumentos padronizados; uniformidade em todos os casos; obtenção de dados por observação, medição e documentação de medições. Instrumentos utilizados são aqueles que se mostraram válidos e confiáveis em estudos anteriores; possibilidade de criação de novos instrumentos com base na revisão da literatura, seguida de testes e ajustes. Especificidade das perguntas ou itens utilizados, com possibilidades predeterminadas de resposta.	Viabilização de uma maior compreensão dos significados e das experiências das pessoas como objetivo da coleta de dados é. Pesquisador como instrumento de coleta de dados, que se apoia em diversas técnicas desenvolvidas durante o estudo. A coleta de dados não é iniciada com instrumentos preestabelecidos – é o pesquisador que passa a aprender por meio da observação e das descrições dos participantes, bem como a pensar em formas de registrar os dados, aprimorados com o avanço da pesquisa.
Concepção dos participantes na coleta de dados	Participantes como fontes externas de dados.	Participantes como fontes internas de dados. Pesquisador como participante.

(Quadro 2.4 – continuação)

Definições (dimensões)	Enfoque quantitativo	Enfoque qualitativo
Finalidade da análise dos dados	Descrição das variáveis e explicação de suas mudanças e movimentos.	Compreensão das pessoas e de seus contextos.
Características da análise dos dados	Sistematicidade Intensa utilização da estatística (descritiva e inferencial). Fundamentação em variáveis. Impessoalidade Posterior à coleta de dados.	Variação da análise conforme o modo de coleta dos dados. Fundamentação na indução analítica. Uso moderado da estatística (contagem, algumas operações aritméticas). Fundamentação em casos ou pessoas e suas manifestações. Simultânea à coleta de dados. Análise consiste em descrever informações e desenvolver temas.
Formato dos dados que serão analisados	Dados representados em formato de números analisados estatisticamente.	Dados no formato de textos, imagens, peças audiovisuais, documentos e objetos pessoais.
Processo de análise dos dados	Início da análise com ideias preconcebidas baseadas nas hipóteses formuladas. Uma vez coletados, os dados numéricos são transferidos para uma matriz, analisada mediante procedimentos estatísticos.	Análise geralmente não começa com ideias preconcebidas sobre como os conceitos ou variáveis se relacionam. Após o agrupamento dos dados verbais, escritos e/ou audiovisuais, eles passam a fazer parte de uma base de dados composta por texto e/ou elementos visuais, que é analisada para determinar significados e descrever o fenômeno estudado com base no ponto de vista de seus atores. Descrições de pessoas são integradas às do pesquisador.
Perspectiva do pesquisador na análise dos dados	Externalidade (à margem dos dados). Pesquisador envolve seus antecedentes e suas experiências na análise, mantendo distância dela.	Internalidade (a partir dos dados). Pesquisador envolve seus próprios antecedentes e suas experiências na análise, assim como sua relação com os participantes do estudo.

(Quadro 2.4 – conclusão)

Definições (dimensões)	Enfoque quantitativo	Enfoque qualitativo
Principais critérios de avaliação na coleta e análise dos dados	Objetividade, rigor, confiabilidade e validade.	Credibilidade, confirmação, valoração e transferência.
Apresentação de resultados	Tabelas, diagramas e modelos estatísticos; formato padrão de apresentação.	O pesquisador emprega uma variedade de formatos para relatar seus resultados: narrativas, fragmentos de textos, vídeos, áudios, fotografias e mapas, diagramas, matrizes e modelos conceituais. O formato varia praticamente em cada estudo.
Relatório de resultados	Objetividade, impessoalidade e ausência de emoções nos relatórios.	Tom pessoal e emotivo dos relatórios.

Fonte: Elaborado com base em Sampieri; Collado; Lucio, 2013.

Logo, temos que a pesquisa quantitativa pode fornecer indícios de certo fenômeno; contudo, um panorama mais amplo demanda outras formas de coleta de dados (lembremos do exemplo da influência do tabagismo no cotidiano de pessoas e grupos). A pesquisa qualitativa, por sua vez, difere da pesquisa quantitativa em pelo menos dois aspectos:

1. Na intensividade da pesquisa, que se contrapõe à extensividade. A abordagem intensiva caracteriza-se por poucos sujeitos e muitas variáveis (por exemplo, um estudo no qual os entrevistados passam pelo mesmo processo de diálogo várias vezes durante o período de dois anos e em que o número de objetos de entrevista é típico para pesquisas qualitativas) ou por estudos de caso, recurso mais extremo da abordagem qualitativa (sobre uma única pessoa, empresa ou obra; portanto, há apenas um objeto, mas inúmeras variáveis que podem ser relevantes).

2. Na organização do processo de pesquisa. As fases de um estudo de pesquisa quantitativa são relativamente distintas: desenho, geração de hipóteses, coleta e análise de dados. As fases de um estudo de pesquisa qualitativa, a seu turno, se misturam e não podem ser claramente distinguidas, pois grande parte da geração e análise de hipóteses ocorre à medida que os dados são adquiridos, o que pode envolver várias técnicas simultâneas de coleta de dados, como observações e entrevistas.

Nesse complexo contexto, há algum recurso do qual o pesquisador pode se valer para escolher a abordagem de pesquisa mais adequada para seu projeto? Um fator que geralmente influencia tal opção se refere às características pessoais do estudioso (por exemplo, um pesquisador mais sociável tende a optar por metodologias com maior ênfase em relacionamentos e/ou entrevistas; um analista com maior familiaridade com números ou tecnologia de informação tende a realizar estudos com abordagem quantitativa, pois pesquisas dessa natureza podem ser feitas com um baixo contingente de entrevistados); aliás, há casos em que não há necessidade de interações com indivíduos (por exemplo, nas pesquisas em bases de dados).

Todavia, em ambas as linhas de pesquisa, o pesquisador deve ter autoconsciência suficiente para avaliar se conta com características individuais necessárias para a execução de uma abordagem ou outra: se o estudioso é bom ouvinte, ele está apto a realizar qualquer uma das duas linhas; caso contrário, é melhor que não o faça. Por outro lado, se o pesquisador é fundamentalmente metódico e organizado, é possível que a pesquisa quantitativa lhe seja a mais recomendada. Essa distinção ao longo da pesquisa é uma variável que pode influenciar (e muito) a continuidade e até mesmo o término de uma coleta de dados.

Até este ponto do texto, descrevemos as etapas de pesquisa sob uma perspectiva eminentemente teórica. A partir da próxima seção, conduziremos nosso estudo para a demonstração de como a escolha de tais estratégias e/ou procedimentos metodológicos conduzem uma pesquisa do ponto de vista prático, ou seja, como influenciam a coleta de dados que futuramente geram resultados e respostas à(s) hipótese(s).

2.6 Objetivos

A abordagem dos objetivos ou do alcance da pesquisa é fundamental para que o pesquisador determine a como vai explorar, explicitar ou descrever/correlacionar o estudo a ser realizado. Nesse contexto, temos basicamente as pesquisas descritiva, exploratória e explicativa.

2.6.1 **Pesquisa descritiva**

A descrição é provavelmente o objetivo mais básico e de fácil compreensão da pesquisa científica, pois se refere ao processo de definir, classificar ou categorizar fenômenos. Por exemplo, um pesquisador pode conduzir um projeto de pesquisa que tenha como objetivo descrever a relação entre dois eventos, como a interação entre o exercício cardiovascular e os níveis de colesterol. Alternativamente, um pesquisador pode estar interessado em descrever um único fenômeno, como os efeitos do estresse nas tomadas de decisão.

Logo, o objetivo da pesquisa descritiva é retratar um perfil de pessoas, eventos ou situações, podendo, além disso, dar ensejo a uma extensão ou a uma pesquisa exploratória ou explicativa. Nesse contexto, é necessário que o pesquisador tenha, antes da coleta, uma representação clara dos fenômenos sobre os quais deseja coletar dados, ainda que tal processo pareça redundante. Para Prodanov e Freitas (2013, p. 52), nesse tipo de pesquisa, o estudioso registra, de modo objetivo, determinado evento ou fenômeno e suas possíveis variáveis. Essa dinâmica é fundamentalmente documental, ou seja, consiste em um levantamento de dados, coletando-os, ordenando-os e analisando-os. Por meio de entrevistas, testes, questionários, entre outros instrumentos, o pesquisador deseja detectar repetições de determinado acontecimento, bem como suas especificidades, desde suas causas até suas consequências. Em outras palavras, o estudioso descreve pormenorizadamente um fenômeno sem qualquer tipo de interferência subjetiva.

Muito utilizadas na área de ciências sociais, esse método ora se aproxima de uma investigação exploratória (caso traga alguma informação nova sobre determinado fato), ora de uma investigação explicativa (quando não só aponta as relações das variáveis de um evento, mas também trata da natureza dessas interações).

Portanto, a pesquisa descritiva é útil porque pode fornecer informações importantes sobre o "sujeito" médio de um grupo – ao reunir dados sobre um grupo grande o suficiente de pessoas, o pesquisador pode descrever a média, ou o desempenho médio de um "sujeito", desse contingente. Um exemplo de estudo dessa natureza é a pesquisa correlacional, na qual o analista tenta determinar se há uma relação – isto é, uma correlação – entre duas ou mais variáveis, como a existente entre sedentarismo e obesidade.

> **Importante!**
>
> A pesquisa descritiva é eventualmente denominada *pesquisa* ex post facto, haja vista seu objetivo, que é o de descrever um estado de fenômeno já existente. Geralmente, os pesquisadores tentam rastrear as causas prováveis de um efeito já consolidado mesmo quando eles não têm nenhum controle sobre as variáveis. Por exemplo, as condições às quais pessoas são acometidas após

uma enchente em determinada localidade pode ser o objetivo de um projeto de pesquisa. Nesse tipo de estudo, a ênfase do pesquisador se concentra nas causas da situação analisada, para que as medidas adequadas possam ser tomadas no nível adequado. A pesquisa *ex post facto* pode ser realizada nas áreas empresarial e industrial, por exemplo, para avaliar mudanças de comportamento de consumidores em relação a uma mercadoria ou a um grupo de mercadorias.

De modo geral, os orientadores de projetos dessa natureza são bastante cautelosos com trabalhos excessivamente descritivos, pois neles há o perigo de "descrição exagerada e conclusão inexistente", como uma foto sem legenda. Afinal, meras descrições – ainda que válidas e interessantes – não chegam a lugar nenhum, pois a pesquisa deve gerar conclusões com base nos dados apresentados. Todavia, também cabe ao orientador encorajar o aluno/pesquisador a desenvolver as habilidades de avaliação de dados e síntese de ideias.

2.6.2 Pesquisa exploratória

O estudo exploratório é um meio valioso para a análise de fenômenos, a busca por novos *insights*, a elaboração de perguntas e a avaliação desses eventos sob uma nova luz. Além disso, essa categoria de pesquisa é particularmente útil para esclarecer e compreender certos problemas (por exemplo, se não há certeza da natureza de determinado acontecimento da realidade).

De modo geral, são três as formas de condução das pesquisas exploratórias:

1. pesquisa da literatura;
2. entrevistas com especialistas no assunto;
3. entrevistas com grupos de foco.

A pesquisa exploratória equivale a um profundo escrutínio do assunto analisado. É flexível e adaptável a mudanças; logo, ao conduzir um estudo dessa natureza, o estudioso deve estar disposto a mudar sua direção no caso de surgimento de novos dados e novas percepções que podem vir a surgir do próprio trabalho de pesquisa. Para Sampieri, Collado e Lucio (2013, p. 101), os estudos exploratórios são aplicados em casos em que o assunto abordado conta um repertório restrito, ou mesmo inexistente, de materiais referenciais, ou, ainda, se o pesquisador pretende privilegiar o tópico estudado sob perspectiva inédita.

Nessa dinâmica, os temas tratados se referem aos estudo de novas doenças, fenômenos físicos, eventos cosmológicos, dispositivos eletrônicos, fatos históricos.

Portanto, as pesquisas exploratórias têm a função de trazer a público estudos sobre grandes inovações, eventos imediatos, novas perspectivas e possibilidades promissoras de desenvolvimento do conhecimento científico.

Por tratar de temas inéditos ou anteriormente explorados sob parâmetros mais rígidos, a pesquisa exploratória é mais arriscada e demanda maior resiliência por parte do estudioso, quer, se for bem-sucedido, apresentará à sua área de análise novas tendências, novos caminhos e novas abordagens de análise.

Em síntese, a pesquisa exploratória está associada ao desenvolvimento de uma hipótese cujo resultado o pesquisador não tem como determinar; é usualmente uma atividade inovadora, pois consiste em um processo intelectual que visa beneficiar a sociedade. Trata-se de uma ferramenta utilizada para a descoberta de fatos ocultos subjacentes ao universo, podendo ser conduzida para enriquecer a visão do pesquisador sobre um fenômeno particular que deseja estudar; tal objetivo coaduna-se com coleta de dados qualitativos, pois não "exige" procedimentos radicalmente estruturados e permite analises sob novas perspectivas. Entre os principais exemplos desse tipo de análise, temos a pesquisa bibliográfica e o estudo de caso (Gerhardt; Silveira, 2009).

2.6.3 Pesquisas explicativas

Os estudos que estabelecem relações causais entre as variáveis podem ser denominados *pesquisas explicativas*, pois a ênfase se dá no estudo de uma situação ou problema que pode auxiliar na explicação de relações entre variáveis.

> **Exemplificando**
>
> O pesquisador pode empregar essa categoria de estudo para determinar se uma análise superficial de dados quantitativos sobre as taxas de refugo de determinado processo de fabricação mostra uma relação entre as taxas e a idade da máquina operada. Feita essa descoberta inicial, o analista pode submeter os dados a testes estatísticos, como correlação, a fim de obter uma visão mais clara do relacionamento. Outro exemplo seria o da coleta de dados qualitativos para explicar os motivos de inadimplência de clientes de uma empresa tendo em consideração os termos de pagamento prescritos.

Para Prodanov e Freitas (2013, p. 53), a pesquisa explicativa se faz presente quando o pesquisador traça as motivações e a origem causal de determinado fenômeno, analisando-o, classificando-o e interpretando-o. Se utilizada nas ciências naturais, essa abordagem demanda o experimento; se usada nas ciências sociais, exige a observação. Ultrapassando as prerrogativas da pesquisa descritiva, a explicativa visa determinar as causas do fenômeno, aprofundando-se em seu estudo, o que a expõe a maior incidência de equívocos.

Nesse contexto, o método experimental é amplamente utilizado, por viabilizar maior controle e manipulação das variáveis, o que facilita a determinação do fenômeno.

Assim, a pesquisa explicativa se inicia onde a pesquisa descritiva termina. Por exemplo, um estudo descritivo descobre que mais de 30% das pessoas em determinada comunidade sofrem de uma doença ou deficiência específica. Feita a constatação, um pesquisador de linha explicativa procura as razões subjacentes e manifestas que viabilizaram tal fenômeno.

> **Resumindo**
>
> O objetivo da pesquisa explicativa consiste em determinar as razões ou a descrição de achados descritos em um problema já conhecido.

2.6.4 Comparação entre objetivos (alcances)

A rotulação pura de uma pesquisa como "descritiva", exploratória" ou "explicativa" é muito rara; afinal, sempre há a possibilidade de uma pesquisa abranger mais do que um objetivo. Nesse sentido, e para deixarmos claro o alcance de cada objetivo de pesquisa (Quadro 2.5), como bem explicam Sampieri, Collado e Lucio (2013): uma pesquisa raramente poderá ser considerada "pura", ou seja, dificilmente ela poderá se utilizar de uma única abordagem no decurso de seu desenvolvimento. Mesmo um estudo exploratório pode necessitar em algum estágio de uma perspectiva descritiva.

Quadro 2.5 – Propósitos e importância dos diferentes alcances de pesquisas

Alcance	Propósito das pesquisas	Importância
Exploratório	É realizado quando o objetivo consiste em examinar um tema ou problema de pesquisa pouco analisado, sobre o qual há muitas dúvidas ou que não foi alvo de abordagem até então.	Auxilia o pesquisador a se familiarizar com fenômenos desconhecidos, obter informações para pesquisas mais aprofundadas de um contexto específico, investigar novos problemas, identificar conceitos ou variáveis promissoras, estabelecer prioridades para pesquisas futuras ou sugerir afirmações e postulados.
Descritivo	É aplicado na especificação de propriedades, características e perfis de pessoas, grupos, comunidades, processos, objetos ou quaisquer outros elementos/fenômenos que possam ser submetido a uma análise.	É útil para apresentar precisamente os ângulos ou dimensões de um fenômeno, acontecimento, comunidade, contexto ou situação.
Explicativo	É responsável pelas causas dos eventos e fenômenos físicos ou sociais. Seu principal foco reside na explicação de como um fenômeno ocorre e em quais condições ele se manifesta, ou por que duas ou mais variáveis estão relacionadas.	É mais estruturado do que as demais pesquisas (de fato envolve os propósitos destas) e proporciona um sentido de entendimento do fenômeno a que fazem referência.

Fonte: Elaborado com base em Sampieri; Collado; Lucio, 2013.

2.7 Estratégias ou desenhos (*designs*)

Depois que o pesquisador determina o paradigma de pesquisa em que se encontra, o método científico mais adequado ao seu projeto e a abordagem que utilizará em seu estudo, ele deve estabelecer sua estratégia de trabalho, ou seja, as ferramentas metodológicas a serem utilizadas para a coleta de informações do estudo propriamente dito.

Existem experimentos químicos distintos que contam com exatamente as mesmas substâncias, mas que chegam a resultados completamente diferentes a depender do modo como são manipulados e da sequência em que são acrescentados ao processo. Portanto, a ordem comutativa não se aplica à pesquisa científica, pois a ordem é a premissa básica de uma pesquisa. Tendo isso em vista, trataremos a seguir da correta utilização das ferramentas de coletas de dados e sua adequada sequenciação.

Para estabelecermos um panorama didático dos assuntos que vamos analisar, propomos a seguinte divisão temática das estratégias/dos procedimentos nos seguintes grupos de coleta de dados: mensurados de diferentes maneiras; somente em papel; por meio de pessoas; grupo focal; pesquisa-ação; ação etnográfica; e levantamento. Destacamos que o *design* do estudo é o que determina o procedimento a ser adotado.

2.7.1 Procedimentos relativos à coleta de dados mensurados de diferentes maneiras

Os dados mensurados de diferentes maneiras, ou quantitativos na forma bruta, precisam ser processados transformados em informação para, desse modo, serem transformados em informação e, dessa maneira, revestidos de significado para a sociedade como um todo. Técnicas de representação de informações características da análise quantitativa como gráficos, tabelas e estatísticas viabilizam esse trabalho, haja vista que facilitam a exploração, a apresentação, a descrição e o exame dos relacionamentos e das tendências presentes nesses dados.

Muitas pesquisas nas áreas de negócios, saúde, engenharia e gerenciamento pressupõem o uso de dados numéricos ou contêm dados que podem ser quantificados para auxiliar o pesquisador a responder perguntas e atingir objetivos acadêmicos ou cotidianos. No campo do *marketing*, por exemplo, dados numéricos são fundamentais para a análise de *market-share*, índice que estabelece o nível de participação de mercado de uma empresa em determinado nicho em certo período. Esse levantamento demanda os totais de vendas da organização e do setor como um todo em determinado período (Pesquisa..., 2018).

Os dados quantitativos estão presentes na representativa maioria das estratégias de pesquisa, pois essas abordagens usualmente demandam, em uma medida ou outra, desde simples contagens, como a frequência de ocorrências, à análise de dados mais complexos, como pontuações de testes, preços e custos de produtos e controle de estoque. Para serem úteis, esses dados precisam ser interpretados por meio de técnicas de análise quantitativa que variam desde a criação de tabelas ou diagramas simples elaborados para demonstrar a frequência de ocorrência e o uso de índices para viabilizar comparações que podem incluir desde relações estatísticas entre variáveis até modelagem estatística complexa, como a validação cruzada[7].

---

7 De acordo com Laros e Puente-Palacios (2004), a validação cruzada permite "examinar se a estrutura identificada se repete quando investigada em uma segunda amostra. A sua utilização é importante tanto para soluções fatoriais exploratórias como para soluções fatoriais confirmatórias. Idealmente, o tamanho das amostras deveria ser suficientemente grande para permitir separar os respondentes aleatoriamente em dois grupos. Num deles seria realizada a derivação da estrutura fatorial e no outro a validação cruzada da solução fatorial identificada. Neste processo a designação aleatória é muito importante, uma vez que os grupos não podem diferir em relação às características sociodemográficas, pois isto pode afetar a estrutura fatorial (Floyd & Widaman, 1995)".

2.7.1.1 Variáveis

As estratégias mais utilizadas para coleta de dados quantitativos (pesquisa experimental) envolvem a medição das variáveis presentes estrutura teórica da pesquisa. Se essas informações não forem mensuradas, não há como testar as hipóteses e encontrar as respostas que o estudo exige.

Existem aspectos da realidade que são facilmente mensuráveis por meio de instrumentos de medição (por exemplo, fenômenos fisiológicos relativos a pressão arterial, pulsação e temperatura corporal, bem como atributos físicos como altura e peso). Contudo, a avaliação quantitativa de sentimentos, atitudes e percepções subjetivas dos indivíduos é difícil (por exemplo, comportamentos avaliados no âmbito organizacional).

Nesse contexto, existem no mínimo dois tipos de variáveis: a que se presta a medições precisas por sua objetividade e aquela que não permite mensurações exatas em razão de sua natureza subjetiva. No entanto, ainda que a última categoria não seja facilmente avaliada da perspectiva quantitativa, há modos de se explorar analiticamente os sentimentos e as percepções subjetivas dos indivíduos. Uma técnica muito utilizada consiste na redução de noções abstratas ou conceitos como motivação, envolvimento, satisfação, comportamento do comprador e exuberância do mercado de ações a um comportamento com características observáveis, num processo denominado *operacionalização de conceitos*.

Exemplificando

O conceito de sede é abstrato, haja vista não podermos "vê-la". No entanto, é de se esperar que uma pessoa com sede beba líquidos. Portanto, a reação esperada da pessoa à sede é a ingestão de líquidos. Se vários indivíduos afirmam estar com sede, é possível determinar os níveis de sede de cada um pela medida

> da quantidade de líquidos que bebem para atenderem às suas necessidades. Assim, é possível estabelecer os níveis de sede dos sujeitos testados, embora o próprio conceito de sede seja abstrato e relativo.

2.7.1.2 Escalas

A medição quantitativa de diferentes variáveis exige uma escala, que consiste em "uma relação matemática entre o que é reproduzido em uma determinada representação e aquilo que corresponde a um objeto real" (O que é..., 2023). São quatro os tipos básicos de escalas: nominal, ordinal, intervalo e proporção/razão.

O grau de sofisticação das escalas aumenta significativamente da escala nominal para a escala de razão; portanto, as informações sobre as variáveis podem ser mais detalhadas como emprego de um intervalo ou de uma escala de razão quando em comparação às outras duas escalas.

Esses dados podem ser definidos dos modos descritos a seguir.

Os **dados categóricos** referem-se a dados cujos valores não podem ser medidos numericamente, mas que podem ser classificados em conjuntos (categorias) de acordo com as características da variável ou, ainda, colocados em ordem de classificação. Eles podem ser subdivididos na seguinte categoria:

- **Descritivos**: por exemplo, um fabricante de automóveis pode categorizar os tipos de carros que produz como *hatch*, sedan e comercial. São conhecidos como *dados descritivos* ou *dados nominais* pela impossibilidade de defini-los ou classificá-los numericamente. Nesse caso, essas informações simplesmente incluem o número de ocorrências em cada categoria de uma variável. Também são conhecidos como *dados dicotômicos*, pois a variável é dividida em duas categorias, "sim" ou "não".

Trata-se do caso da **escala nominal**, na qual é possível registrar as respostas "Sim" ou "Não" a uma pergunta como "0" e "1" (ou como 1 e 2 ou talvez como 59 e 60). Nesse contexto, os dados categóricos (qualitativos ou descritivos) podem ser transformados em numéricos. Os dados nominais não são numéricos per si, pois não compartilham nenhuma das propriedades dos números da aritmética comum. Por exemplo, ao se registrar o estado civil de um indivíduo como 1, 2, 3 ou 4, respectivamente, para solteiro, casado, viúvo ou divorciado, não se pode determinar que $4 > 2$ ou $3 < 4$, tampouco escrever nesse contexto que $3 - 1 = 4 - 2$, $1 + 3 = 4$ ou $4/2 = 2$.

Já no caso de estudos nos quais o estudioso só puder definir desigualdades, o pesquisador vai estar diante dos dados da denominada **escala ordinal**.

> **Exemplificando**
>
> Se um mineral pode arranhar outro, ele recebe um número de dureza maior. Nessa escala, os números de 1 a 10 são atribuídos, respectivamente, a talco, gesso, calcita, fluorita, apatita, feldspato, quartzo, topázio, safira e diamante. Com esses números, podemos determinar que $5 > 2$ ou $6 < 9$, pois a apatita é mais dura que o gesso, enquanto o feldspato é mais macio que a safira. Contudo, não se pode escrever, por exemplo, $10 - 9 = 5 - 4$, pois a diferença de dureza entre diamante e safira é muito maior do que entre a apatita e a fluorita. Também não faria sentido dizer que o topázio é duas vezes mais duro que a fluorita simplesmente porque seus respectivos números de dureza na escala são 8 e 4.

Em outras palavras, os dados classificados (ou ordinais) são uma forma mais precisa de dados categóricos, pois se conhece a posição relativa de cada caso em seu conjunto de informações, embora as medidas numéricas reais (como pontuações) nas quais a posição se baseia não sejam registradas.

Os **dados quantificáveis**, por sua vez, são aqueles cujos valores são medidos numericamente como quantidades, sendo, portanto, mais precisos do que os categóricos, pois é possível atribuir a cada valor de dados uma posição em uma escala numérica, bem como analisar esses dados por meio de uma gama muito mais ampla de estatísticas. Existem duas subclasses para dados dessa natureza:

1. **Dados de intervalo ou contínuos**: podem indicar a diferença ou "intervalo" entre quaisquer dois valores de dados para uma variável específica, mas não podem indicar a diferença relativa. Isso significa que, nesse contexto, os valores podem ser adicionados e subtraídos de maneira significativa, mas não multiplicados e divididos.

Exemplificando

Nos casos em que o pesquisador tem o objetivo tanto de definir desigualdades como de formar diferenças, temos dados de intervalo. Suponha ter diante de você as seguintes leituras de temperatura em graus: 58°, 63°, 70°, 95°, 110°, 126° e 135°. Nesse caso, é correto escrever 100° > 70° ou 95° < 135°, o que significa simplesmente que 110° é mais quente que 70° e que 95° é mais frio que 135°. Também se pode afirmar, por exemplo, que 95° − 70° = 135° − 110°, uma vez que as diferenças de temperatura são iguais, ou seja, a mesma quantidade de calor é necessária para elevar a temperatura de um objeto de 70° para 95° ou de 110° a 135°.

2. **Dados de razão ou discretos**: na hipótese de o pesquisador pretender estabelecer desigualdades e formar diferenças, tal processo possibilita a criação de quocientes, ou seja,

a realização de todas as operações habituais da matemática. Nesse contexto, os dados de proporção incluem todas as medições (ou terminações) usuais de comprimento, altura, quantias em dinheiro, peso, volume, área, pressões etc.

As distinções que apresentamos anteriormente são importantes para a manipulação correta de um conjunto de dados e pode pressupor o uso de técnicas estatísticas específicas. Por isso, o pesquisador deve estar sempre alerta para esse aspecto na medição de propriedades de objetos ou de conceitos abstratos.

Portanto, não há como fazer pesquisa quantitativa se o estudioso não for a campo, ou seja, ele deve coletar dados por meios diretos (medição da estatura de um grupo de pessoas) ou indiretos (medição da velocidade de determinado veículo com um equipamento eletrônico ou *download* de dados de um equipamento que mede um fenômeno ou processo). Em outras palavras, mesmo quando o pesquisador investiga dados estatísticos em base de dados, ele está realizando uma forma de pesquisa de campo.

Um outro modo de coletar dados quantitativos é o de **fichas de preenchimento** (questionários), que podem ser formulários, questionários físicos (papel), digitais (formulários enviados e devolvidos) ou até mesmo *on-line* (bancos de dados). Para Zanella (2013, p. 110), o questionário é

> *um instrumento de coleta de dados constituído por uma série ordenada de perguntas descritivas [perfis socioeconômicos, como renda, idade, escolaridade e profissão], comportamentais [padrões de consumo, de comportamento social, econômico e pessoal, entre outros] e preferenciais [opinião e avaliação de alguma condição ou circunstância]. O questionário é a técnica mais utilizada em pesquisas quantitativas. É composto por uma série de perguntas a que o próprio respondente deve responder. Tem como vantagem, dentre outras,*

rapidez, maior alcance geográfico e em número de pessoas, reduzido custo com profissionais para coleta de dados, liberdade nas respostas e respostas uniformes. A maior desvantagem está no número reduzido de questionários que retornam ao pesquisador. Da mesma forma, existem dificuldades com respondentes analfabetos e com a falta de compreensão de alguns participantes, já que não existe entrevistador conduzindo o instrumento.

Para além dessas possibilidades, o pesquisador também pode se valer do levantamento (*survey*) ou, desde que bem estruturado, do estudo de caso (*case*). Em muitas situações, é possível que o estudioso preencha esses dados de forma totalmente independente, ou seja, faz a questão, normalmente fechada, não dando espaço para modificações. Como exemplo, podemos citar dados que o IBGE coleta em seus censos periódicos: as informações são quantificáveis, como renda da família, números de eletrônicos e acesso à internet. O entrevistador faz a pesquisa, mas não há como interferir nas respostas, pois estas são fechadas. Portanto, é necessário muito cuidado com tais "fichas" para a coleta de dados.

Exemplificando

Quantas vezes por semana você vai à academia? Essa pergunta, tal como foi formulada, exige uma resposta exata, ou seja, entre 1 e 7, não há como ir 1,5 vezes. Se a pergunta fosse de abordagem qualitativa, poderia se perguntar: "Como se sente quando vai à academia?". Nessa hipótese, haveria respostas em aberto, indicando sentimentos, que não são quantificáveis. O fato é que, sem a medição de quantidades consideráveis, a pesquisa quantitativa muitas vezes é impossível, pois os resultados da coleta de dados é que permite a análise e a consolidação de alguma relação entre as hipóteses e os objetivos do estudo.

2.7.2 Procedimentos relativos somente em papel

Essa estratégia tem relação com coletas de informações "teóricas", produzidas em fontes documentais ou bibliográficas. Vejamos a seguir as diferenças entre essas duas ênfases.

2.7.2.1 Pesquisa documental

Em linhas gerais, como o próprio nome diz, esse procedimento se restringe à pesquisa de documentos. Para Zanella (2013, p. 37), esse tipo de pesquisa é

> *semelhante à pesquisa bibliográfica, mas a pesquisa documental se utiliza de fontes documentais, isto é, fontes de dados secundários. Os dados documentais, de natureza quantitativa e/ou qualitativa, podem ser encontrados junto à empresa [dados secundários internos] como os relatórios e manuais da organização, notas fiscais, relatórios de estoques, de usuários, relatório de entrada e saída de recursos financeiros, entre outros, e externos, como as publicações [censo demográfico, industrial] e resultados de pesquisas já desenvolvidas. Em função da natureza dos documentos – qualitativos ou quantitativos – o planejamento, a execução e a interpretação dos dados seguem caminhos diferentes, respeitando as particularidades de cada abordagem. Como por exemplo: a influência do orçamento de despesas. Operacionais no desempenho dos gestores e no resultado de uma empresa comercial da cidade de Astorga [PR], estudo de viabilidade econômico-financeira de uma pousada rural no município de Ulha Negra [RS] ou planejamento financeiro da Madeireira Alfa, de Cruzeiro do Oeste [PR], para o período 2012 a 2015.*

Alguns exemplos de publicações dessa natureza são as produções periódicas do Instituto Brasileiro de Geografia e Estatística (IBGE), que publica o Censo Demográfico Brasileiro (que contém informações da situação dos domicílios, da população urbana e rural, da idade, da religião, do estado civil e do rendimento mensal etc.); o Censo Industrial sobre Estabelecimentos, Constituição Jurídica, Capital, Funcionários, Valor de Distribuição da Produção; o Censo Predial (prédios, unidades de ocupação, situação urbana e rural, pavimentos e utilização); o Censo de Serviços sobre os Estabelecimentos, Número de Empregados, Salários e Receitas; e o Censo Agropecuário, o mais completo levantamento sobre a estrutura e a produção da agricultura e pecuária brasileiras.

> **Indicações culturais**
>
> As universidades e os centros de pesquisa são de fundamental importância para a manutenção de fontes de pesquisas científicas as universidades. Entre eles, podemos citar os seguintes órgãos:
>
> ABIH – Associação Brasileira da Indústria Hoteleira. Disponível em: <https://www.abih.com.br/>. Acesso em: 26 jun. 2023.
> DIEESE – Departamento Intersindical de Estudos e Estatísticas e Estudos Socioeconômicos. Disponível em: <https://www.dieese.org.br/>. Acesso em: 26 jun. 2023.
> FEA – Faculdade de Economia, Administração, Contabilidade e Atuária da Universidade de São Paulo. Fundação Instituto de Administração. Disponível em: <https://www.fiesp.com.br/>. Acesso em: 26 jun. 2023.
> FIESP – Federação das Indústrias do Estado de São Paulo. Disponível em: <https://www.fiesp.com.br/>. Acesso em: 26 jun. 2023.
> FIPE – Fundação Instituto de Pesquisas Econômicas. Disponível em: <https://www.fiesp.com.br/>. Acesso em: 26 jun. 2023.

Em razão de suas características, para Prodanov e Freitas (2013), a pesquisa documental diferencia-se da bibliográfica (que se apoia em fontes renomadas na área analisada), apoiando-se em produções ainda não chanceladas pelo meio acadêmico e que podem sofrer alterações a depender da conveniência da pesquisa realizada. Essa abordagem tem como objetivo concentrar informações dispersas, conferindo-lhes robustez, transformando-as em documentos de primeira ou de segunda mão.

Nessa dinâmica, todo documento deve passar pelo crivo da crítica especializada, que levará em consideração a análise de seus dados, de sua validade e valor para a área respectiva, de seu processo de elaboração e sua pertinência para o exercício das práticas científicas. Essa abordagem pode direciona-se aos seguintes elementos do texto:

– *Crítica do texto: verifica se o texto é autógrafo (escrito pela mão do autor). Trata-se de um rascunho? É original? Cópia de primeira ou de segunda mão?*

– *Crítica de autenticidade: procura determinar quem é o autor, o tempo e as circunstâncias da composição. Podemos utilizar testemunhos externos ou analisar a obra internamente para descobrirmos sua data.*

– *Crítica da origem: investiga a origem do texto em análise, já que ela fundamenta a garantia da autenticidade.*

Os locais de pesquisa, os tipos e a utilização de documentos podem ser:

– *Arquivos públicos (municipais, estaduais e nacionais);*

– *Documentos oficiais: anuários, editoriais, ordens régias, leis, atas, relatórios, ofícios, correspondências, panfletos etc.;*

– *Documentos jurídicos: testamentos post mortem, inventários e todos os materiais oriundos de cartórios;*

– *Coleções particulares: ofícios, correspondências, autobiografias, memórias etc.; iconografia: imagens, quadros, monumentos, fotografias etc.;*

– *Materiais cartográficos: mapas, plantas etc.;*

– *Arquivos particulares (instituições privadas ou domicílios particulares): igrejas, bancos, indústrias, sindicatos, partidos políticos, escolas, residências, hospitais, agências de serviço social, entidades de classe etc.;*

– *Documentos eclesiásticos, financeiros, empresariais, trabalhistas, educacionais, memórias, fotografias, diários, autobiografias etc.* (Prodanov; Freitas, 2013, p. 55)

Um exemplo de pesquisa documental é o levantamento genealógico, estudo da árvore genealógica de uma família ou pessoa que deve ser feito em vários locais (cartórios, igrejas, associações de imigrantes), bem como em diferentes tipos de documentos (certidões, registros, jornais). Caso essas informações não forem organizadas num modelo genealógico de determinada linhagem familiar, não passam de meras certidões em cartórios.

2.7.2.2 Pesquisa bibliográfica

Essa abordagem de pesquisa tem a peculiar característica de buscar informações estritamente em fontes que já foram publicadas, o que permite ao pesquisador/estudante cobrir uma área muito grande de pesquisa, ou seja, estudos históricos, análises de teorias e teses que não dirimiram totalmente suas perguntas ou até mesmo um estudo exploratório. Para Prodanov e Freitas (2013), a pesquisa bibliográfica é elaborada com base em um repertório de documentos publicados em várias plataformas, sejam eles livros, periódicos, anais de eventos científicos, produções acadêmicas etc. No que se refere aos conteúdos digitais, é fundamental que o pesquisador verifique a pertinência e a validade das informações colhidas. Tendo-se em consideração que todo trabalho de pesquisa se apoia em um referencial teórico, a pesquisa bibliográfica é fundamental para o o trabalho científico.

Esse procedimento é muito comum nos níveis mais elementares da pesquisa científica, seja por falta de conhecimento do estudante, seja por certo receio do estudioso em relação a uma pesquisa experimental ou de campo; em alguns casos, professores da disciplina de Metodologia Científica recomendam a pesquisa bibliográfica somente para estudantes de graduação, por ser menos trabalhosa, o que, em nossa opinião, é um erro.

2.7.3 Procedimentos relativos coletados por meio de pessoas

Muito usados na pesquisa qualitativa, haja vista que a coleta de dados se dá – na maioria dos casos – por meio do contato direto do pesquisador com o participante. Logo, esse envolvimento pode tornar o estudo relativamente mais complexo, pois dependerá, em muitos casos, do envolvimento pessoal do pesquisador.

> **Importante!**
>
> Aqui destacamos um conceito completamente oposto ao da pesquisa quantitativa, pois uma pesquisa qualitativa pode ser realizada apenas com a entrevista com uma pessoa (no caso de uma biografia ou do estudo de caso de uma empresa). Todavia, o mais importante é que, em quase todos os casos dessa natureza, o envolvimento do pesquisador se faz presente de maneira direta ou indireta. Logo, quase tudo relacionado à pesquisa quantitativa é "invalidado" na qualitativa.

Há basicamente dois "métodos" para a coleta de dados na pesquisa qualitativa: os dados coletados em fontes de "papel" e aqueles reunidos por meio da pesquisa de campo com indivíduos. Nesse contexto, a coleta se resume a entrevistas, mesmo no caso de estudos experimentais.

2.7.3.1 Entrevistas

Esse procedimento é caracterizado pelo encontro, real ou virtual, com o participante. Portanto, não há como entrevistar um participante da pesquisa sem que o entrevistador se envolva diretamente na análise de palavras, gestos, expressões e reações. Logo, a entrevista pode ser considerado um procedimento "vivo", pois apresenta algumas variações no formato de execução. Para Filippo, Pimentel e Wainer (2012, p. 392), numa entrevista, é o diálogo que contribui para a angariação de dados. Utilizada para que o pesquisador explore de maneira mais aprofundada determinado tópico, a entrevista conta com uma estrutura mais desembaraçada, fluida, que permite que o entrevistado trave uma extensa reflexão sobre o assunto tratado no evento. Com o desenvolvimento da internet, entrevistas remotas passaram a fazer parte do cotidiano das pesquisas, mas nem por isso perderam a sua essência, que é a de fornecer ao estudioso um panorama mais amplo do objeto de estudo.

Todavia, é importante ressaltar que a entrevista é um instrumento oneroso, posto que demanda do entrevistador um esforço de deslocamento, convívio prolongado, emprego de técnicas científicas para o trabalho, bem como horas e horas de extensa leitura dos diálogos travados para determinar padrões, divergências e fragilidades nas falas dos entrevistados.

As entrevistas são realizadas nos seguintes arranjos estruturais (Filippo; Pimentel; Wainer, 2012):

- **Entrevista estruturada**: fundamentada em um roteiro rígido, com perguntas devidamente ordenadas e endereçadas ao todos os entrevistados do mesmo modo para evitar grandes divergências de respostas.
- **Entrevista semiestruturada**: apoiada por um roteiro que pode ser trabalhado de modo flexível, tanto do ponto de vista da ordem das questões quanto da possibilidade de reformulação da pergunta, de modo a extrair da resposta diferentes resultados.
- **Entrevista não estruturada**: caracterizada por ampla liberdade por parte do entrevistador, que pode questionar do modo que desejar, do modo que considerar conveniente, opção muito pertinente para pesquisas exploratórias. O pesquisador pode conduzir o diálogo para aprofundar certos aspectos pertinentes à pesquisa.

As entrevistas não estruturadas e semiestruturadas têm a função de dar mais liberdade de resposta ao entrevistado, que pode eventualmente revelar algo de muito relevante para a pesquisa nesse contexto mais flexível. Nesse caso, o pesquisador deve tomar o máximo cuidado para elaborar questões que não induzam a determinadas respostas. As perguntas devem se iniciar, por exemplo, com "O que deveria ser feito..."? ou "O que acha..."?. Perguntas elaboradas com verbos como "gostar" ou adjetivos como "bom" ou "ruim" fazem com que o respondente seja contaminado por juízos de valor preconcebidos pelo elaborador das questões.

Além das três subcategorias citadas, podemos incluir a sondagem de opinião, que, apesar de ser considerada entrevista, usa um tipo relativamente diferente de coleta de dados.

E quais são as atribuições do entrevistador nesse método de pesquisa? É o que veremos a seguir.

Papel do pesquisador na coleta dos dados qualitativos

A pesquisa qualitativa demanda por parte do pesquisador uma postura mais empática e interativa. Portanto, seu approach deve ser mais pessoal, mas nem por isso menos respeitoso. O estudioso tem de conciliar uma abordagem mais amistosa, sem perder de vista seus objetivos e o rigor de seu trabalho, ao mesmo tempo que precisa empreender um esforço no sentido de deixar suas crenças e valores de lado quando de seu contato com os participantes do estudo, evitando uma contaminação dos dados coletados.

Nesse contexto, algumas iniciativas são essenciais para o bom andamento da pesquisa, como evitar qualquer tipo de indução de respostas; manter o máximo nível de isenção; investir na riqueza de grupos envolvidos, abordagens e fontes de conhecimento; respeitar o perfil cultural dos estudados em suas mais diversas realidades; manter os participantes tranquilos; evitar incluir entre as respostas aquelas que reproduzam qualquer tipo de preconceito; manter a segurança dos respondentes, bem como a sua própria; quando em pesquisas coletivas, avaliar constantemente os dados auferidos, bem como o ambiente em que o trabalho é realizado; pesquisar prévia e amplamente o contexto em que o estudo será realizado; analisar o cotidiano dos participantes em seu nicho e manter contato com representantes da coletividade, para facilitar o estudo; participar ativamente de atividades da comunidade; controlar suas emoções em relação aos participantes e ao objeto de estudo privilegiado.

Fonte: Elaborado com base em Sampieri; Collado; Lucio, 2013.

2.7.3.2 Observação

Observar consiste em se utilizar os sentidos para obter informações da realidade; todavia, não se trata do mero ato de olhar: trata-se de prestar a devida atenção a algo específico, planejado com antecedência, em um de seus prismas ou em todos eles, o que pode envolver um conjunto de objetos e pessoas analisadas em suas características diretas ou indiretas. Antes de mais nada, para Sampieri, Collado e Lucio (2013, p. 419), a observação qualitativa não se trata de uma contemplação passiva de um evento qualquer, mas sim de uma análise ativa e constante desse mesmo fenômeno, incluindo todos os sentidos à nossa disposição, ou seja, a abordagem qualitativa deve se valer não só da visão, como também do olfato, do tato e da audição.

Para Filippo, Pimentel e Wainer (2012, p. 396), na observação direta a aquisição dos saberes necessários à pesquisa se dá por meio da apreensão dos sentidos, devidamente orientados para um objetivo específico e desimpedidos de intermediações inconvenientes. Com distanciamento, detalhismo e sistematização adequados, o observador pode perceber o que de farto ocorre. Nesse contexto, o desafio reside na interpretação dos dados colhidos, o que só é possível se o estudioso tiver familiaridade com a cultura da coletividade que investiga para dar sentido ao que estuda.

Nessa dinâmica, o pesquisador pode tornar sua observação explícita, quando torna sua presença manifesta para os participantes da pesquisa, ou oculta, quando mantém distanciamento desses sujeitos.

2.7.4 Grupo focal

Grupos formalmente estruturados de indivíduos reunidos para discutir um tópico ou série de tópicos durante um período específico. Como as pesquisas, os grupos de foco podem ser extremamente úteis para a obtenção de impressões e preocupações de inndivíduos sobre determinados problemas, serviços ou produtos.

Os grupos focais reúnem de 6 a 12 pessoas organizadas para a realização de uma discussão sobre um conjunto específico de tópicos. Essas sessões de debate, que geralmente duram de 60 a 90 minutos, geram dados qualitativos que usualmente são gravados em áudio, embora dispositivos de vídeo também sejam utilizados em alguns estudos. O objetivo fundamental dessa dinâmica é promover a interação entre os membros do agrupamento e possibilitar que as respostas surjam exatamente dessa inter-relação. O pesquisador, portanto, desempenha o papel de "facilitador" ou "moderador", superando a função de "entrevistador". A correlação entre os participantes é fundamentada nos comentários e questionamentos mútuos às declarações feitas no grupo, gerando entendimentos mais profundos, embora raramente se chegue a um consenso. De certa maneira, um grupo focal exitoso funciona como um seminário, no qual o facilitador define os tópicos e molda a discussão, respeitando obviamente a importância dos comentários dos participantes do grupo.

Há pesquisas que têm nos dados de grupos focais sua fonte principal de informações; contudo, esse recurso normalmente é utilizado como parte de um projeto de método múltiplo ou misto.

Exemplificando

No início de um estudo, o grupo focal pode ser utilizado para a identificação de tópicos destinados ao processo de desenvolvimento de um instrumento de pesquisa, como um questionário ou guia de tópicos de entrevista. Da mesma maneira, rascunhos de perguntas designados a uma pesquisa podem ser discutidos em um grupo de foco de modo a garantir que a linguagem usada seja apropriada para a população do estudo e que as categorias de resposta sejam relevantes, exaustivas e entendidas como o pretendido por parte do pesquisador.

Para Thomas, Nelson e Silverman (2012, p. 378) essa técnica

> *pode ser eficiente, pois o pesquisador consegue reunir informações sobre vários indivíduos em uma única sessão. Em geral, o grupo é homogêneo, como um grupo de estudantes, uma equipe atlética ou uma turma de professores.*
>
> *Em geral, entrevistas de grupos de foco são agradáveis para os participantes, os quais têm menos medo de serem avaliados pelo entrevistador, por causa da situação de grupo. Os membros do grupo são motivados a ouvir o que os outros têm a dizer, o que possibilita estimular a reformulação das próprias opiniões.*
>
> *Na entrevista com grupo de foco, o pesquisador não tenta persuadir o grupo a alcançar o consenso. Isso continua sendo uma entrevista. Pode ser difícil tomar notas, mas um gravador de áudio ou vídeo pode resolver o problema. Algumas dinâmicas do trabalho em grupo, como a luta pelo poder e a relutância em expor publicamente as próprias opiniões, são as limitações desse método. O número de perguntas respondidas em cada sessão é limitado. Obviamente, o grupo de foco deve ser usado em combinação com outras técnicas de coleta de dados.*

Existem outros recursos de pesquisa que demandam um esforço mais elevado por parte do pesquisador, tal como a pesquisa-ação, descrita na seção a seguir.

2.7.5 Pesquisa-ação

Podemos afirmar que a pesquisa-ação é o tipo de estudo que demanda mais esforço do pesquisador, porque nessa estratégia o estudioso deve estar efetivamente envolvido na análise realizada com o grupo de pessoas que nesse contexto atuam como "objeto de estudo". Para Prodanov e Freitas (2013), a pesquisa-ação é aplicada em caso de um caso ou problema de natureza coletiva. Nesse contextos, pesquisadores e participantes atuam em parceria para a resolução de um problema que aflige determinado grupo. Todos se engajam no levantamento bibliográfico e nos experimentos necessários, de modo a mudar a realidade de maneira efetiva. Contudo, é importante não confundir essa abordagem com toda e qualquer pesquisa participante: a pesquisa-ação pressupõe ações triviais, ou seja, que seja problemática o suficiente para demandar investigação, elaboração e condução.

Nessa dinâmica, a atuação dos investigadores é fundamental para a criação de soluções e avaliação das respectivas iniciativas empregadas.

Para pesquisas com grupos sociais mais complexos podem se valer das ações etnográficas, descritos com mais detalhes a seguir.

2.7.6 Ação etnográfica

Historicamente, a etnografia[8] teve suas origens na antropologia e foi concebida com o objetivo culturas pouco conhecidas, como tribos indígenas. No geral, segundo Filippo, Pimentel e Wainer (2012, p. 389)

---

8 No Dicionário Eletrônico Houaiss da Língua Portuguesa (Houaiss; Villar, 2009), *etnografia* é o "estudo descritivo das diversas etnias, de suas características antropológicas, sociais etc. ou o registro descritivo da cultura material de um determinado povo".

aplica-se etnografia quando o entendimento aprofundado não é alcançado apenas entrevistando as pessoas, quando a observação direta do pesquisador é necessária para entender os valores e as práticas de uma dada cultura. O pesquisador passa meses na comunidade investigada, vive com os sujeitos para entender como agem, o que sentem, como trabalham, como se relacionam e se divertem. A pesquisa etnográfica não demanda necessariamente que o pesquisador viva ou trabalhe no ambiente a ser pesquisado. O pesquisador pode realizar uma investigação ao longo de semanas ou dias, o que é chamado por alguns de etnografia de curta duração (short term) ou "rápida e suja" (quick and dirty).

Por sua vez, Gerhardt e Silveira (2009, p. 41) compreendem que a pesquisa etnográfica

pode ser entendida como o estudo de um grupo ou povo. As características específicas da pesquisa etnográfica são: o uso da observação participante, da entrevista intensiva e da análise de documentos; a interação entre pesquisador e objeto pesquisado; a flexibilidade para modificar os rumos da pesquisa; a ênfase no processo, e não nos resultados finais; a visão dos sujeitos pesquisados sobre suas experiências; a não intervenção do pesquisador sobre o ambiente pesquisado; a variação do período, que pode ser de semanas, de meses e até de anos; a coleta dos dados descritivos, transcritos literalmente para a utilização no relatório. Exemplos desse tipo são as pesquisas realizadas sobre os processos educativos, que analisam as relações entre escola, professor, aluno e sociedade, com o intuito de conhecer profundamente os diferentes problemas que sua interação desperta.

> *Netnography*
>
> As novas dinâmicas das interações na internet vêm ganhando cada vez mais interesse por parte da academia. Questões relacionadas às especificidades de relacionamento presencial e remoto, seja em âmbito pessoal, seja em âmbito profissional, vêm sendo progressivamente erxploradas por pesquisadores que desejam analisar como as diferenças culturais, geográficas e comportamentais influenciam nesse contato virtual que se torna cada vez mais frequente e amplo. Nesse contexto, Kozinets criou o contexto de netnography para incluir as interações no mundo virtual nas mais recentes pesquisas etnográficas. O desafio nesse caso é estabelecer as perguntas e os parâmetros que irão conduzir a pesquisa, pois a observação de uma comunidade virtual é muito mais complexa que o estudo de uma coletividade analisada presencialmente.

Fonte: Elaborado com base em Filippo; Pimentel; Wainer, 2012.

2.7.7 Levantamento

Também conhecida como *survey*, essa categoria de coleta de dados abrange diversos tipos de pesquisa, desde as com ênfase social até as fundamentadas em levantamento de informações em bancos de dados. Para Prodanov e Freitas (2013, p. 57), o levantamento ou *survey* consiste na aplicação de um tipo de questionário a uma pessoa cujo perfil comportamental se deseja traçar. Combinado com uma análise quantitativa das informações cedidas por determinada comunidade a respeito de certo fenômeno, o levantamento permite um escrutínio mais preciso, ágil e quantificável da realidade. Amplamente aplicado, por exemplo, em análises de intenções de votos; se aplicada a populações, é denominado *censo*.

Geralmente, esse tipo de estudo fornece uma visão geral elementar dos procedimentos de pesquisa. O processo consiste em nove etapas:

1. estabelecimento dos objetivos gerais;
2. determinação dos objetivos específicos;
3. concepção da coleta da amostra (população específica apropriada e critérios que serão usados para selecionar);
4. elaboração da forma (modo como a amostra será pesquisada);
5. trabalho de campo (necessidades relativas àqueles que administrarão as pesquisas e sobre qualificações, contratações e treinamento);
6. análise de conteúdo (transformação das respostas frequentemente qualitativas e abertas da pesquisa em dados quantitativos);
7. plano de análise (procedimentos que geralmente se limitam a estatísticas descritivas e correlacionais);
8. tabulação (decisões sobre a entrada de dados);
9. análise e relatório.

Com os tipos de coletas de dados mais relevantes devidamente detalhados, podemos prosseguir para um fator importantíssimo para qualquer empreendimento ou projeto de pesquisa: o tempo. A seguir, apresentaremos as características mais relevantes do sequenciamento temporal de um estudo científico.

2.8 Temporalidade ou horizonte temporal

O horizonte temporal da pesquisa consiste em um fator associado a estudos longitudinais ou transversais (cujas especificidades apresentaremos a seguir). Portanto, a variável *tempo*, apesar de estar presente no planejamento do projeto, não é controlada, ainda que defina todo o *design* do estudo. No artigo "Desenhos de pesquisa", Hochman et al. (2005) tratam da organização de roteiros de pesquisas na área médica, cujo período de seguimento pode ser dividido em:

> *Longitudinal (estudo com seguimento, sequencial, follow up): são os estudos onde existe uma sequência temporal conhecida entre uma exposição, ausência da mesma ou intervenção terapêutica, e o aparecimento da doença ou fato evolutivo. Destinam-se a estudar um processo ao longo do tempo para investigar mudanças, ou seja, refletem uma sequência de fatos. Podem ser aplicados individualmente em seres humanos, células em cultura, micro-organismos, populações humanas completas ou organizações mantenedoras de saúde. Podem ter a desvantagem de estar sujeitos a vieses oriundos de fatores extrínsecos, podendo mudar o grau de comparabilidade entre os grupos. Os estudos longitudinais podem ser prospectivos ou retrospectivos.*
>
> *Transversal (seccional, cross sectional): são estudos em que a exposição ao fator ou causa está presente ao efeito no mesmo momento ou intervalo de tempo analisado. Aplicam-se às investigações dos efeitos por causas que são permanentes, ou por fatores dependentes de características permanentes dos indivíduos, como efeito do sexo ou cor da pele sobre determinada doença. Os estudos transversais descrevem uma situação ou fenômeno em um momento não definido, apenas representado pela presença de uma doença ou transtorno, como, por exemplo, um estudo das alterações na cicatrização cutânea em pessoas portadoras de doenças crônicas, como o diabetes. Assim sendo, não havendo necessidade de saber o tempo de exposição de uma causa para gerar o efeito, o modelo transversal é utilizado quando a exposição é relativamente constante no tempo e o efeito (ou doença) é crônico. Portanto, esse modelo apresenta-se como uma fotografia ou corte instantâneo que se faz numa população por meio de uma amostragem,*

examinando-se nos integrantes da casuística ou amostra, a presença ou ausência da exposição e a presença ou ausência do efeito (ou doença). Possui como principais vantagens o fato de serem de baixo custo, e por praticamente não haver perdas de seguimento.

Ainda em relação ao horizonte temporal, os estudos podem ser divididos quanto às suas direcionalidades, conforme demonstram Hochman et al. (2005):

Prospectivo (estudo contemporâneo, prospectivo concorrente, concorrente): monta-se o estudo no presente, e o mesmo é seguido para o futuro. Apresenta as exigências inerentes à padronização e qualidade das informações colhidas.

Retrospectivo (estudo histórico, prospectivo não concorrente, não concorrente, invertido): realiza-se o estudo a partir de registros do passado, e é seguido adiante a partir daquele momento até o presente. É fundamental que haja credibilidade nos dados de registros a serem computados, em relação à exposição do fator e/ou à sua intensidade, assim como pela ocorrência da doença ou situação clínica ou do óbito por esse motivo.

Em relação à direcionalidade temporal do estudo existem divergências conceituais. Tenha-se, como exemplo, determinar a incidência de câncer, entre 1955 e 1975, dos militares que foram expostos, em 1952, às radiações ionizantes por explosões atômicas. Impõe-se um paradoxo conceitual se esse tipo de estudo é realmente prospectivo, ou se seria um estudo retrospectivo. Como um estudo científico pode ser "prospectivo dentro de um retrospectivo"? Portanto, sugeriu-se para o termo "retrospectivo" os termos "ex post facto" ou "coorte histórica", e para o termo "prospectivo" a expressão "de seguimento" ("follow up") ou "estudo contemporâneo".

Com os conceitos e as características dos paradigmas, das estratégias e dos métodos de pesquisa devidamente aprofundados e esclarecidos, passaremos no capítulo a seguir a tratar do processo intelectivo do trabalho acadêmico, abordando suas especificidades, seus estágios e sua relevância para a pesquisa científica.

3

Processo intelectual
de um projeto
acadêmico

Conteúdos do capítulo:

- Demandas da revisão de literatura do projeto de pesquisa científica (pré-pesquisa).
- Problema do projeto de pesquisa científica.
- Definições de critérios de pesquisa científica.
- Demandas da revisão de literatura do projeto de pesquisa científica (pós-pesquisa).
- Elaboração de hipóteses da pesquisa científica.
- Estabelecimento dos objetivos da pesquisa científica.
- *Design* da pesquisa científica.
- Especificidades da coleta de dados da pesquisa científica.
- Variáveis a serem consideradas na pesquisa científica.
- Resultados auferidos e conclusões da pesquisa.

A primeira etapa de uma pesquisa acadêmica consiste na criação de um projeto, haja vista que a execução de tal trabalho demanda uma organização detalhada de seus vários estágios.

Todavia, é importante enfatizar que muitos projetos podem ser "gestados" por dias, semanas e até meses, dependendo do tipo de trabalho que o pesquisador tem em mente. Logo, essa etapa de concepção pode ser configurada como meramente intelectual ou como uma fase de "rascunho".

A definição do termo *processo* é, segundo Abbagnano (2007, p. 798),

1. *Procedimento, maneira de operar ou de agir. P. ex., "o P. de composição e de resolução", para indicar o método que consiste em ir das causas ao efeito, ou do efeito às causas (cf., p. ex., S. TOMÁS de Aquino, V. Th. III, q. 14, a. 5); "P. ao infinito", que é ir de uma causa a outra, infinitamente (ibid. I, q. 16. a. 2).*
2. *Devir ou desenvolvimento, p. ex. "o P. histórico" é nesse sentido que Whitehead emprega o termo para designar a formação do unido (Process and Reality, 1929).*
3. *Concatenação qualquer de eventos, como p. ex. o "P. digestivo" ou "o P. químico".*

Assim, ao considerar o direcionamento fundamental (tipos de conhecimentos) e as abordagens de caráter filosófico, de natureza, de objetivos e de procedimentos já tratados nesta obra, resta-nos, a partir de agora, proceder à compreensão das ações mental de cada fase desse processo – ou seja, da delimitação dos problemas, da consolidação de boas hipóteses, da fundamentação de um modelo teórico, da coleta de dados –, bem como de todas as demandas do trabalho científico.

3.1 Revisão de literatura: pré-problema

A escolha do tema/tópico de um trabalho acadêmico pode ser realizada de diferentes maneiras. O pesquisador geralmente opta por trabalhar com determinado assunto por motivações tais como a afinidade com a ideia ou a inclinação para o objeto; muito raramente o faz pela facilidade da questão, haja vista que o estudo comumente é vinculado a algum tipo de obrigação.

Exemplificando

Num curso de especialização, as pesquisas usualmente são realizadas para abordar e, na medida do possível, resolver um problema prático relacionado à atuação profissional dos pesquisadores envolvidos; num curso de mestrado, o acadêmico tende a seguir os projetos existentes numa linha ou grupo de pesquisa.

Um estudo de graduação pode começar, por exemplo, com o tema "História da chegada dos imigrantes italianos ao estado do Paraná em meados do século XIX". O acadêmico pode efetuar tal escolha movido por afinidade ou pela existência de um antepassado que chegou ao país no período contemplado, o que incentiva o estudioso a ler/investigar a respeito da chegada dessa

> coletividade à nossa nação. Todavia, ao avançar com suas leituras, esse estudante percebe que existem pouquíssimas fontes/referências ou materiais a respeito dessa época, o que o faz chegar à conclusão, antes mesmo de terminar a fase de escolha do tema de seu trabalho, que não terá à sua disposição repertório suficiente para continuar essa pesquisa.
>
> A situação descrita é típica na graduação. Contudo, conforme o estudioso atinge patamares acadêmicos mais elevados, esse problema se torna menos comum, haja vista que, no nível do doutorado, por exemplo, o trabalho/a pesquisa deve ter um enfoque inédito. Nesse contexto, a baixa quantidade de referências no tema converte-se de uma dificuldade para uma oportunidade.
>
> Assim, a escolha do tema depende de certo grau de conhecimento no tópico a ser estudado. No exemplo apresentado, caso o período escolhido fosse o início do século XX, as fontes de estudos a serem pesquisadas seriam muito mais amplas, o que tornaria a fundamentação e discussão do tema da pesquisa consideravelmente mais viáveis.

Feita a opção do tópico específico da pesquisa, a próxima etapa na fase de planejamento do estudo consiste na revisão da literatura existente na área, ou seja, um contato preliminar com o repertório teórico presente, por exemplo, em livros e artigos de periódicos consagrados. Obviamente, a disponibilidade de literatura correlata pode variar significativamente a depender do tópico estudado, ao passo quer o levantamento da bibliografia pode ser um processo demorado, árduo e difícil, seja por um grande número de pesquisas conduzidas na área, seja pela carência de fontes do campo estudado.

> **Indicações culturais**
>
> Felizmente, a criação/organização de bancos de dados eletrônicos facilita o processo de revisão de literatura. Nos últimos anos, plataformas individuais foram desenvolvidas para vários campos de estudo. Em caráter de exemplo, citamos os seguintes *sites*:
>
> CAPES PERIÓDICOS. Disponível em: <https://www-periodicos-capes-gov-br.ezl.periodicos.capes.gov.br/index.php?>. Acesso em: 28 jun. 2023.
> MEDLINE – Biblioteca Virtual em Saúde. Disponível em: <https://bvsms.saude.gov.br/minibanners/medline/>. Acesso em: 28 jun. 2023.
> PLATAFORMA SCIELO. Disponível em: <https://www.scielo.br/j/ep/>. Acesso em: 28 jun. 2023.

O acesso à maioria dos bancos de dados eletrônicos é gratuito; no entanto, o acesso integral a pesquisas pode ser restrito assinantes desses sistemas ou afiliados a bibliotecas sediadas em universidades ou outras instituições públicas. Independentemente do caso, o fato é que essas bases eletrônicas de dados tornaram os processos de revisão de literatura muito mais simples e eficiente.

Uma revisão de literatura conduzida adequadamente deve responder a questões que auxiliam o pesquisador a definir o cenário para a pesquisa planejada, bem como excluir ideias exóticas ou comprovadamente secundárias que o desconhecimento do estado da arte de tema pode fazer surgir no estudo. Nesse contexto, Prodanov e Freitas (2013) sugerem que o pesquisador determine o universo de produções já elaboradas sobre o tema, especificidades do tópico já exploradas e os aspecto possivelmente não explorado sobre o assunto. Nesse caso, ainda de acordo com Prodanov e Freitas (2013), esse trabalho pode resultar em:

- determinação do "estado de arte" do estudo;
- revisão dos aspectos teóricos do tema;
- revisão empírica do assunto;
- revisão histórica do tópico.

A revisão de literatura é fundamental para que o estudioso determine o lugar de sua pesquisa no repertório de produções já publicadas na grande área de que faz parte. Esse esforço tem dois efeitos: (1) a definição dos autores que fundamentarão o trabalho auxilia na determinação dos materiais a serem minuciosamente lidos; e (2) a possibilidade de o leitor da pesquisa identificar a linha teórica pesquisada.

Frequentemente, os resultados de uma revisão da literatura bem encaminhada revelam que o estudo planejado, de fato, já foi realizado, ou, em outras situações, o pesquisador pode mudar o foco ou a metodologia de seus estudos com base nas análises realizadas. A revisão da literatura muitas vezes pode ser intimidante para pesquisadores novatos; contudo, como a maioria das outras etapas e demandas relacionadas à pesquisa, essa atividade se torna mais fácil à medida que o estudioso ganha experiência.

3.2 Problema da pesquisa

A curiosidade característica de um pesquisador leva à concepção de uma ideia abstrata do tipo de pesquisa ou área de pesquisa que o estudioso pretende explorar. Nessa dinâmica, a melhor maneira de o investigador entender o problema de seu estudo consiste na discussão do tópico com professores/orientadores ou profissionais experientes e relevantes na área. Além disso, o pesquisador pode revisar o tipo conceitual e empírico da literatura relacionada ao problema para ter um melhor entendimento do assunto a ser abordado.

Nesse contexto, existem basicamente dois tipos de pesquisas:

1. **Estudo da natureza**: relacionado ao desenvolvimento de teorias, leis, princípios etc.
2. **Estudos relacionais**: referentes ao trabalho de estabelecimento de relações entre variáveis.

No processo de identificação e conceituação do problema, um pesquisador enquadra e reformula suas ideias de modo a chegar a um programa de pesquisa significativo.

> **Importante!**
>
> Como explicamos anteriormente, a solução de questões muitas vezes parte de ideias de pesquisa que podem resultar da motivação de um pesquisador para resolver um problema específico. Seja na vida pessoal, seja no âmbito profissional, muitas pessoas já se depararam com alguma situação que demandou algum tipo de mudança ou melhoria (por exemplo, muitas pesquisas são conduzidas na atualidade para tornar os ambientes de trabalho menos estressantes, as dietas mais saudáveis e os automóveis mais seguros). Estudos dessa natureza frequentemente são conduzidos em ambientes corporativos e profissionais, principalmente porque os resultados desses trabalhos de pesquisa geralmente têm o benefício adicional de prestar um serviço de utilidade prática.

Desenvolver um trabalho científico consiste efetivamente em constatar um problema que constitua de fato um assunto controverso ou uma questão que necessite de solução. Logo, o estabelecimento correto de um problema é fundamental, pois dele se desdobrarão toda as demais etapas da pesquisa. Portanto, o estabelecimento incorreto dessa tema, em parte considerável das situações, produz pesquisas de baixa qualidade ou de pouca significância acadêmica ou científica.

Portanto, a concepção de um problema, bem como sua análise e complexificação, inevitavelmente exige conhecimento de determinado assunto. É nesse ponto que se determina o nível de profundidade da pesquisa. Ao avaliar materiais científicos que versam sobre temas de seu interesse, o pesquisador se depara com verdadeiro universo de conhecimento produzido por vários pensadores e estudiosos, e é a localização nessa linha temporal que pode ajudar o investigador a especificar seu problema de pesquisa.

Nesse sentido, segundo Thomas, Nelson e Silverman (2012, p. 46), algumas orientações devem ser contempladas no processo de descoberta de um tópico:

> *Em primeiro lugar, tome conhecimento das pesquisas feitas na instituição onde você estuda, porque pesquisas geram ideias para outras pesquisas. Frequentemente, o pesquisador tem uma série de estudos planejados. Em segundo lugar, esteja atento a qualquer tema polêmico em áreas de seu interesse. Polêmicas ardorosas estimulam tentativas de resolver a disputa. Em todo caso, converse com professores e pós-graduandos mais avançados de sua área de pesquisa e aceite os temas sugeridos. Em terceiro lugar, leia algum artigo de revisão (provavelmente, em algum periódico de resenhas ou de pesquisa ou em algum manual recém-lançado). Nessa publicação, leia vários estudos de pesquisa das listas bibliográficas e localize outros artigos atuais sobre o tema. De posse de todas essas informações, faça uma lista de questões de pesquisa que parecem não solucionadas ou de tópicos complementares ao material lido. Tente selecionar problemas que não sejam muito difíceis, nem muito fáceis. Os difíceis vão ocupar todo o seu tempo pela vida inteira, e você nunca terá a tese pronta. Quanto aos muito fáceis, ninguém se preocupa com eles.*

Complementando a visão dos autores anteriormente citados, Jonker e Pennink (2002, p. 6, tradução nossa) entendem que

> *Problematizar é o processo pelo qual as pessoas em uma organização interpretam uma situação de tal forma que ela pode ser referida como "um problema". Implica ir abaixo da superfície do que foi oferecido como "o problema" e tentar definir o que realmente é o problema. No processo de problematização, eles podem fazer uso de fatos, figuras, conceitos, paradigmas, opiniões, experiências, emoções e muitas, muitas outras coisas. Problematizar, portanto, não é apenas um processo racional baseado em "fatos", mas uma mistura viva do que as pessoas têm em suas mentes e corações e leva a uma interpretação parcial e fragmentada do mundo. Um processo que implica dar prioridade a um determinado problema acima de outro; as pessoas envolvidas devem fazer escolhas entre problemas mais e menos importantes. O processo de problematização resulta na atribuição de um rótulo reconhecível, criando assim o problema conforme definido por uma pessoa ou um grupo de pessoas na organização. Os problemas são produto de pessoas e organizações (não existem problemas aleatórios abertos). São as pessoas em uma situação particular que chamarão de problemática uma questão, situação ou fenômeno específico. Portanto, um problema é, por definição, causado pelo homem. O resultado deste processo muitas vezes muito implícito será "uma indicação do problema" ou "descrição do problema".*

Ao articular uma pergunta de pesquisa, é extremamente importante que o pesquisador se certifique de que a questão seja específica o suficiente para evitar confusão e indicar claramente o objeto a ser estudado. Em outras palavras, o problema de pesquisa deve ser composto de uma questão de pesquisa formulada com precisão, de modo a identificar claramente as variáveis que serão analisadas. Uma pergunta de pesquisa vaga frequentemente resulta em confusão metodológica, pois não indica claramente o objeto de estudo ou as motivações para o empreendimento do projeto.

3.2.1 Problema pelas abordagens qualitativa e quantitativa

A partir deste ponto do texto, retomamos conteúdos do Capítulo 2 e os combinamos com os assuntos sobre os quais trataremos desta seção em diante. O primeiro deles diz respeito à abordagem da pesquisa, que pode ser quantitativa ou qualitativa. Por que isso é tão importante? Como explicamos anteriormente, a abordagem determina o tipo de problematização, bem como, no contexto da revisão de literatura, o método científico que permeará a concepção do problema do estudo. Nesse panorama, de acordo com Sampieri, Collado e Lucio (2013), as problematizações características de cada abordagem têm especificidades indicadas no Quadro 3.1, a seguir.

Quadro 3.1 – Características específicas das abordagens quantitativas e qualitativas no contexto das problematizações de pesquisas

Quantitativa	Qualitativa
O estudioso estabelece um problema demarcado e objetivo de pesquisa a ser solucionado, e as questões correlatas são específicas.	O problema é formulado, mas sua definição é limitada. Suas elucubrações são mais amplas, imprecisas e com certo grau de indefinição.
Com base no repertório científico de sua área, o pesquisador formula um marco teórico composto por várias hipóteses, que devem ser confirmadas ou negadas, expondo-as aos testes e métodos adequados. A confirmação de uma hipótese é confirmada, a evidência permite a manutenção do estudo. A negação dessa hipótese faz com que a teoria seja repensada ou eventualmente abandonada.	O estudioso observa determinado fenômeno da realidade social e concebe uma teoria com base nas informações auferidas sobre o evento, criando uma teoria fundamentada (Esterberg, 2002). Portanto, a abordagem qualitativa baseia-se no método indutivo, conduzindo o estudo do particular ao geral.

(continua)

(Quadro 3.1 – continuação)

Quantitativa	Qualitativa
As hipóteses são formuladas antes da coleta e análise das informações angariadas.	As hipóteses são constantemente realimentadas no decorrer da pesquisa e não são alvo de teste.
A medição de varáveis e hipóteses, recurso de coleta de dados na pesquisa quantitativa, deve obedecer a processos e parâmetros chancelados pelo campo da ciência. Tais procedimentos são fundamentais para o reconhecimento da validade do estudo, cujos eventos analisados devem ser tangíveis e observáveis.	Os métodos de coleta são não padronizados e não estatísticos. Os dados colhidos referem-se às impressões e repercussões subjetivas dos participantes do estudo, auferidas por questões abertas que têm por objetivo investigar temas de natureza pessoal e existencial dos investigados.
Dados numéricos analisados por métodos estatísticos.	Angariação de dados por meio de observações, debates, análise de vivências pessoais e contato com coletividades.
A pesquisa busca rebater argumentações contrárias ao estudo por meio de testes e experimentos empíricos e, assim, aumentar a plausibilidade da pesquisa.	O questionamento é caracterizado pela flexibilidade e por uma abordagem holística da realidade empreendida com base na observação de uma estrutura social preconcebida.
A análise é empreendida com base nas projeções hipotéticas e no repertório de fontes correlatas. Nesse contexto, a explicação resulta da justaposição dos resultados auferidos e das teorias consagradas existentes sobre o tema do estudo (Creswell, 2005).	A abordagem analisa o decurso espontâneo dos eventos, sem incidir sobre eles qualquer tipo de interferência (Corbetta, 2003).
A objetividade deve ser diligentemente empregada em todo o processo. Os eventos analisados devem ser encarados peço pesquisador da maneira mais ditante e sóbria possível, de modo a não contaminar seu objeto de análise.	O estudo depende da interpretação das complexidades das ações humanas, sejam elas individuais, institucionais ou sociais.
Levando-se em consideração que a previsibilidade é uma de suas características mais marcantes, resoluções importantes ao andamento da pesquisa devem ser consolidadas antes do início do processo de estudo.	Vê a realidade como um conjunto de perspectivas sobre a realidade concebidas pelos participantes do estudo. Nesse contexto, a realidade é múltipla, inconstante e mutável, e o estudo sobre seus aspectos pode se modificar ao sabor das inconstâncias, que retroalimentam a pesquisa fazendo com que novas perguntas surjam.

(continua)

(Quadro 3.1 – conclusão)

Quantitativa	Qualitativa
Os resultados da análise de segmentos (amostra) devem dar origem a generalizações mais amplas (universos ou populações), bem como devem possibilitar replicação.	Por meio de sua interação com as experiências de vida dos participantes, o pesquisador, integrante do experimento conduzido, analisa a multiplicidade ideológica e as especificidades de cada sujeito.
A explicação e a previsão de fenômenos são características da pesquisa quantitativa, que tem por objetivo detectar padrões e interações entre fenômenos de modo a consolidar e confirmar teorias.	A abordagem qualitativa não visa à generalização, à concepção de amostras ou à reprodutibilidade de seus estudos.
Caso o trabalho da pesquisa quantitativa for conduzido a contento, suas informações podem ser rotuladas como válidas e e confiáveis. Nesse caso, tais dados permitem a concepção de novos conhecimentos.	A pesquisa qualitativa se concentra na interpretação do mundo, de modo a torná-lo tangível; por meio de registros documentais, essa abordagem se aprofunda na realidade dos participantes, envolvendo-se nela para buscar compreender a importância e o sentido que as coletividades estudadas dão às suas diferentes dinâmicas existenciais. Portanto, ela é tanto naturalista quanto interpretativa.
Essa abordagem visa à determinação de leis de naturezas universal e causal (Bergman, 2008).	
A abordagem quantitativa explora a externalidade de seu objeto de estudo.	

Fonte: *Elaborado com base em Sampieri; Collado; Lucio, 2013, p. 30-31, 33-35.*

Definir corretamente um problema implica a realização adequada das etapas seguintes, bem como demanda definições operacionais, que conduzem não somente ao problema em si, como também todas as etapas seguintes, ou seja, exatamente àquilo que é problematizado.

3.3 Definições operacionais

Um recurso eficaz de organização de todas as fases de uma pesquisa diz respeito às definições operacionais, pois é por meio delas que o pesquisador pode identificar específica e claramente o objeto (ou indivíduo/grupo) que está sendo estudado. A adoção desse procedimento na definição dos conceitos e termos-chave nos estudos de pesquisa possibilita o alinhamento de visão de todos os envolvidos no estudo do fenômeno abordado, bem como auxilia a pesquisadores que futuramente tentarem replicar os resultados de determinada pesquisa. Obviamente, se investigadores que vierem a se debruçar sobre o estudo não puderem especificar o que ou quem foi previamente estudado, certamente não serão capazes de replicar a análise.

> **Exemplificando**
>
> Imagine que um pesquisador esteja interessado em estudar os efeitos que turmas com grande quantidade de alunos têm no desempenho escolar de crianças com superdotação em escolas de grande porte. A questão da pesquisa pode ser formulada da seguinte maneira: "Quais são os efeitos que turmas com grande quantidade de alunos têm no desempenho escolar de crianças com superdotação em escolas de grande porte?". Esse problema de pesquisa pode parecer bastante direto; contudo, após um exame mais detalhado, tornam-se evidentes os vários termos e conceitos importantes que precisam ser definidos – entre eles, temos: o que constitui uma "turma com grande quantidade de alunos"? A que se refere a expressão "desempenho escolar"? Quais crianças são consideradas "superdotadas"? O que se entende por "escolas de grande porte"?

Logo, para dirimir a confusão, os termos e conceitos incluídos na pergunta de pesquisa precisam ser esclarecidos por meio de definições operacionais. Por exemplo, a expressão "turma com grande quantidade de alunos" pode ser definida como turmas com 30 alunos ou mais; o termo "desempenho escolar" pode ser limitado às pontuações determinadas em testes de desempenho padronizados; crianças "superdotadas" podem incluir apenas aquelas que obtiveram média acima de 9,5 pontos em todas as disciplinas; "escolas de grande porte" podem ser definidas como instituições com mais de 1.000 alunos; além disso, é importante determinar se a pesquisa será feita nas redes pública ou privada de ensino, ou, ainda, em ambas.

Vejamos agora um exemplo de caráter quantitativo: um pesquisador resolve analisar em sua cidade as motivações da elevação dos níveis de obesidade condicionada pelo advento do isolamento social no período da pandemia: a quantidade de pessoas com obesidade aumentou na época. Nesse contexto, o pesquisador estabeleceu um problema: "o isolamento social aumenta os níveis de obesidade populacional de uma cidade?". No que tange à definição operacional, podemos observar, entre outros, os seguintes fatores a serem escolhidos e avaliados: a) o isolamento social no período foi absoluto ou as pessoas ainda praticavam atividades ao ar livre; b) realizar o estudo com sedentários pré-isolamento ou com qualquer pessoa; c) fundamentar o estudo em valores de gordura obtidos por indicador específico, com índices verificados antes e depois do isolamento; d) verificar níveis epidemiológicos de gordura corporal em números absolutos e relativos nos habitantes da cidade; e) determinar a faixa de renda da população a ser estudada.

Por meio da identificação das definições operacionais, a declaração do problema de pesquisa descreve o que o pesquisador pretende fazer. Nesse contexto, também é importante determinar o que o pesquisador não pretende fazer, o que deve ser expresso nas delimitações da pesquisa (por exemplo, empreender o estudo com grávidas; nesse caso, homens estão excluídos).

> **Importante!**
>
> Os problemas de pesquisa normalmente surgem de amplos contextos e áreas problemáticas, que podem facilmente enganar ou desviar um pesquisador iniciante para a abordagem de questões e a obtenção de dados que extrapolam os limites do problema sob investigação. Todavia, lembre-se: se o problema for bem delimitado, o pesquisador não terá motivo algum para se preocupar com influências de tal natureza, não importa o quão atraentes ou interessantes os temas externos à pesquisa possam parecer.

Em suma, as definições operacionais dão o contorno ou o limite do estudo, bem como mantêm o pesquisador dentro do universo de pesquisa definido por ele mesmo nessa fase do estudo. Concluída essa etapa, o pesquisador deve iniciar a revisão de literatura pós-problema, como explicamos a seguir.

3.4 Revisão de literatura: pós-problema

Uma vez conceituado, limitado e delimitado, o problema deve ser avaliado da perspectiva de sua possível aceitação ou não aceitação à luz da curiosidade científica. Nesse estágio, o pesquisador deve realizar um extenso levantamento da literatura para, desse modo, ter uma ideia abrangente não apenas dos aspectos teóricos, mas também das especificidades operacionais do programa a ser executado. Esse processo auxilia o investigador a efetuar os ajustes finos de seu projeto de pesquisa, bem como consolida a autoconfiança do estudioso em sua linha de pensamento. Nesse contexto, a etapa operacional do levantamento da literatura dá ao pesquisador uma ideia clara de como realizar a pesquisa, dos possíveis problemas delimitados para atingir o objetivo do empreendimento e do alinhamento da pesquisa e de sua respectiva bibliografia com outros campos de estudos relevantes. Além disso, esse levantamento pode ajudar na antecipação do resultado da pesquisa.

Em resumo, quando tem acesso amplo à literatura da área contemplada, o pesquisador compreende adequadamente programa de pesquisa e tem a oportunidade de selecionar boas fontes para seu projeto, o que é de se esperar de um trabalho científico. A revisão da literatura pós-problema, portanto, constitui parte integrante de um programa de pesquisa, apesar de ser demorada, exaustiva e, em algumas situações, frustrante. Essa etapa viabiliza, entre outras vantagens, a clareza do estudo, o desenvolvimento do conhecimento do analista e a adequação da metodologia no contexto das descobertas.

3.4.1 Modelo teórico

Esse é o ponto do projeto de pesquisa em que os acadêmicos apresentam maiores dificuldades. Ter conhecimento do que vem a ser um modelo teórico é de fundamental importância para uma pesquisa científica, pois o domínio de tal conteúdo poupa o pesquisador de esforços desnecessários e, por outro lado, conduz o trabalho por caminhos mais confiáveis e precisos. Observe a seguir dois exemplos da importância do modelo teórico.

Exemplificando

1. Em minha dissertação de mestrado (Filardo, 2005), estudei o consumo de oxigênio máximo (VO_2máx, ou indicador fisiológico de metabolismo humano). Ao buscar fundamentos teóricos para o tema, "descobri" que havia mais de uma teoria a respeito do assunto; no entanto, na graduação, eu havia tido contato com apenas uma. Isso é comum no ambiente acadêmico, pois muitos professores explicam somente aquilo com o que eles "concordam", o que é um erro grave, tendo em vista que tal conduta impede o aluno de decidir o caminho teórico que deve tomar. À época, descobri que a teoria ensinada na disciplina que tratava do assunto afirma, com base em critérios científicos, que o VO_2máx "sempre" atinge um platô e logo em seguida se estabiliza. Contudo, ao me aprofundar nos estudos do mestrado, constatei que existe uma forte corrente acadêmica que propõe uma outra resposta, afirmando que tal indicador pode ter valores infinitos, ou seja, que ele não atinge o já citado platô.

2. Para Köche (2011, p. 90),

    Newton, fundamentado no modelo teórico heliocêntrico de Copérnico, que rejeitava a astronomia geocêntrica, pôde levantar a suposição de que a força que puxava a maçã para o solo era a mesma que mantinha a Lua na sua órbita em torno do Sol. Essa conjectura levou-o à busca de leis e sistemas que pudessem explicar o movimento dos corpos no macro e microcosmos, originando a teoria da gravitação universal (COLLINGWOOD, p. 144, 156-160). A partir da análise da natureza da luz, da sua reflexão, refração e difração, pôde-se supor uniformidades existentes neste fenômeno que conduziram à elaboração das teorias corpuscular e ondulatória (HEMPEL, 1970, p. 72-73). Galileu, a partir do resultado de seus experimentos com o movimento dos pêndulos,

> *conseguiu explicações sobre a uniformidade da queda e do movimento dos corpos, o princípio da inércia e o princípio da composição dos movimentos (ANDRADE, p. 62-65).*

No exemplo n. 1, fica claro que o desconhecimento de uma segunda teoria sobre o mesmo tema pode gerar resultados limitados e uma pesquisa privada de importantes premissas. No exemplo n. 2, há pressupostos que direcionaram um estudioso até o último momento de sua carreira. Muitos professores de graduação consideram que os modelos teóricos consistem em um conteúdo consideravelmente elevado para o repertório de conhecimento ainda incipiente dos alunos; é fundamental que os estudantes e aspirantes ao trabalho de pesquisa saibam disso, para evitar a produção de pesquisas equivocadas, pois desprovidas de premissas importantes de determinada teoria.

Perceba que cada linha de pesquisa tem seus prós e contras, cabendo a cada profissional adotar aquela que se adéque aos seus objetivos. Contudo, é importante que o pesquisador esteja ciente de que talvez tenha de se adaptar, no decurso de seu trabalho, com mais de uma linha de análise, inclusive com seus problemas – afinal, extrair apenas o que cada abordagem tem de melhor é impossível, pois tal empreitada ignora o método científico por trás da linha adotada. Nesse contexto, o resultado da pesquisa não será adequado. Isso serve para todas as áreas de estudo e/ou profissões.

Nesse contexto, Jonker e Pennink (2010, p. 43-45, tradução nossa) fazem as seguintes considerações:

> *Uma parte importante da teoria é a demonstração das relações entre as variáveis dentro de uma estrutura conceitual. Observe a semelhança aqui entre o que define um modelo e uma teoria! Uma "boa" teoria nas ciências sociais deve atender aos seguintes critérios: deve ser (a)*

falsificável, (b) logicamente coerente, (c) operacionalizável, (d) útil e (e) possuir poder explicativo suficiente em termos de escopo e abrangência.

Uma teoria sólida também deve incluir a lógica subjacente e os valores que explicam o fenômeno observável.

Modelos conceituais são inevitavelmente baseados em teoria ou pelo menos em noções teóricas. Sem esse aporte teórico, é impossível fazer uma construção focada de uma realidade específica de frente. A teoria diz a você onde olhar, o que procurar e como procurar. É simplesmente impossível observar qualquer aspecto da realidade, qualquer fenômeno ou problema sem ter um tipo de teoria em mente. Isso pode parecer bastante conclusivo pelo que vemos, o que pensamos ser importante, o que selecionamos para uma inspeção mais aprofundada: tudo é conduzido pela teoria. Sem teoria, não podemos dar sentido aos dados gerados empiricamente ou distinguir resultados úteis. Sem isso, a pesquisa empírica se torna apenas "dragagem de dados". Além disso, o processo de construção de teoria serve para diferenciar a ciência do senso comum, visto que um objetivo (in)direto de qualquer esforço de pesquisa é criar conhecimento – fundamental ou aplicado. Esse conhecimento é criado principalmente pela construção de novas teorias menores ou maiores, estendendo teorias antigas e desconsiderando aquelas que não são capazes de resistir ao escrutínio da pesquisa empírica.

Essa diferenciação teórica é importante, pois uma teoria pode demonstrar como a gravidade se comporta em diferentes cenários da física, mas somente um conjunto de leis e modelos é capaz de explicitar detalhadamente as considerações por meio das quais essa teoria foi fundamentada.

> **Exemplificando**
>
> Num teste de exercício, a fisiologia médica considera o seguinte cálculo para avaliar o máximo de batimentos cardíacos para o indivíduo avaliado: **220 bpm (batimentos por minuto) menos a idade do sujeito**. Portanto, uma pessoa com 50 anos de idade deve atingir o valor máximo de 170 bpm.
>
> Esse índice provavelmente teve origem em algum estudo que considerou tal dado como premissa, sem levar em conta que as pessoas podem alcançar valores diferentes, ao passo que tantas outras não alcançam o máximo indicado. Nesse cenário, para o pesquisador/cientista/fisiologista da atividade/exercício físico, essa premissa de 220 bpm como valor máximo de batimentos cardíacos não é uma realidade, tal como o é para o médico: o estudioso sabe que um indivíduo pode apresentar valores consideravelmente discrepantes de tal limite. Portanto, no que diz respeito ao assunto/objeto "frequência cardíaca máxima em exercício", duas visões ou premissas são possíveis: a médica, que sugere o valor de 220 bpm como máximo, ou a fisiológica, que sugere um gradiente mais amplo de possíveis respostas. Nesse caso, como o pesquisador pode saber qual modelo adotar?

A resposta é simples: somente por meio da leitura e do entendimento do que cada um dos modelos se propõe. Na concepção médica (do valor máximo de 220 bpm), a investigação sobre o tema é viável, pois alterações clínicas na elevação quase máxima da frequência cardíaca em relação à idade do indivíduo são possíveis, pois, do ponto de vista médico, a capacidade máxima de um indivíduo de suportar determinado esforço físico é de nenhuma importância. Contudo, da perspectiva fisiológica do exercício, avaliar a capacidade máxima de um indivíduo de suportar certa carga é importante, pois só assim o profissional é capaz de prescrever um treinamento físico adequado. Logo, um ignora a capacidade máxima e outro deseja sabê-la. Qual visão adotar? Somente o interesse pontual do pesquisador (e tal fator pode mudar dependendo da situação) pode ajudá-lo a decidir qual o "melhor" modelo para seu estudo. Contudo, é preciso que o estudioso saiba o que cada uma aceita ou rejeita, ou seja, os prós e contras de cada modelo.

Qual é a razão para insistirmos no modelos teóricos? No exemplo anteriormente apresentado, ao considerar que a frequência cardíaca máxima de um indivíduo é calculado pelo valor de 220 bpm menos a idade, o pesquisador entende que uma pessoa com 60 anos de idade não pode passar do valor de 160 bpm (220 − 60 = 160) ao se exercitar. Entretanto, na hipótese de um exercício feito em uma esteira ergométrica, em que são usadas faixas de treinamento, o nível de esforço recomendado para a melhoria da aptidão cardiorrespiratória é de 75% da frequência cardíaca máxima: (220 − 60) × 75%, ou o valor de 120 batimentos. No caso da fisiologia esportiva, em que o mesmo sujeito atinge em teste de exercício máximo o valor de 185 batimentos e, na mesma faixa de prescrição, 75% da frequência cardíaca máxima, o valor de treinamento seria de 139 batimentos (185 × 75%). A variação de uma visão para outra não parece relevante, mas não se engane: ela pode ser a diferença entre esse indivíduo caminhar e correr; se alguma vez você correu, sabe muito bem a diferença.

Em relação às pesquisas quantitativas e qualitativas, a adoção de um modelo teórico é muito importante, pois, como já explicamos anteriormente, em muitos aspectos, essas duas abordagens são muito diferentes. Para Sampeiri, Collado e Lucio (2013, p. 75), no desenvolvimento da pesquisa teórica em pesquisa quantitativa,

O desenvolvimento da perspectiva teórica é um processo e um produto. Um processo de imersão no conhecimento existente e disponível que pode estar vinculado à nossa formulação do problema, e um produto

(marco teórico) que, por sua vez, é parte de um produto maior [...]. Uma vez que o problema de estudo foi formulado – isto é, quando já temos os objetivos e as perguntas de pesquisa – e quando, além disso, avaliamos sua relevância e factibilidade, então o próximo passo é fundamentar teoricamente o estudo [...] ou desenvolvimento da pesquisa teórica. Isso implica expor e analisar as teorias, as conceituações, as pesquisas prévias e os antecedentes em geral que sejam considerados validos [...]. Também é importante esclarecer que marco teórico não é o mesmo que teoria; portanto, nem todos os estudos que incluem um marco teórico têm de ser fundamentados em uma teoria. [...]. A perspectiva teórica proporciona uma visão sobre onde se situa a formulação proposta dentro do campo de conhecimento no qual iremos "caminhar".

QUAIS SÃO AS FUNÇÕES DO DESENVOLVIMENTO DA PERSPECTIVA TEÓRICA?

A perspectiva teórica cumpre diversas funções dentro de uma pesquisa; entre as principais destacamos as sete seguintes: 1. Ajuda a prevenir erros cometidos em outras pesquisas. 2. Orienta sobre como o estudo deverá ser realizado. De fato, ao recorrermos aos antecedentes, podemos notar como um problema específico de pesquisa foi abordado: que tipos de estudos foram realizados; com que tipo de participantes; como os dados foram coletados; em que lugar foi realizado; que desenhos foram utilizados. Mesmo no caso de descartarmos os estudos prévios, estes irão nos orientar sobre o que queremos e o que não queremos para nossa pesquisa. 3. Amplia o horizonte do estudo ou guia o pesquisador para que se centre em seu problema e evite fugir da formulação original. 4. Documenta a necessidade de realizar o estudo. 5. Leva à formulação de hipóteses ou afirmações que mais tarde deverão ser submetidas à prova na realidade, ou nos ajuda a não formulá-las por razões bem fundamentadas. [...]. 7. Proporciona uma estrutura de referência para interpretar os resultados do estudo. Embora possamos não estar de acordo com esse marco ou não utilizá-lo para explicar nossos resultados, ele é ponto de referência.

Já quando se trata da pesquisa qualitativa, nem sempre é possível estabelecer ou levantar teorias e modelos, pois há fenômenos recentes que carecem de base conceitual ou teórica relatada. Por exemplo, ainda são incipientes os estudos sobre os efeitos do isolamento social na população durante a pandemia do covid-19, bem como as repercussões de diferentes naturezas dessa dinâmica nos grupos de idosos, que têm maior carência de convívio social, ou de crianças, que precisam frequentar aulas presenciais para seu desenvolvimento.

Esclarecendo conceitos equivocados de teoria

O estudo de Sutton e Staw (1995) consiste em uma grande contribuição para o esclarecimento do que é a teoria por meio da definição do que ela não é. Na visão dos autores, *teoria* não diz respeito a:

1. **Referências**. Listar referências e relacioná-las a teorias existentes pode parecer impressionante. Contudo, um texto que "contém teoria" apresenta um argumento lógico para explicar as razões para os fenômenos descritos a serem incluídos no estudo. A palavra-chave nesse contexto é "por quê": por que os eventos/fenômenos que você descreve ocorreram? Qual é a explicação lógica para eles?
2. **Dados**. Os dados apenas descrevem os padrões empíricos observados: a teoria explica por que esses padrões foram verificados ou por que se espera que o sejam.
3. **Listas de variáveis**. Uma lista de variáveis, que se constitui em uma tentativa lógica de cobrir os determinantes de um

processo ou resultado, não compreende uma teoria. Listar variáveis que podem prever um resultado não é suficiente: para que a teoria se faça presente, é necessária uma explicação de por que os preditores provavelmente são fortes.
4. **Diagramas**. Caixas e setas podem adicionar ordem a uma concepção, ilustrando padrões e relações causais, mas raramente explicam por que as relações ocorreram. Na verdade, "um argumento claramente escrito deve impedir a inclusão das figuras mais complicadas – aquelas que se assemelham mais a um diagrama de fiação complexo do que a uma teoria compreensível" (p. 376).
5. **Hipóteses ou previsões**. Hipóteses podem ser parte de um argumento conceitual sólido. Contudo, eles não contêm argumentos lógicos sobre por que se espera que ocorram relacionamentos empíricos.

Por fim, "a teoria é sobre as conexões entre fenômenos, uma história sobre por que eventos, estrutura e pensamentos ocorrem. A teoria enfatiza a natureza das relações causais, identificando o que vem primeiro, bem como o momento dos eventos. A teoria forte, em nossa opinião, investiga os processos subjacentes de modo a compreender as razões sistemáticas para uma determinada ocorrência ou não ocorrência" (p. 376).

Fonte: Elaborado com base em Sutton; Staw, 1995.

3.5 Hipóteses

O próximo passo no planejamento de um estudo de pesquisa se constitui na articulação das hipóteses (em inglês, *research question*) a serem testadas. Ela pode ser um tanto intimidante para pesquisadores inexperientes, haja vista que a formulação de hipóteses mal articuladas pode arruinar o que poderia vir a ser um bom estudo. Teses procuram explicar, prever e explorar o fenômeno de interesse. Para tanto, as hipóteses podem ser concebidas como um "palpite" do pesquisador a respeito do resultado do estudo.

> **Importante!**
>
> É importante destacar, em primeiro lugar, que todas as hipóteses devem ser falsificáveis, ou seja, ser passíveis de refutação com base nos resultados do estudo, pois o contrário demonstra que o pesquisador não está conduzindo uma investigação científica. Articular hipóteses que não são falsificáveis é uma maneira segura de arruinar o que poderia ter sido um estudo de pesquisa importante e bem conduzido.
>
> Em segundo lugar, uma hipótese deve fazer uma previsão (geralmente sobre a relação entre duas ou mais variáveis). Quando as previsões são incorporadas às hipóteses e subsequentemente testadas empiricamente por meio da coleta e análise de dados, as hipóteses podem a partir daí ser confirmadas ou refutadas.

Existem dois tipos de hipóteses: nulas e alternativas. Nesse contexto, Prodanov e Freitas (2013, p. 90) consideram hipóteses um "enunciado geral de relações entre variáveis (fatos e fenômenos)". Entre as especificidades observadas para a validade de hipóteses, podemos citar as seguintes (Prodanov; Freitas, 2013):

- ausência de contradições e harmonia com o saber científico;
- possibilidade de verificação;
- simplicidade de enunciação;
- fundamentação em teorias robustas e coerentes;
- viabilidade de determinação de ações e previsões incidentes;
- admissibilidade e enunciado compreensível;

- mecanismos de aprofundamento da realidade, riqueza de deduções e solução para novo problema.

No caso das pesquisas quantitativa e qualitativa, as hipóteses merecem atenção – os estudos quantitativos usam, de modo geral, hipóteses nulas e alternativas, ao passo que os estudos qualitativos usualmente usam hipóteses direcionais ou não direcionais.

3.5.1 Hipóteses nula e alternativa (ou experimental)

Em estudos de pesquisa que envolvem dois grupos de participantes (por exemplo, grupo experimental *versus* grupo de controle), a hipótese nula prevê a inexistência de diferenças entre os grupos. No entanto, se determinado estudo de pesquisa não envolver grupos de participantes da pesquisa, mas demandar apenas um exame de variáveis selecionadas, a hipótese nula prevê a não relação entre as variáveis em análise. Por outro lado, a hipótese alternativa sempre prevê diferenças entre os grupos do projeto (ou uma relação entre as variáveis em estudo).

> **Exemplificando**
>
> Num estudo que investiga os efeitos de uma vacina recentemente desenvolvida sobre os níveis de contágio, a hipótese nula prediz que não haverá diferença em termos de transmissão após aplicação entre o grupo que recebe o medicamento (ou seja, o grupo experimental) e o grupo que não recebe a medicação (ou seja, o grupo de controle). Em contraste, a hipótese alternativa prediz que haverá uma distinção entre os dois grupos com relação aos níveis de propagação. Nesse caso, a hipótese alternativa prevê que o grupo imunizado com a nova medicação apresentará uma redução maior nos níveis de contágio em relação ao grupo não imunizado.

É frequente em estudos de pesquisa a inclusão de várias hipóteses nulas e alternativas, pois o número de conjecturas dessa natureza em determinada pesquisa é condicionado pelo(s) objetivo(s) e pela complexidade análise e das perguntas específicas feitas pelo pesquisador. É importante que o estudioso tenha em mente que o número de hipóteses testadas tem implicações no contingente de participantes da pesquisa necessários para conduzir o trabalho, pois tal fator baseia-se em conceitos estatísticos consideravelmente complexos.

Na pesquisa científica, o pesquisador deve estar ciente de que é a hipótese nula que é testada e, em seguida, confirmada ou refutada (em certas situações, é expressa como rejeitada ou não rejeitada). Se a hipótese nula for rejeitada (decisão fundamentada nos resultados de análises estatísticas), o investigador pode razoavelmente concluir que há uma diferença entre os grupos estudados (ou uma relação entre variáveis do estudo). Nesse caso, o pesquisador não precisa rejeitar a hipótese alternativa, o que pressupõe o máximo que um investigador pode fazer em uma pesquisa científica.

Para Sampieri, Collado e Lucio (2013), no processo de pesquisa quantitativa as hipóteses guiam o estudo sob a forma de explicações momentâneas (proposições) referentes ao evento analisado. Já para Thomas, Nelson e Silverman (2012, p. 78)

> *as hipóteses de pesquisa são os resultados esperados [...] e a hipótese nula é usada principalmente no teste estatístico para garantir a confiabilidade dos resultados; ela indica que não há diferenças entre os tratamentos (ou relação entre as variáveis). Qualquer diferença ou relação observada deve-se, por exemplo, simplesmente ao acaso. Comumente, a hipótese nula não é a hipótese de pesquisa, e a hipótese de pesquisa é a que costuma ser apresentada. Em geral, o pesquisador espera que um método seja melhor do que os outros ou então ele antecipa certa relação entre duas variáveis. Ninguém embarca em um estudo esperando que*

nada aconteça. Contudo, às vezes o pesquisador formula a hipótese de que um método é exatamente tão bom quanto o outro.

3.5.2 Hipóteses direcionais e hipóteses não direcionais

Mais comuns em estudos de pesquisa qualitativa envolvendo grupos de participantes do estudo. A decisão sobre o uso dessa categoria de hipótese é fundamentada na noção do pesquisador sobre como os grupos estudados são diferentes. Especificamente, os pesquisadores usam hipóteses não direcionais quando acreditam que os grupos serão diferentes, mas não têm uma ideia definida sobre o quão diversos serão (ou seja, em que direção – aspecto – eles irão diferir). Por outro lado, os estudiosos usam hipóteses direcionais quando acreditam que os grupos em estudo serão diferentes e têm noção do quão diferentes serão os grupos (ou seja, em uma direção específica).

> **Exemplificando**
>
> Suponha que um pesquisador esteja usando um projeto padrão de dois grupos (ou seja, um grupo experimental e um grupo de controle) para investigar os efeitos de uma aula de aprimoramento de memória para estudantes universitários. No início do trabalho, todos os participantes da pesquisa são direcionados aleatoriamente aos dois grupos; o grupo experimental é exposto à classe de aprimoramento de memória, enquanto o grupo de controle não. Posteriormente, todos os participantes de ambos os grupos fazem um teste de memória. Nesse projeto de pesquisa, quaisquer diferenças observadas entre os dois grupos no teste de memória podem ser razoavelmente atribuídas aos efeitos da classe de aprimoramento de memória.

Para Sampieri, Collado e Lucio (2013), no processo de pesquisa qualitativa, as hipóteses o estudo é constantemente atualizado pelas questões que surgem no decorrer do processo de coleta de dados. Nesse contexto, as hipóteses são alteradas com base nos desígnios do pesquisador, e não em levantamentos estatísticos, sendo portanto mais abertas e genéricas, contingentes.

> **Relação entre hipóteses e *design* de pesquisa**
>
> As hipóteses podem assumir muitas formas, dependendo do tipo de desenho de pesquisa usado. Algumas conjecturas podem simplesmente descrever como dois fenômenos podem estar relacionados. Por exemplo, em pesquisas correlacionais, um pesquisador pode levantar a hipótese de que a intoxicação por álcool está relacionada à má tomada de decisão. Em outras palavras, o estudioso propõe a hipótese de uma relação entre o uso de álcool e a capacidade de tomada de decisão (ainda que não seja necessariamente uma relação causal). No entanto, em um estudo usando um desenho controlado randomizado, o pesquisador pode hipotetizar que o uso de álcool pode causar más tomadas de decisão. Portanto, a hipótese testada pelo pesquisador é inerentemente dependente do tipo de projeto de pesquisa; logo, a relação entre as hipóteses e os projeto de pesquisa exige cuidado e atenção.

É importante enfatizar que boas hipóteses podem gerar bons objetivos, pelo simples motivo de que ambos são "dependentes" e direcionam a próxima importante fase do processo de pesquisa científica, apresentada a seguir.

3.6 Objetivos

O objetivo de toda pesquisa consiste em encontrar/desvelar respostas a perguntas que um pesquisador tem em mente e descobrir determinada realidade. Os estudos dessa natureza podem ter um ou mais objetivos adequados ao propósito da investigação, que podem ser categorizados nos seguintes grupos de ação:

- **Desenvolver familiaridade com um fenômeno ou obter novos *insights* (entendimentos)**: estudos com esse objeto são denominados *estudos de pesquisa exploratória* ou *formulativa*.
- **Retratar com precisão as características de um indivíduo, uma situação ou um grupo**: esses objetos são conhecidos como *estudos descritivos*.
- **Determinar a frequência com que determinado evento ocorre ou sua associação com outro fenômeno**: esses objetos são chamados *estudos de pesquisa diagnóstica*.
- **Para testar uma hipótese de uma relação causal entre variáveis**: são chamados *estudos de pesquisa de teste de hipótese*.

Os objetivos são geralmente vistos pela comunidade de pesquisa como evidência do claro senso de propósito e da direção definida do pesquisador. Por esse motivo, requerem um pensamento rigoroso, que deriva do uso de uma linguagem formal. Para Prodanov e Freitas (2013, p. 94), a determinação dos objetivos geral e específicos consiste, entre outros aspectos, em uma decomposição da questão principal da pesquisa feita com o objetivo de determinar o rumo que o estudo deve tomar.

Esse estágio demanda o estabelecimento exato do objetivo do trabalho, definindo elementos fundamentais como a literatura necessária, a essência do trabalho, a abordagem a ser utilizada, os métodos pertinentes etc.

Esse é o momento de o estudioso avaliar se seu trabalho poderá de fato ser concluído e se ele será coroado com o êxito de seu objetivo traçado, coerentemente alinhado com sua justificativa e seu problema em tela.

Além disso, é fundamental que o pesquisador avalie se os objetivos de sua pesquisa são atingidos por meio dos pressupostos teóricos e das práticas escolhidas quando do início do trabalho. Nesse contexto, os objetivos geral e específicos devem ser redigidos com verbos no infinitivo, indicando iniciativas que podem ser passivas de medição (p. ex.: observar, comprovar etc.).

Em linhas gerais, no que se refere ao processo científico, os objetivos estão relacionados às etapas de uma pesquisa, ou seja, para se criar (o nível mais elevado do trabalho de estudo), é preciso antes avaliar (tanto as capacidades pessoais do pesquisador como as potencialidades das ferramentas utilizadas); para se avaliar, deve-se saber analisar (basicamente, desenvolver a capacidade de comparar cientificamente aquilo que se deseja fazer); para se analisar, é necessário aplicar (práxis no sentido de somar o que se sabe com o que se aprendeu); todavia, antes de se aplicar, deve-se ter a capacidade de compreender (associar, explicar, relacionar) e, por fim (ou inicialmente), a capacidade de memorizar (associada a praticamente qualquer pessoa, pois consiste nas capacidades de listar, reconhecer, descrever, entre outras). Todas essas demandas fazem parte da taxionomia de Bloom, que apresentaremos mais à frente, no tópico que trata dos objetivos relacionados ao projeto de pesquisa.

Logo, definir bons objetivos viabiliza a determinação das etapas do estudo em si, pois cada objetivo apontará para uma fase do estudo, que, por sua vez, exigirá planejamento e instrumentos para sua operacionalização/execução, ou seja, demandará a concepção de como essa pesquisa será desenhada.

3.7 Desenho (*design*)

O desenho ou *design* de uma pesquisa relaciona-se efetivamente a vários aspectos gerais do estudo, tais como a distribuição dos indivíduos participantes nos tipos de variáveis da investigação (expostos mais à frente nesta obra), a estruturação de cada grupo e, em alguns casos, os procedimentos a serem adotados. De uma maneira geral, o *design* conta com três categorias: experimental, quase experimental e não experimental.

3.7.1 *Design* experimental

Um desenho experimental efetivo é aquele em que os participantes do estudo são designados aleatoriamente a grupos experimentais e de controle. A maioria dos estudos depende do uso de tabelas de números aleatórios para ajudar os pesquisadores a designarem os participantes da investigação.

> **Exemplificando**
>
> Um pesquisador que examina a eficácia de determinado tratamento deseja se certificar de que o grupo experimental (o grupo que recebeu o novo tratamento) não difere do grupo de controle (o grupo que recebeu uma intervenção alternativa ou um placebo) no início do estudo. Se essa avaliação não for realizada, o estudioso não será capaz de atribuir de maneira fidedigna quaisquer diferenças que apareçam entre os grupos no final do estudo. Embora o pesquisador possa experimentar a combinação de grupos para tornar sua comparação mais simples utilizando

qualquer número de variáveis, seria, em última análise, impossível tornar esses agrupamentos idênticos. Existem muitas (talvez infinitas) outras diferenças individuais que permanecem sem controle e que podem influenciar o resultado do estudo; é principalmente por essa razão que, na maioria dos casos, o desenho experimental aleatório, quando viável, é o método preferido de pesquisa.

3.7.1.1 Projeto randomizado de dois grupos

Em sua forma mais simples, experimentos verdadeiros são compostos de dois grupos ou dois níveis de uma variável independente. Obviamente, esses projetos podem incorporar qualquer número de níveis de uma variável independente e, portanto, compor três, quatro ou qualquer outro número de grupos. O objetivo principal desse projeto é demonstrar a causalidade, ou seja, determinar se uma intervenção específica (a variável independente) causa um efeito (em vez de ser meramente correlacionada com ele).

3.7.1.2 *Design* randomizado de pré-teste-pós-teste de dois grupos

Apesar da relativa simplicidade da abordagem pós-teste, a maioria dos experimentos aleatórios normalmente utiliza o projeto pré-teste-pós-teste, pois a adição de um pré-teste traz consigo vários benefícios importantes:

1. Permite ao pesquisador comparar os grupos em várias medidas após a randomização para determinar se eles são realmente equivalentes. Embora seja provável que a randomização distribua a maioria das diferenças igualmente entre os grupos, é possível que ainda existam algumas diferenças. Os pesquisadores muitas vezes podem controlar estatisticamente essas distinções pré-intervenção, se forem encontradas.

2. O pré-teste fornece informações básicas que permitem aos pesquisadores comparar os participantes que concluíram o pós-teste com aqueles que não o fizeram. Assim, os estudiosos podem determinar se as diferenças entre os grupos encontradas no final do estudo são ocasionadas pela intervenção ou apenas pelo atrito diferencial dos participantes entre os grupos. O atrito é a perda de participantes durante o curso do estudo. Inevitavelmente, uma parte dos envolvidos no estudo não conseguirá fazer o acompanhamento[1]. Uma desvantagem óbvia do desenho pré-teste-pós-teste é que o uso de um pré-teste pode, em última análise, tornar os participantes cientes do propósito do estudo e influenciar seus resultados pós-teste.

Caso o pré-teste influencie os pós-testes dos grupos experimental e de controle, ele ameaça a validade externa ou generalização dos resultados do estudo. Tal problema ocorre porque o pós-teste passa a não refletir de forma eficiente como os participantes responderiam se não tivessem recebido um pré-teste.

Alternativamente, se o pré-teste influencia os pós-testes de apenas um dos grupos, ele representa uma ameaça à validade interna de um estudo. Apesar dessa desvantagem, o projeto experimental de dois grupos pode ser visto como o padrão-ouro para determinar

---

[1] **Desgaste por mortalidade**: pode ter muitos efeitos negativos sobre a validade de um estudo de pesquisa. Em primeiro lugar, pode reduzir substancialmente a dimensão de uma amostra experimental, o que pode diminuir o poder estatístico do estudo e sua capacidade de identificar diferenças de grupo, se houver. Em segundo lugar, como os participantes que desistem provavelmente são diferentes daqueles que concluem o processo, o desgaste pode limitar substancialmente a generalização geral das descobertas de um estudo. Além disso, talvez o inconveniente mais importante, o atrito da pesquisa geralmente não é distribuído aleatoriamente e parece ser sistematicamente influenciado pelas características dos participantes, pela natureza das intervenções de pesquisa, pelo tipo de métodos de acompanhamento empregados e por muitas outras variáveis. Tal problema pode contribuir para diferenças altamente sistemáticas nas taxas de atrito entre as condições de pesquisa.

se um novo procedimento (ou variável independente) causa certo efeito. Os pesquisadores costumam empregar esse projeto nos estágios iniciais da validação empírica de uma intervenção. Nesses estágios iniciais, o objetivo principal do pesquisador pode ser o mero exame da eficácia da intervenção, o que pode ser feito de maneira simples e economicamente viável, comparando-se o tratamento a apenas um outro grupo (normalmente uma intervenção padrão ou um controle com placebo).

Se os resultados do estudo sugerem que o tratamento é eficaz, o pesquisador pode desejar testar hipóteses mais específicas sobre o tratamento, como no isolamento de seus componentes eficazes, desmontando a intervenção, examinando sua eficácia com outras populações, comparando-a com outros tipos de tratamento ou examinando-o em combinação com outras intervenções. O teste dessas hipóteses pode exigir o uso de outros projetos experimentais, possivelmente mais sofisticados.

> ### Tipos de validade
> - **Validade interna**: refere-se à capacidade de um projeto de pesquisa de descartar ou elaborar explicações alternativas implausíveis dos resultados ou hipóteses rivais plausíveis. Uma hipótese rival plausível é uma interpretação alternativa da hipótese do pesquisador sobre a interação das variáveis dependentes e independentes que fornece uma explicação razoável dos achados além da hipótese original do pesquisador.
> - **Validade externa**: refere-se à generalização dos resultados de um estudo de pesquisa. Em todas as formas de desenho de pesquisa, os resultados e as conclusões da investigação são limitados aos participantes e às condições definidas pelos contornos do trabalho. Diz respeito ao grau em que os resultados da pesquisa se generalizam para outras condições, outros participantes, outras épocas e outros lugares.

- **Validade de constructo**: refere-se à base da relação causal e à preocupação com a congruência entre os resultados do estudo e os fundamentos teóricos que orientam a pesquisa. Em essência, a validade do construto pressupõe avaliar se a teoria apoiada pelos achados fornece a melhor explicação disponível para os resultados.
- **Validade estatística**: refere-se aos aspectos da avaliação quantitativa que afetam a precisão das conclusões tiradas dos resultados de um estudo. Em seu nível mais simples, a validade estatística pressupõe saber se as conclusões estatísticas extraídas dos resultados de um estudo são razoáveis.

3.7.2 Projetos quase-experimentais

Embora a atribuição aleatória seja a melhor maneira de garantir a validade interna de um estudo de pesquisa, essa alternativa muitas vezes é inviável em contextos reais. Quando tal problema ocorre, os pesquisadores muitas vezes fazem uso de projetos quase-experimentais. É importante enfatizar que os estudiosos devem optar pelo *design* de pesquisa mais rigoroso possível para seus projetos, esforçando-se para usar, quando praticável, um desenho experimental aleatório.

Há uma variedade enorme de *designs* quase experimentais, que podem ser divididos em duas categorias principais:

1. *Designs* **de grupos de comparação não equivalentes**: estão entre os projetos quase experimentais mais comumente usados. Estruturalmente, esses projetos são notavelmente semelhantes aos projetos experimentais; contudo, eles não empregam atribuição aleatória. Ao se utilizar desses projetos, o pesquisador procura selecionar grupos os mais semelhantes possíveis; infelizmente, isso não é viável na maior parte das ocorrências. Com uma análise

cuidadosa e uma interpretação cautelosa, no entanto, *designs* de grupos de comparação não equivalentes ainda podem levar a algumas conclusões válidas.

2. ***Designs* de séries temporais interrompidas**: talvez, a descrição mais adequada do projeto de série temporal seja a da extensão de um projeto pré-teste-pós-teste de um grupo – o trabalho é estendido pelo uso de vários pré-testes e pós-testes. As medições periódicas são feitas em um grupo antes da apresentação (interrupção) da intervenção, de modo a estabelecer uma linha de base estável. Observar e estabelecer a flutuação normal da variável dependente ao longo do tempo permite ao pesquisador interpretar com mais precisão o impacto da variável independente. Após a intervenção, várias outras medições periódicas são realizadas.

3.7.3 Projetos não experimentais ou qualitativos

Cada uma das categorias (classes) anteriores (experimental e quase exp.) de projeto pode fornecer informações a partir das quais tirar inferências causais, embora com graus de certeza muito diferentes. Este não é o caso para projetos não experimentais (ou seja, projetos descritivos e correlacionais). Por mais convincentes que possam parecer os dados de estudos descritivos e correlacionais, esses projetos não experimentais não podem descartar variáveis estranhas como a causa do que está sendo observado, porque eles não têm controle sobre as variáveis e os ambientes que estudam.

Portanto, as etapas de definições operacionais e desenho (*design*) e suas respectivas características costumam direcionar os indivíduo/grupos/objetos a serem pesquisados; consequentemente, esses dois estágios apontam para a coleta de dados.

3.8 Coleta de dados

Em um primeiro momento, a coleta de dados nada mais é que um processo de decisão relacionado à medição, mensuração e avaliação dos dados auferidos em uma pesquisa científica. Essa etapa do trabalho científico inclui uma série de passos a serem adotados para a correta manipulação e análise da amostra propriamente dita, dos instrumentos utilizados, das variáveis encontradas, entre outros fatores. Essa fase deve obedecer rigorosamente aos parâmetros do projeto, caso contrário, os dados levantados não contribuirão para que o pesquisador chegue às respostas para as perguntas formuladas na pesquisa.

3.8.1 Amostra

A qualidade de uma pesquisa é garantida não só pela adequação da metodologia e da instrumentação do processo, mas também pela estratégia de amostragem do estudo, consequência da definição da população na qual a pesquisa se concentrará, decisão que deve ser tomada pelo pesquisador no início do planejamento geral do estudo. É importante destacar que fatores como custo, tempo e acessibilidade frequentemente impedem os pesquisadores de obter informações de toda a população.

Portanto, a obtenção de dados normalmente tem de ser realizada com grupos menores/subconjuntos da população total, de modo que o conhecimento adquirido reflita o grupo maior (qualquer que seja a definição) em estudo. O subconjunto menor é a amostra, objeto de estudo final da pesquisa. Pesquisadores menos experientes geralmente trabalham partindo da amostra para a população total, ou seja, determinam o número mínimo de entrevistados necessários para conduzir a pesquisa. No entanto, a menos que esses estudiosos identifiquem a população total com antecedência, é virtualmente impossível avaliar o quão representativa é a amostra extraída.

Os julgamentos a respeito da amostra devem ser feitos com base em quatro fatores-chave na amostragem: 1) tamanho da amostra; 2) acesso à amostra; 3) estratégia de amostragem a ser usada; 4) critérios de inclusão e exclusão (que muitos chamam de *definições operacionais*).

3.8.1.1 Tamanho da amostra

Uma questão que frequentemente preocupa investigadores inexperientes diz respeito à amplitude das amostras de suas pesquisas. Não há uma resposta bem definida para esse problema, pois a dimensão adequada da amostra depende do objetivo do estudo e da natureza da população a ser investigada. Nesse contexto, há certo consenso de que uma amostra de 30 indivíduos/ocorrências é considerada a base mínima de casos para a análise estatística de dados de uma pesquisa.

Contudo, estudiosos mais experientes têm a consciência de que o fator mais importante referente à dimensão de amostragem consiste em refletir, com a devida antecedência, sobre os tipos de relações que eles desejam explorar junto aos subgrupos da eventual amostra. Nessa dinâmica, o número de variáveis que os pesquisadores se propõem a controlar em suas análises e os tipos de testes estatísticos que desejam fazer devem informar suas decisões sobre a proporção amostral antes mesmo do início da pesquisa.

> **Importante!**
>
> Assim como há a exigência de um número mínimo de casos para examinar as relações entre os subgrupos, também há a necessidade de um tamanho mínimo da amostra a representar a população-alvo com precisão.

Até certo ponto, o tamanho da amostra também é determinado pelo estilo da pesquisa. Por exemplo, uma abordagem quantitativa geralmente requer uma grande amostra, especialmente se estatísticas inferenciais[2] tiverem de ser calculadas. No caso de uma pesquisa etnográfica ou qualitativa, é mais provável que a dimensão amostral seja pequena.

Essa proporção também pode ser limitada pelo custo, em termos de tempo, dinheiro, estresse, suporte administrativo, número de pesquisadores, entre tantos outros motivos. A pesquisa correlacional, por exemplo, requer um tamanho de amostra superior a 30 casos; as metodologias causal-comparativas e experimentais exigem um número não inferior a 15 casos, enquanto a pesquisa de levantamento exige o mínimo de 100 casos em cada subgrupo principal e de 20 a 50 ocorrências em cada subgrupo menor.

O ponto principal a ser observado nesse panorama é que quanto menor for o número de casos na população mais ampla e total, maior deve ser a proporção dessa população que aparece na amostra. O inverso também é verdadeiro: quanto maior for o número de casos existentes na população mais ampla e total, menor pode ser a proporção dessa população que aparece na amostra.

---

2 De acordo com Villasante (2023), a estatística inferencial "analisa dados de uma determinada população. É, por assim dizer, como fazer generalizações a respeito da população em análise. [...]. A estatística inferencial trata de analisar os dados de uma população. Em outras palavras, faz generalizações a respeito dos dados de uma determinada população. Seu método de ação consiste em obter dados de uma amostra de uma população (geralmente porque o custo de obter dados de toda a população seria muito alto). O problema é que, nessa etapa da amostra da população, o erro aparece. Sendo assim, a estatística inferencial estabelece conclusões em que podemos confiar até certo ponto em relação à população a que pertence tal amostra. Ou seja, são conclusões associadas a uma margem de confiança. Esta margem dependerá de diferentes variáveis, como a relação entre a amostra e o tamanho da população e a variabilidade das variáveis estudadas que existe na população".

> **Exemplificando**
>
> Uma pesquisa envolvendo todas as crianças de uma pequena escola (100 alunos no total) pode exigir a inclusão de 80% a 100% dos indivíduos na amostra, enquanto uma grande escola secundária de 1.200 alunos pode demandar uma amostra de 25% dos integrantes da escola para que se atinja a aleatoriedade desejada. Como um guia aproximado em uma amostra aleatória, quanto maior é a amostra, maior é sua chance de ser representativa.

3.8.1.2 Acessibilidade *versus* permissão

Nesse quesito, a questão a ser resolvida é: quem deve autorizar a coleta de dados? Essa pergunta se divide em dois pontos: 1. local de coleta e 2. participante.

Os pesquisadores devem se certificar não só de que o acesso seja permitido, mas ele que seja, de fato, praticável.

> **Exemplificando**
>
> Se um pesquisador conduz uma pesquisa sobre evasão escolar e faltas não autorizadas de uma escola e ele decide entrevistar uma amostra de crianças evasivas, o estudo sequer pode começar, pois tais crianças, por definição, não estão presentes. Da mesma maneira, o acesso a áreas sensíveis de certas localidades, instituições e instalações pode ser não apenas difícil, mas também problemático dos pontos de vista legal e administrativo (por exemplo, acesso a vítimas de abuso infantil, abusadores sexuais, alunos insatisfeitos e viciados em drogas).

O acesso também pode ser negado, por razões práticas, pelos próprios participantes potenciais da amostra (por exemplo, um médico ou professor pode não ter tempo para ceder entrevista ao pesquisador). Além disso, o acesso pode ser negado por pessoas que têm algo a proteger (por exemplo, uma pessoa faz uma descoberta importante e/ou desenvolve uma nova invenção e deseja preservá-la). Independentemente do cenário, o pesquisador não podem se dar ao luxo de negligenciar essa fonte potencial de dificuldade no planejamento da pesquisa.

Além de inconvenientes relacionados ao acesso aos dados, há problemas com a liberação de informações. Por exemplo, um pesquisador pode obter acesso a uma riqueza de informações confidenciais, mas pode não ter permissão para usá-las em razão de uma restrição à divulgação da coleta de dados. Portanto, "chegar" à amostra nem sempre basta – o problema pode ser "divulgar a informação" para o público em geral, especialmente se a crítica envolver pessoas com grande poder socioeconômico, dados industriais, informações privilegiadas com fonte protegida, entre outras situações.

3.8.1.3 Instrumentos para coleta

Um tema pouco tratado a respeito de coleta de dados diz respeito aos instrumentos/equipamentos destinados à angariação de informações em estudos quantitativos (nesse contexto, a pesquisa qualitativa é quase irrelevante, pois ela raramente demanda tais ferramentas). Grande parte dos estudos quantitativos exige algum tipo de equipamento para coleta dos dados, tais como questionários, que podem ser bastante complicados, pois dependem de uma série de fatores, como a validação (que incluem vários tipos associados). Na pesquisa quantitativa, fatores como disponibilidade, quantidade e materialidade podem estar relacionados a equipamentos físicos e têm o potencial de atrapalhar, e até mesmo impossibilitar, o encaminhamento de uma pesquisa.

Os estudos qualitativos – salvo os totalmente abertos, que se valem somente do contexto e da experiência do pesquisador – sempre contam com algum tipo de entrevista ou roteiro. Para que a pesquisa alcance seus objetivos, é necessário que tais instrumentos estejam devidamente alinhados com as hipóteses, os objetivos, o *design* e a amostra selecionados para a análise.

Boa parte das pesquisas, independentemente de sua natureza, necessita de um formulário para preenchimento dos dados coletados, sejam no formato de resultados de uma mensuração, seja na forma de um questionário. Nesse cenário, *softwares* ou instrumentos de coleta prontos para uso nem sempre estão disponíveis; nesse caso, na maioria expressiva das situações, planilhas de dados (nessa dinâmica, tratadas como instrumento de coleta) são utilizadas. Logo, esse recurso é fundamental em muitos estudos, pois uma falha no seu desenvolvimento/criação pode ocasionar (o que não é raro) a invalidação do estudo e a perda do cronograma do projeto, entre outros problemas.

Exemplificando

Imagine que um estudante pretende pesquisar o crescimento de crianças entre 5,5 e 15,49 anos de idade. Por conveniência, o pesquisador determinou cortes etários a cada 1 ano de idade, ou seja, grupos entre 5,5 até 6,49 anos, 6,5 até 7,49, e assim sucessivamente, até 15,49 anos de idade. Assim, a variável que distribui as crianças em grupos é a idade decimal (fórmula = [avalição-nascimento]/365,25); para tal cálculo, é necessária a data de nascimento. Contudo, ao desenvolver a planilha, o investigador insere a variável "idade" sem se atentar que tal detalhe impossibilita a classificação por idade decimal, conforme o planejado (lembre-se de que uma criança com 7 anos e 10 meses e outra com 8 anos e 2 meses farão parte do grupo etário de 8 anos de idade em nosso exemplo). Assim, a falta de atenção no desenvolvimento do instrumento de coleta (seja em formato impresso, seja digital) pode levar a uma verdadeira catástrofe; nesse contexto, é importante que possíveis erros sejam observados em um estudo piloto ou uma simulação dos dados que serão coletados.

Na pesquisa quantitativa, apesar de seus respectivos instrumentos serem mais variados, contando inclusive com suporte físico, como um aparelho para mensurar determinada variável, esse tipo de estudo pode apresentar ainda mais problemas do que a qualitativa.

Exemplificando

Um pesquisador avalia o gasto calórico por meio de um equipamento disponível no laboratório da universidade em que estuda. Para tanto, determina que necessita de uma amostra de 350 crianças de 10 diferentes escolas (N = 3500). Para que as mensurações sirvam aos propósitos do estudo (dissertação de mestrado), cada criança deve usar um equipamento afixado na cintura por uma semana. O prazo que o aluno de mestrado normalmente tem para coleta de dados e para sua pesquisa de campo é de um semestre, cujas aulas ocorrem no decurso de quatro meses ou dezesseis semanas em média. Logo, para que a investigação seja concluída a tempo, são necessários exatos 220 aparelhos (3.500/16 = 218,75), sem se considerar extravio, falta de medidas, entre outra situações "normais" de um estudo científico. Assim, 250 aparelhos são o mínimo necessário para medir quase 4 mil crianças para que sua amostra "limpa" cubra a estimativa amostral de 3,5 mil.

Até esse ponto do projeto, tudo corria a contento. No entanto, o acadêmico cometeu um erro gravíssimo de não se certificar de que a universidade contava com o número necessário de aparelhos (a instituição contava com apenas 100 unidades), pois projetos de pesquisa de natureza e objetivos semelhantes aconteciam simultaneamente. Além disso, o estudioso percebeu que cada criança precisaria ter seu equipamentos entregues na segunda-feira; portanto, o acadêmico necessitava de no mínimo mais quatro auxiliares, que teriam de ir em duas escolas por semana durante o semestre todo. Logo, além do cronograma, a disponibilidade de pessoal e orçamento (dano e extravio de equipamentos, custo [tempo e transporte] para deslocamento duas vezes por semana a cada escola) e demais pontos da coleta de dados devem ser incluídos como instrumentos indiretos de coleta de dados.

Portanto, no caso da pesquisa quantitativa, variáveis de pesquisa como tempo, número de instrumentos, disponibilidade e até mesmo o custo de cada equipamento ou de tempo despendido com cada indivíduo avaliado deve efetivamente fazer parte do cálculo de tempo para que a pesquisa seja realizada nesse tópico ou no cronograma.

Precisão *versus* confiabilidade

Quando tratamos do termo *mensurável* no contexto da pesquisa, há uma distinção importante entre precisão e confiabilidade. A primeira se refere à mensuração correta, enquanto a segunda se refere à mensuração consistente. Um exemplo pode ajudar a esclarecer a distinção: no lançamento de dardos em um alvo, a "precisão" se faz presente caso os dardos acertem o alvo. A "confiabilidade", por outro lado, faz-se presente se os dardos acertarem o mesmo ponto. Portanto, um arremessador de dardos preciso e confiável lançar consistentemente os dardos no centro do alvo. Como pode ser evidente, no entanto, é possível que o lançador de

> dardos seja confiável, mas não preciso – por exemplo, pode lançar todos os dardos no mesmo local (que indica alta confiabilidade), que pode não ser o alvo (que indica baixa precisão). No contexto da mensuração, tanto a precisão quanto a confiabilidade são igualmente importantes.

3.8.1.3 Composição da amostra

A seleção dos participantes é um dos mais importantes, difíceis e complexos aspectos do planejamento e da elaboração de um estudo de pesquisa. Além de determinar o número apropriado de participantes (tarefa que pode ser bastante difícil em estudos de grande escala, que requerem muitos participantes), os pesquisadores precisam escolher os tipos apropriados de participantes (procedimento complexo quando os recursos são limitados ou o conjunto de participantes potenciais é pequeno). Além disso, a seleção dos indivíduos participantes e a designação desses indivíduos para grupos dentro do estudo têm um efeito poderoso sobre as conclusões que podem ser extraídas do estudo de pesquisa.

É necessário enfatizar que nem todos os estudos de pesquisa envolvem participantes humanos, como no caso de pesquisas realizadas em muitos campos da ciência, como física, biologia, química e botânica. Para os cientistas-pesquisadores desses campos, a unidade de estudo pode ser um fenômeno natural, uma célula, uma espécie de animal ou uma molécula. Já para os pesquisadores envolvidos em outros tipos de investigação, como pesquisas em ciências sociais, a maioria dos estudos envolve participantes humanos em algum ponto do trabalho. Portanto, é importante que o estudioso se familiarize com os procedimentos comumente empregados por pesquisadores para selecionar grupos apropriados de participantes e designar esses indivíduos a grupos dentro do estudo.

Certa feita, um acadêmico colega de mestrado pediu minha ajuda porque gostaria de estudar níveis de obesidade numa determinada população. Por ser minha área de estudo, perguntei: "Qual será a amostragem e o tamanho desta para que se possa concluir algo?". Talvez por inocência, meu colega respondeu: "Vou estudar o estado de Goiás todo!". Observe que esse comentário denuncia uma falta de noção do que vem a ser uma população ou uma amostra. Ao se falar em *população de estudo* ou *amostra/amostragem*, deve-se ter muito cuidado, pois a amostragem com humanos é uma atividade muito séria, e um estudo pode se complicar consideravelmente ou até mesmo se tornar inviável em uma situação como a anteriormente exposta.

Imagine medir a população do estado de Goiás. Qual seria a logística, o custo, o tempo e o pessoal exigidos para tal esforço? Nem mesmo o IBGE o faz, daí a necessidade do censo[3] (tipo de estudo por amostragem). Portanto, falar em *amostragem* pressupõe a noção exata do que é necessário para a realização de um estudo: tempo, custos, pessoal, nível de informação desejada, entre outros fatores.

Pensemos em outro exemplo: um biólogo deseja estudar o efeito migratório de uma espécime de borboleta[4]. Para tanto – ainda que se trate somente de uma espécie, o que caracteriza um estudo de caso – o pesquisador deve estudar uma população desses seres de um lugar para outro; logo, o *n* (número de imigrantes) da amostra será infinito, pois é impossível controlar a variável, mesmo sabendo para onde invariavelmente os insetos

---

[3] **C. demográfico**: "conjunto dos dados característicos dos habitantes de uma localidade ou país, para fins estatísticos; recenseamento [determinação do número de pessoas em uma dada região, discriminando sexo, idade, naturalidade, estado civil, profissão etc.]" (Houaiss; Villar, 2009).

[4] Assista ao seguinte vídeo: ILLUSTRA MEDIA. **Metamorphosis**. 3 mar. 2018. Disponível em: <https://www.youtube.com/watch?v=j5_2HDFlilM>. Acesso em: 13 abr. 2023.

> vão. Outrossim, determinar o tipo e o tamanho de uma amostra envolve conhecimento do estudo ou de procedimentos estatísticos; por isso, muitos estudos – em diferentes níveis de formação – costumeiramente apresentam falhas nesse ponto.

Todavia, se um pesquisador deseja saber por quais motivos as mulheres que frequentam a unidade de saúde de certo bairro queixam-se frequentemente de agressão por parte de seus companheiros, é possível que a população e/ou amostra seja reduzida por vários motivos, entre eles: medo das denunciantes de se exporem; dificuldade para localizar cada queixante; falta de disposição e disponibilidade das agredidas para participar do estudo.

Contudo, é perfeitamente possível que um estudo de caso conte com uma amostra composta por poucos indivíduos (como no exemplo anterior, mulheres agredidas); há também a hipótese de uma biografia – por exemplo, de apenas uma pessoa ou de *case* de empresa que apresentou resultado extraordinário numa época de crise do mercado. Nesses casos, é possível, sim, uma quantidade mínima de amostra (n = 1 ou algo próximo desse valor, se o estudo for bem conduzido e o caso seja referente a um fenômeno excepcional).

Contudo, tal recorte não é recomendável se ele se prestar simplesmente a livrar o pesquisador de uma coleta de dados por amostragem – assim como uma escola na rede paulista pode não ser representativa para um estudo, o caso de um fenômeno determinado pode também não sê-lo, hipótese em que é arriscado escolher tal tipo de estudo. A Figura 3.1, a seguir, demonstra as diferenças, para Sampieri, Collado e Lucio (2013), entre estudos quantitativos e qualitativos para a seleção da amostra.

Figura 3.1 – Diferenças entre estudos quantitativos e qualitativos para a seleção da amostra

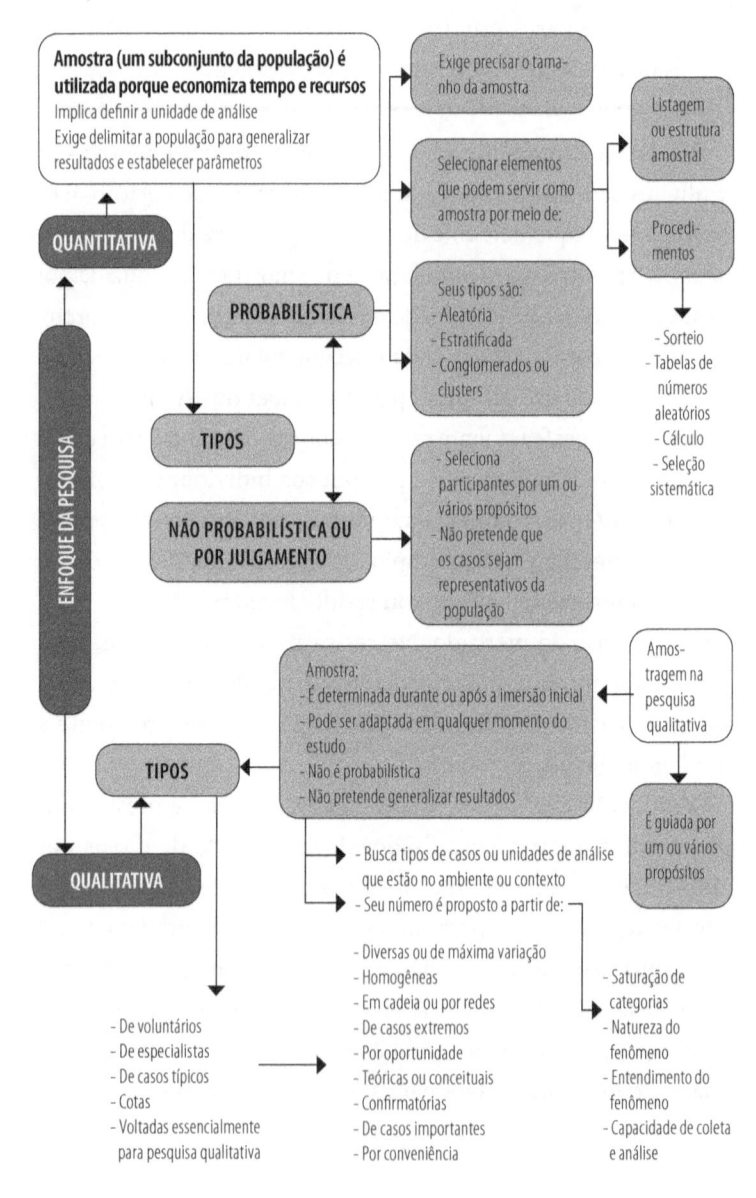

ENFOQUE DA PESQUISA

QUANTITATIVA

Amostra (um subconjunto da população) é utilizada porque economiza tempo e recursos
Implica definir a unidade de análise
Exige delimitar a população para generalizar resultados e estabelecer parâmetros

- Exige precisar o tamanho da amostra
- Selecionar elementos que podem servir como amostra por meio de:
  - Listagem ou estrutura amostral
  - Procedimentos
    - Sorteio
    - Tabelas de números aleatórios
    - Cálculo
    - Seleção sistemática

PROBABILÍSTICA

TIPOS

Seus tipos são:
- Aleatória
- Estratificada
- Conglomerados ou clusters

NÃO PROBABILÍSTICA OU POR JULGAMENTO

- Seleciona participantes por um ou vários propósitos
- Não pretende que os casos sejam representativos da população

QUALITATIVA

TIPOS

Amostra:
- É determinada durante ou após a imersão inicial
- Pode ser adaptada em qualquer momento do estudo
- Não é probabilística
- Não pretende generalizar resultados

Amostragem na pesquisa qualitativa
É guiada por um ou vários propósitos

- Busca tipos de casos ou unidades de análise que estão no ambiente ou contexto
- Seu número é proposto a partir de:

- De voluntários
- De especialistas
- De casos típicos
- Cotas
- Voltadas essencialmente para pesquisa qualitativa

- Diversas ou de máxima variação
- Homogêneas
- Em cadeia ou por redes
- De casos extremos
- Por oportunidade
- Teóricas ou conceituais
- Confirmatórias
- De casos importantes
- Por conveniência

- Saturação de categorias
- Natureza do fenômeno
- Entendimento do fenômeno
- Capacidade de coleta e análise

Fonte: Elaborado com base em Sampieri; Collado; Lucio, 2013, p. 190, 402.

É importante destacar que, no estágio do planejamento de um estudo, o pesquisador deve escolher um desenho (*design*) de pesquisa apropriado antes de selecionar os participantes do estudo e distribuí-los em grupos. Na verdade, o desenho de pesquisa específico usado em um estudo frequentemente determina como os participantes serão selecionados para a inclusão no estudo e como eles serão designados aos grupos no contexto do projeto.

3.8.1.4 Critérios de inclusão e exclusão de um estudo

Caracterizam-se por condicionarem a permissão ou restrição da participação de voluntários em determinado estudo. Nesse caso, a máxima é: "o desejo de participar não basta; há que se estar apto para tanto". Tais critérios também poupam os pesquisadores de uma série de dissabores; por isso, esses parâmetros devem constar no estudo e ser indicado de maneira clara, pois a ausência deles pode gerar muita confusão ou trabalho desnecessário. Em alguns casos, essas normas são as próprias definições operacionais estudadas anteriormente.

> **Importante!**
>
> Na maioria dos estudos, a determinação de tais critérios é quase automática; no entanto, em muitos casos faz-se necessário o completo entendimento do conceito de amostragem e as respectivas definições operacionais do projeto. Caso contrário, tais critérios podem ser confundidos com uma série de outras suposições, que vão desde discriminação, racismo até algum tipo de fobia. Contudo, são perfeitamente aceitáveis, por motivos científicos, éticos e até mesmo pessoais, desde que justificados.
>
> Por exemplo, o objetivo de determinado estudo consiste em investigar o perfil socioeconômico de homens entre 30 e 40 anos de idade divorciados e sem filhos; de antemão, é fácil identificar

quais são os critérios de inclusão, bem como os de exclusão, pois o objetivo é claro e por si só delimitador. Ignorar esses critérios pode redundar em uma série de complicações e vieses nos resultados e nas conclusões da pesquisa.

3.9 Variáveis

A próxima etapa em um processo de estudo de pesquisa é a identificação das variáveis que serão o foco do estudo, haja vista a vastidão de categorias de variáveis[5] que podem ser utilizadas em trabalhos dessa natureza. Embora nem todo projeto inclua variáveis, o estudioso deve estar ciente das diferenças entre as categorias e os contextos em que cada tipo de variável pode ser usado. Todavia, uma variável pode se enquadrar em várias das categorias discutidas a seguir, como a variável "altura", que é contínua (se medida ao longo de um *continuum*) e quantitativa (pois é possível se obter informações sobre a quantidade de altura – alto, médio ou baixo). Caso essa discussão sobre variáveis pareça confusa, saiba que pesquisadores de diferentes níveis de estudo também se confundem com tais questões.

3.9.1 **Variáveis independentes *versus* variáveis dependentes**

Em uma discussão sobre "variáveis", talvez a distinção mais importante seja entre variáveis independentes e dependentes. A primeira se refere ao fator manipulado ou controlado pelo pesquisador. Na maioria dos estudos, os estudiosos estão interessados em

---

5 Uma variável é qualquer elemento que posa assumir valores diferentes. Por exemplo, altura, peso e idade, são variáveis porque existem diferentes alturas, pesos e idades. Por outro lado, se algo não pode variar ou assumir valores diferentes, é chamado de *constante* (por exemplo, cor dos olhos – azul, verde, marrom etc.).

examinar os efeitos dessa categoria em sua forma mais simples, que pode ser dividida dois em níveis: presente ou ausente.

> **Exemplificando**
>
> Em um estudo de pesquisa que investiga os efeitos de um novo tipo de vacina sobre a ação de um vírus, um primeiro grupo é exposto à vacina e um segundo não. Nesse exemplo, a variável independente é a vacina, pois o pesquisador pode avaliar se os participantes do estudo que estão expostos permitem o exame dos efeitos da vacina nos sintomas do vírus. Logo, o grupo no qual a variável independente está presente (ou seja, no qual é aplicada a vacina) é referido como o *grupo experimental*, enquanto o outro grupo é denominado *grupo de controle*. Abordamos essa dinâmica na Seção 3.7.

A variável dependente, por sua vez, é uma medida do efeito (se houver) da variável independente.

> **Exemplificando**
>
> Um pesquisador deseja examinar os efeitos de um programa de exercícios físicos (variável independente) na gordura corporal (variável dependente) entre alunos de uma academia. Nesse exemplo, antes de administrar qualquer treinamento, o investigador busca mensurar a taxa de gordura corporal de um grupo de participantes, pois esse procedimento viabiliza a obtenção da chamada *linha base* (medida inicial) de gordura corporal, medida dos níveis de gordura presentes antes da administração de qualquer intervenção (por exemplo, musculação e/ou esteira).
>
> O pesquisador então distribui aleatoriamente os participantes do estudo em dois grupos: um experimental, que recebe

treinamento físico e suplementação dietética, e um de controle, que não recebe suplementação (seus membros recebem um placebo[6]).

Após administrar o treinamento e/ou os suplementos (ou restringi-los, no caso do grupo controle) por determinado período, o estudioso reavalia a gordura corporal de todos os participantes de ambos os grupos e agora tem à sua disposição duas quantidades de gordura corporal para cada um dos indivíduos – uma pontuação anterior (linha base) e uma posterior à administração do treinamento/suplemento. Vale destacar que esse desenho de pesquisa é referido como *desenho pré/pós*, pois a variável dependente é medida antes e depois de a intervenção ser administrada.

Nesse caso, os dois valores de gordura corporal podem ser comparados para determinar a eficácia do treinamento/da suplementação, em especial se os valores de gordura corporal diminuem para os participantes do grupo experimental, quando em comparação com os participantes do grupo de controle. Por fim, o pesquisador pode concluir razoavelmente que o treinamento e a suplementação foram eficazes na redução da gordura corporal. De modo mais preciso, para que o pesquisador possa concluir que o estudo foi eficaz, é necessária uma diferença estatisticamente significativa nos valores de gordura corporal entre o grupo experimental e o grupo de controle.

Nesse exemplo, o treinamento/a suplementação é a variável independente, pois está sob o controle do pesquisador, que tem interesse em medir seu efeito na taxa de gordura corporal, que é a variável dependente. Dessa maneira, essas variáveis – exercício

---

6 Segundo o Dicionário Eletrônico Houaiss da Língua Portuguesa (Houaiss; Villar, 2009), "preparação neutra quanto a efeitos farmacológicos, ministrada em substituição de um medicamento, com a finalidade de suscitar ou controlar as reações, ger. de natureza psicológica, que acompanham tal procedimento terapêutico".

e suplementação – demonstram que um estudo simples pode caracterizar uma boa pesquisa (considere que, após a administração desse estudo, a gordura corporal dos participantes experimentais tenha reduzido significativamente – resultado que envolve procedimentos estatísticos). Todavia, imagine que tal estudo apresentou algumas respostas, mas levantou outras questões/perguntas: os participantes cuidaram da alimentação (dieta)? Usaram algum tipo de medicamento? Questões após um estudo com muitas variáveis (duas ou três podem ser muitas) podem ser infinitas e, o que é muito pior, podem mais atrapalhar do que ajudar o pesquisador a chegar a algum resultado.

3.9.2 Variáveis categóricas *versus* variáveis contínuas

Variáveis categóricas são aquelas que podem assumir valores específicos apenas dentro de um intervalo definido (por exemplo, "estado civil" e "cor do cabelo"). Embora isso possa parecer óbvio, muitas vezes é útil pensar em variáveis categóricas como consistindo em categorias distintas e mutuamente exclusivas. Em contraste com as variáveis categóricas, as variáveis contínuas podem assumir teoricamente qualquer valor ao longo de um *continuum* (por exemplo, "idade", pois, ao menos teoricamente, alguém pode ter qualquer idade, assim como "renda", "peso" e "altura").

Em algumas circunstâncias, pesquisadores podem decidir converter algumas variáveis contínuas em variáveis categóricas. Por exemplo, em vez de usar "idade" como uma variável contínua, o estudioso pode decidir torná-la uma variável categórica, criando categorias distintas, como "menos de 40 anos" ou "40 anos ou mais". Logo, a vantagem de se usar variáveis contínuas é que elas podem ser medidas com um maior grau de precisão: é mais informativo registrar a idade de alguém com "47 anos" (contínuo) em vez de com "40 anos ou mais" (categórico), pois o uso de variáveis contínuas dá ao investigador acesso a dados mais específicos. Nesse caso, a escolha dos testes estatísticos a serem usados para analisar os dados depende parcialmente de o pesquisador usar variáveis categóricas ou contínuas.

3.9.3 Variáveis quantitativas *versus* variáveis qualitativas

As variáveis qualitativas variam em categoria, tipo, natureza, enquanto as quantitativas se diferenciam em quantidade. Mesmo que aparentemente inocente, essa importante distinção frequentemente gera dúvidas em estudos de pesquisa.

Termos como "útil" ou "inútil" ou "consistente" ou "não consistente" são exemplos de variáveis qualitativas, pois variam em tipo, e não em quantidade. Pensemos no termo *consistente*: o fator a ser avaliado é subjetivo e abstrato e não leva em conta o nível (ou quantidade) de consistência. Por outro lado, a análise do número de ocorrências em que determinada pessoa demonstrou estar imbuída de tal valor (número de vezes em que um indivíduo proferiu um discurso consistente, por exemplo) tem abordagem quantitativas (pois fornece informações sobre a quantidade de um fenômeno).

> **Importante!**
>
> O pesquisador seleciona as variáveis independentes e dependentes com base no problema de pesquisa e em suas respectivas hipóteses.

3.10 Resultados e conclusões

Essa é a fase de sintetização dos resultados auferidos no projeto de pesquisa científica. Nessa etapa, o pesquisador deve avaliar se suas metas para o estudo foram atingidas com êxito, bem como demonstrar se suas hipóteses e seus pressupostos puderam ser confirmados ou rejeitados. Por fim, o investigador deve apresentar seus argumentos para a defesa da pertinência do projeto para os campos acadêmico e científico (Vilela Junior, 2023).

A fase de resultado pode ser concebida de várias maneiras: como monografia apresentada para a obtenção de titulação em graduação; como um artigo a ser publicado periódico, entre outras opções. Nesse contexto, é importante que o pesquisador proponha seu estudo tendo em vista produções futuras fundamentadas em sua investigação. Uma simples coleta ou manipulação de determinada variável pode "render" resumos em congressos ou dar origem a outros artigos; contudo, é preciso que o estudioso esteja atento para as potencialidades de sua pesquisa desde sua fase inicial.

É importante destacar que os resultados de um estudo podem ser inesperados; contudo, uma pesquisa normalmente é iniciada com algum nível de expectativa (hipótese), que, por sua vez, pode ser confirmada ou descartada, exceção feita aos estudos de doutorado, inerentemente inéditos; nos demais casos, os resultados dos projetos apoiam e confirmam as hipóteses.

As conclusões, por sua vez, devem única e tão somente responder à questão formulada no problema da pesquisa. Se isso não for possível, isso significa que a pesquisa em algum ponto perdeu-se em relação ao seu objetivo ou que seu problema foi concebido incorretamente. Esse erro é frequente, principalmente em pesquisas de estudiosos iniciantes. De qualquer modo, qualquer pensamento que ultrapasse as conclusões é redundante ou deve ser inscrito em um tópico usualmente denominado *considerações finais* ou *pessoais*.

Chegamos ao ponto de esclarecer todos os conceitos relacionados à estruturação da pesquisa científica, desde a concepção do problema do projeto às suas conclusões finais. No próximo capítulo, vamos tratar da produção propriamente dita do texto da pesquisa, descrevendo suas etapas e demandas.

4

Aspectos práticos
da redação de um
projeto de pesquisa

Conteúdos do capítulo:
- Especificidades do texto do projeto de pesquisa científica.
- Seções do texto do projeto de pesquisa científica e suas características.
- Elaboração da proposta de pesquisa científica.

Uma pesquisa bem-sucedida requer que o investigador seja capaz de pensar com clareza. Quando os leitores de um projeto se veem diante de um trabalho desfocado, mal organizado e desprovido de detalhes fundamentais, eles tendem a entender que a mente que produziu tal documento é incapaz de pensar com precisão e lógica sobre a pesquisa que precisa ser feita. Na maioria das vezes, as qualificações de um pesquisador são materializadas diretamente pela qualidade do projeto apresentado. Portanto, quando um estudioso embarca em tal tarefa, ele deve entender exatamente quais características o projeto deve ter.

4.1 Projeto de pesquisa: um documento direto

Um projeto não deve conter materiais estranhos e irrelevantes. Qualquer elemento que não contribua diretamente para o delineamento do problema e a sua solução deve ser omitido. Tudo o mais é distração.

Desde a primeira fase da produção, o texto tem de ser elaborado de modo a prender o interesse dos leitores e convencê-los de que tempo deles não foi sacrificado. Se o estudioso não souber apontar objetivamente quais são suas pretensões futuras, perdendo-se em elucubrações paralelas e desnecessárias, aqueles que vierem a analisar o texto podem inferir que o investigador não consegue distinguir entre história e planejamento futuro e, portanto, podem se perguntar sobre sua capacidade de pensar de forma clara e crítica.

Lembre-se do significado de *projeto*. A palavra sugere o ato de projetar, que pressupõe olhar para a frente, ou, no nosso contexto, o ato do pesquisador planejar o que vai fazer no futuro.

> **Exemplificando**
>
> Um escritor que pretende comparar as condições sociais e econômicas passadas e presentes de grupos minoritários pode começar da seguinte maneira: "Este estudo irá analisar os *status* social e econômico de certos grupos minoritários na atualidade em comparação com condições semelhantes cinco décadas atrás, com o propósito de...". Esse é um começo prático, que indica que o escritor sabe o que um projeto deve ser.

4.1.1 Um projeto não é uma produção literária

Um projeto de pesquisa científica não é uma produção criativa, que se esforça para envolver os leitores com personagens complexos, imagens vívidas e enredo fascinante. O objetivo da pesquisa é simplesmente comunicar-se com clareza, descrevendo um planejamento futuro com economia e precisão de palavras. A linguagem deve ser clara, nítida e exata. Um projeto municiado de tais características tem grandes chances de mostrar como o pesquisador pode expor um problema de pesquisa de maneira objetiva e completa, bem como delinear a coleta de dados relevantes e explicar como esses dados serão interpretados e utilizados para resolver o problema.

4.1.2 Um projeto é claramente organizado

Um projeto deve ser escrito em estilo acadêmica formal (impessoal), e os pensamentos que o compõem devem ser expressos em parágrafo simples. Em redações de natureza acadêmica e profissional, recursos de hierarquização de informações como títulos e subtítulos são usualmente utilizados para expressar o esquema organizacional geral do trabalho do pesquisador.

> **Importante!**
>
> Examine livros, bem como artigos atuais em revistas científicas de grande renome, e observe o quão frequentemente títulos são usados para indicar o arranjo estrutural da produção escrita. O investigador deve comunicar o esboço de seus pensamentos aos seus próprios leitores da mesma maneira explícita.

As instituições acadêmicas, bem como os professores de graduação e orientadores de cursos de especialização, normalmente adotam esquemas específicos (manuais/livros de metodologia) que devem ser seguidos. Tais compêndios normalmente incluem certos estilos de títulos e subtítulos de capítulos. Em outros casos, como na produção de projetos de financiamento destinados a agências de financiamento públicas ou privadas, tais organizações normalmente determinam que o texto da proposta deve ser dividido em seções específicas rotuladas tipicamente como "Objetivo da Pesquisa", "Literatura Relevante", "Método Proposto" e "Implicações para a prática profissional".

4.2 Tópico a tópico

De maneira geral, considere o ciclo de produção sugerido a seguir. É possível que o orientador do projeto ou a instituição em que o trabalho está inscrito divirjam do conteúdo aqui apresentado; contudo, de modo geral, as recomendações elencadas a seguir não devem ser descartadas. Afinal, a pesquisa como processo cíclico é universal, haja vista que se trata de um "ciclo virtuoso"; portanto, por ser estrutural e estruturante, independentemente das palavras ou referências utilizadas, o esquema de elaboração do trabalho será basicamente como o apresentado na Figura 4.1.

Figura 4.1 – Processo cíclico da pesquisa científica

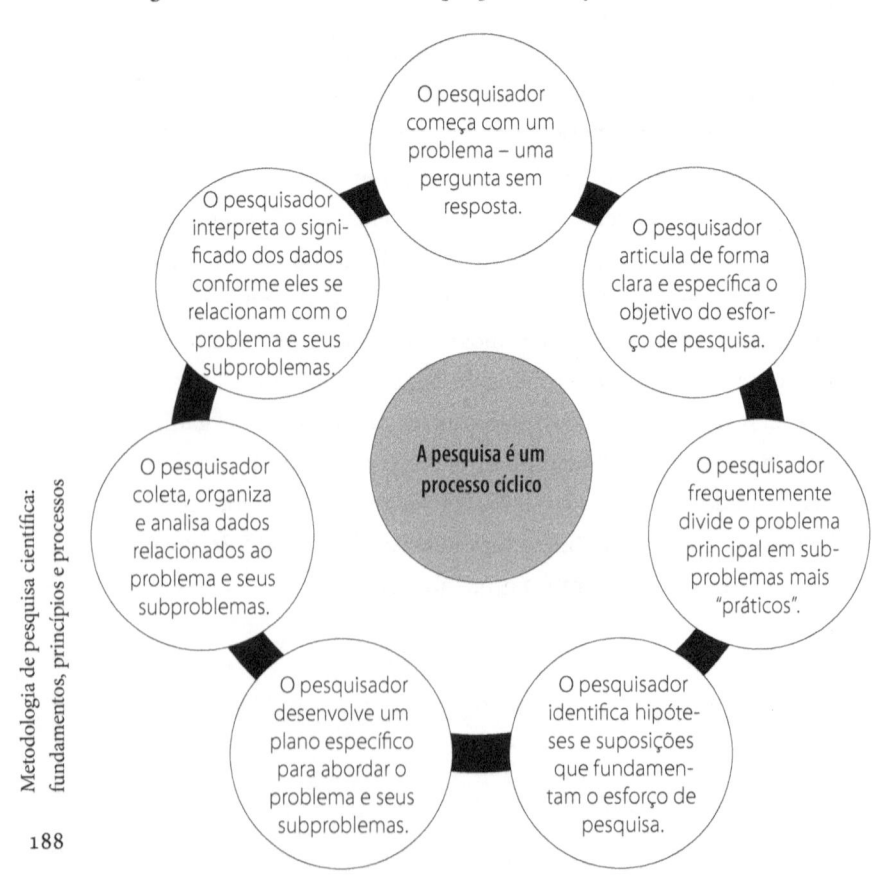

- O pesquisador começa com um problema – uma pergunta sem resposta.
- O pesquisador articula de forma clara e específica o objetivo do esforço de pesquisa.
- O pesquisador frequentemente divide o problema principal em subproblemas mais "práticos".
- O pesquisador identifica hipóteses e suposições que fundamentam o esforço de pesquisa.
- O pesquisador desenvolve um plano específico para abordar o problema e seus subproblemas.
- O pesquisador coleta, organiza e analisa dados relacionados ao problema e seus subproblemas.
- O pesquisador interpreta o significado dos dados conforme eles se relacionam com o problema e seus subproblemas.

A pesquisa é um processo cíclico

Vejamos a seguir como devem ser elaborados os títulos de uma pesquisa científica e como esse recurso contribui para a concatenação de ideias em uma produção dessa natureza.

4.2.1 Título

Nas primeiras tentativas, a tarefa de escrever os títulos que vão compor a estrutura organizacional da pesquisa pode ser desgastante e, eventualmente, enfadonha, o que pode mudar à medida que o trabalho do estudioso avança. Nessa fase, o pesquisador deve refletir profundamente sobre o conteúdo de sua proposta. De maneira geral, o título é fruto direto do objetivo geral; nesse contexto, qualquer verbo deve ser extraído da sentença (por exemplo, a frase "o objetivo geral deste estudo consiste em investigar as diferentes formas de emagrecer sem a utilização de dieta" seria provavelmente convertida em título da seguinte maneira: "Diferentes formas de emagrecer sem fazer dieta)". Convém ressaltar que se o objetivo do texto não render um bom título, salvo exceções, ele não retrata adequadamente o que o estudo pretende.

4.2.2 Contexto ou estado da arte

Essa é uma parte importante do projeto científico, pois indica ao leitor os motivos em razão dos quais o estudante crê que a pesquisa planejada vale o esforço de seu empreendimento, o que pode ser expresso, mais comumente, na forma de um problema que precisa ser resolvido ou, mais raramente, de algo que chama a atenção e desperta a curiosidade do acadêmico (fenômenos/eventos/grupos/dinâmicas). Nesse contexto, o leitor procura evidências de que há interesse suficiente da parte do aluno para sustentar seu trabalho nos longos meses que virão.

Essa é também a seção na qual o estudioso demonstra o conhecimento da literatura relevante e esclarece em que aspecto o projeto se encaixa no debate de sua área. Espera-se que o pesquisador indique uma ligação clara entre os trabalhos anteriormente realizados no campo de interesse da pesquisa e o conteúdo de sua proposta. Em suma, a literatura deve ser o ponto de partida do trabalho. Entretanto, essa não é a mesma revisão crítica da literatura que deve ser apresentada no relatório final do projeto (discussão), pois essa parte do trabalho apenas fornecerá uma visão geral das principais fontes de literatura das quais se pretende fundamentar o projeto e, futuramente, o estudo como um todo.

4.2.3 Aceitação dos resultados do estudo

Os pesquisadores muitas vezes embarcam em estudos de pesquisa com a esperança de descobrirem evidências que apoiem suas hipóteses. No entanto, alguns estudiosos novatos creem que encontrarão tais evidências de qualquer maneira. Declarações como "vou mostrar isso" ou "vou provar aquilo" implicam que os resultados do estudo são conhecidos. Se essas informações podem ser previstas antecipadamente com 100% de precisão e com antecedência, qual é o sentido de se conduzir a pesquisa? Investigadores verdadeiramente objetivos e de mente aberta não fazem "apostas antecipadas" – eles mantêm todas as opções "na mesa". Por exemplo, eles podem afirmar que "o objetivo deste estudo é determinar..." ou "o projeto de pesquisa proposto visa investigar os possíveis efeitos de...", e assim por diante.

4.2.4 Problemas e objetivos de pesquisa

Já em seu início, o projeto deve declarar diretamente o problema a ser pesquisado. Não há necessidade de acessórios explicativos, ou seja, nenhuma introdução, prólogo ou discussão sobre as razões pelas quais o pesquisador se interessou pelo problema ou sente desejo de pesquisá-lo. Tampouco são úteis explicações das motivações do estudioso para rejeitar outros tópicos. Os responsáveis pela revisão do projeto não se interessam por tais excursões autobiográficas. Na verdade, tais excessos podem sugerir aos leitores que o pesquisador não sabe separar o essencial do irrelevante; portanto, eles não irão "aumentar a nota" do pesquisador ou recomendá-lo como alguém que pode pensar de maneira clara e focada.

Assim, qualquer programa de pesquisa é guiado por quatro "fazeres":

1. o que fazer;
2. por que fazer;
3. onde fazer;
4. como fazer.

Todos esses critérios são guiados pelo objetivo do estudo, que orienta o pesquisador sobre o(s) tipo(s) de problema(s) de pesquisa que ele deve empreender, ou seja, as atividades a serem realizadas, a escolha entre um estudo básico ou empírico, entre outras demandas.

Uma vez que o problema vem à mente do pesquisador, a pergunta imediata é "por quê?". Essa questão pressupõe o objetivo do estudo, o motivo de se fazer esse tipo de estudo e qual seria sua validade para a sociedade.

Em seguida, o pesquisador deve tentar atender a essa pergunta, isto é, determinar o ponto de início (o tipo) do programa de pesquisa: experimental, social etc. É por isso que a compreensão clara do objetivo do estudo é tão importante. Os problemas a serem investigados devem ser conceitualizados de maneira inequívoca, pois isso auxiliará o estudioso a escolher as informações pertinentes à pesquisa.

Essa seção deve atuar com uma condução suave a uma declaração referente às perguntas e aos objetivos da pesquisa. Portanto, essa parte do texto pode deixar espaço para dúvida sobre o objeto de busca da pesquisa. Por isso, o estudioso deve garantir que seus objetivos sejam escritos com precisão e levem a resultados observáveis, bem como não cair na armadilha de declarar objetivos gerais de pesquisa, que são pouco mais do que declarações de intenções. Assim, Prodanov e Freitas (2013, p. 124) explicam:

> ESPECIFICAÇÃO DOS OBJETIVOS (PARA QUÊ?). Os objetivos devem ser sempre expressos em verbos de ação. Esses objetivos se desdobram em: a) geral: está ligado a uma visão global e abrangente do tema. Relaciona-se com o conteúdo intrínseco, quer dos fenômenos e eventos, quer das ideias estudadas. Vincula-se diretamente à própria significação da tese proposta pelo projeto. Deve iniciar com um verbo de ação e b) específicos: apresentam caráter mais concreto. Têm função intermediária e instrumental, permitindo, de um lado, atingir o objetivo geral e, de outro, aplicar este a situações particulares.

Ressaltamos a importância de os objetivos da pesquisa partirem do macro para o micro, ou do geral para o específico. Por exemplo, o objetivo geral do estudo é **demonstrar** o papel da insulina no metabolismo dos carboidratos; logo, os objetivos específicos devem ser de níveis taxonômicos inferiores, ou seja, os objetivos específicos devem ser enquadrados nas ações de compreender ou memorizar. Nesse caso, o primeiro objetivo específico poderia ser o de demonstrar como age a insulina no corpo humano, apresentar o conceito de metabolismo e, num terceiro momento, descrever a relação entre a insulina e os carboidratos. Nesse exemplo, usamos a chamada *taxonomia de Bloom* (Quadro 4.1), que organiza o pensamento humano/acadêmico em níveis, cada um deles orientados por objetivos e verbos específicos: quanto maior é o nível de estudo e aprendizado, mais elevado ele está na hierarquia. Lembramos que, neste exemplo, o objetivo geral do estudo é **demonstrar**; logo, um objetivo específico jamais poderia estar associado aos níveis de análise, síntese ou criação, pois eles estão acima do nível de demonstração ou aplicação. Assim, os objetivos específicos "constroem" o objetivo geral.

Quadro 4.1 – Níveis do pensamento humano

Conhecimento	Compreensão	Aplicação	Análise	Síntese	Avaliação
Apontar	Concluir	Aplicar	Analisar	Compor	Argumentar
Calcular	Deduzir	Demonstrar	Calcular	Comunicar	Avaliar
Citar	Demonstrar	Desenvolver	Categorizar	Conjugar	Comparar
Classificar	Derivar	Dramatizar	Combinar	Construir	Contrastar
Definir	Descrever	Empregar	Comparar	Coordenar	Decidir
Descrever	Determinar	Esboçar	Contrastar	Criar	Escolher
Distinguir	Diferenciar	Praticar	Correlacionar	Desenvolver	Estimar
Enumerar	Discutir	Estruturar	Criticar	Dirigir	Julgar
Enunciar	Estimar	Generalizar	Debater	Documentar	Medir
Especificar	Exprimir	Ilustrar	Deduzir	Escrever	Precisar
Estabelecer	Extrapolar	Interpretar	Diferenciar	Especificar	Selecionar
Exemplificar	Ilustrar	Inventariar	Discriminar	Esquematizar	Taxar
Expressar	Induzir	Operar	Discutir	Exigir	Validar
Identificar	Inferir	Organizar	Distinguir	Formular	Valorizar
Inscrever	Interpolar	Relacionar	Examinar	Modificar	
Marcar	Interpretar	Selecionar	Experimentar	Organizar	
Medir	Localizar	Traçar	Identificar	Originar	
Nomear	Modificar	Usar	Investigar	Planejar	
Ordenar	Narrar		Provar	Prestar	
Reconhecer	Preparar			Produzir	
Registrar	Prever			Propor	
Relacionar	Reafirmar			Reunir	
Relatar	Relatar			Sintetizar	
Repetir	Reorganizar				
Sublinhar	Representar				
	Revisar				
	Traduzir				
	Transcrever				

Fonte: Elaborado com base em Bloom et al., 1972.

A taxonomia de Bloom pode informar ou nortear o nível da pesquisa. Por exemplo, um aluno de graduação raramente está apto a avaliar um evento da realidade de maneira científica (no nosso caso, podemos pensar que o objetivo geral de um estudo é validar determinada equação, ou seja, o mais alto nível da taxonomia; para tal objetivo, o acadêmico precisa dominar ferramentas estatísticas, *softwares* de análise e conhecimentos de processos de validação que exigem profundo conhecimento da área estudada). Logo, a escolha de um objetivo geral de análise, síntese ou avaliação pode complicar consideravelmente, até mesmo impossibilitar a realização do estudo do aluno citado. Portanto, é necessária muita atenção quando do estabelecimento dos objetivos de um estudo.

4.2.5 Contexto para o problema de pesquisa

Um processo/projeto de pesquisa adequado coloca o problema de pesquisa em um contexto específico que ajuda os leitores a entenderem por que a hipótese a ser investigada precisa de solução. Por exemplo, é possível que o problema reflita um estado de coisas alarmante em nosso ambiente físico ou social, como uma alta incidência de distúrbios alimentares em adolescentes. Há também a possibilidade de o problema envolver inadequações em uma teoria existente ou descobertas conflitantes em pesquisas anteriores, bem como a necessidade de se avaliar a eficácia (ou a falta dela) de determinada intervenção – um novo procedimento médico ou método de instrução.

4.2.6 Hipóteses

O pesquisador identifica hipóteses e suposições que, por sua vez, fundamentam o esforço de pesquisa. Declarados o problema e os subproblemas que acompanham o estudo, o pesquisador eventualmente concebe uma ou mais hipóteses sobre o que ele pode descobrir. Uma hipótese é uma suposição lógica, razoável, uma conjectura que fornece uma explicação provisória para um fenômeno sob investigação. Tal elaboração pode direcionar o pensamento do investigador para possíveis fontes de informação que ajudam a resolver um ou mais subproblemas e, como resultado, também pode ajudar o estudioso a solucionar o principal problema de pesquisa.

> **Exemplificando**
>
> As hipóteses não são exclusivas da pesquisa. Em sua vida cotidiana, você constantemente tenta explicar a causa de certos fenômenos por meio da elaboração de algumas conjecturas razoáveis. Imagine que você chega em casa depois de escurecer, abre a porta da frente e aperta o interruptor que liga uma lâmpada próxima. Seus dedos encontram a chave, você a vira e não há luz. Nesse ponto, você identifica várias hipóteses sobre a falha da lâmpada: 1) uma tempestade recente interrompeu seu acesso à energia elétrica; 2) a lâmpada está queimada; 3) a lâmpada não está conectada corretamente na tomada da parede; 4) o fio da lâmpada à tomada da parede está com defeito; 5) você esqueceu de pagar a conta de luz, que foi cortada. Cada uma dessas hipóteses sugere uma estratégia para adquirir informações que podem resolver o problema da lâmpada que não funciona. Por exemplo, para testar a hipótese 1, você pode olhar as casas de seus vizinhos; para testar a hipótese 2, pode substituir a lâmpada atual por uma nova.

Em um projeto de pesquisa, as hipóteses são provisórias. Por exemplo, um biólogo pode cogitar que certos compostos químicos produzidos por empresas aumentam a incidência de problemas congênitos em sapos de determinada localidade. Um psicólogo pode cogitar que certos traços de personalidade levam as pessoas a apresentarem padrões de votação predominantemente liberais ou conservadores. Um pesquisador de *marketing* pode cogitar que o fator *humor* em um comercial de televisão irá capturar a atenção dos telespectadores e, assim, aumentar as chances de venda do produto anunciado. Observe que a palavra *cogitar* em todos esses exemplos. Bons pesquisadores sempre começam um projeto com a mente aberta sobre o que eles podem – ou não – descobrir em seus dados.

Hipóteses e/ou previsões são ingredientes essenciais para certos tipos de pesquisa, especialmente na experimental. Em um grau menor, elas também podem orientar outras formas de pesquisa, mas não são identificadas intencionalmente nos estágios iniciais de certos tipos de pesquisa qualitativa. Considerando que uma hipótese envolve uma previsão que pode ou não ser suportada pelos dados, uma suposição é uma condição dada como certa, sem a qual o projeto de pesquisa seria inútil. Estudiosos cuidadosos – aqueles que conduzem pesquisas em um ambiente acadêmico – estabelecem uma declaração de suas suposições como o alicerce sobre o qual seu estudo se apoia. Logo, para Prodanov e Freitas (2013), as hipóteses atuam como respostas efêmeras, momentâneas, podendo ser básicas e secundárias. Seus enunciados devem tentar elucidar determinado problema (ainda que provisoriamente), que é decomposto em variáveis que devem ser solucionadas, o que resulta na validade da pesquisa.

Somente com uma hipótese bem estruturada é que o avanço do processo de pesquisa está garantido, pois essa conjectura exigirá do pesquisador/estudante uma forma ou um método para que ela seja confirmada ou descartada (refutada).

4.2.7 **Método**

A seção de métodos deve detalhar precisamente como o investigador pretende realizar os objetivos da pesquisa, que, por sua vez, justifica a escolha dos métodos, cuja organização é dividida em duas subseções: metodologia (desenho) de pesquisa e materiais e métodos de coleta de dados.

No contexto do desenho (*design*) da pesquisa, o texto indica o recorte com que se pretende trabalhar na pesquisa. Se o tópico do estudo for mais genérico, deve-se explicar, por exemplo, qual(is) setor(es) da economia serão analisados e por que esses contextos forma escolhidos. Também é necessário rotular a amostra de sua pesquisa (por exemplo, eventos, situações do cotidiano) e por que essa amostra e/ou situação foi escolhida.

O Quadro 4.2, apresentado na Seção 4.2.8, a seguir, "dispõe resumidamente das descrições das classificações possíveis para cada um desses critérios, pois é possível o pesquisador certificar-se a respeito do adequado *design* do estudo", conforme sugerido por Prodanov e Freitas (2013, p. 126).

A seção *método* também deve incluir uma explicação geral da realização da pesquisa. O pesquisador deve se basear, por exemplo, em questionários, entrevistas, exames de dados secundários ou uma combinação de técnicas de coleta de dados. É essencial explicar por que determinada abordagem foi escolhida, e a explicação deve ser fundamentada no modo mais eficaz de atender aos objetivos da pesquisa. É importante destacar que, nesse contexto, o procedimento em si não deve ser descrito; é sua aplicação que importa nesse momento.

4.2.8 Descrição detalhada e precisa da metodologia proposta

Até certo ponto, a descrição da metodologia depende da abordagem do trabalho: se quantitativa ou qualitativa. No primeiro caso, é necessário especificar com o máximo de detalhes a amostra e os instrumentos de medição e procedimentos a serem usados. No segundo caso, algumas decisões de amostragem e procedimentos devem ser tomadas à medida que o estudo avança. No entanto, na fase de processo/projeto, deve-se delinear as fontes de dados e procedimentos da maneira mais específica possível. Relembramos que quanto mais informações os revisores tiverem sobre o projeto proposto, melhor será a posição deles para determinar o valor e as contribuições potenciais do trabalho.

Quadro 4.2 – Classificações possíveis para cada um dos critérios

Critério	Classificação	Descrição
Natureza	Básica	Envolve verdades e interesses universais, procurando gerar conhecimentos novos úteis para o avanço da ciência, sem aplicação prática prevista.
	Aplicada	Procura produzir conhecimentos para aplicação prática dirigidos à solução de problemas específicos.
Método Científico	Dedutivo	Sugere uma análise de problemas do geral para o particular, através de uma cadeia de raciocínio decrescente.
	Indutivo	O argumento passa do particular para o geral, uma vez que as generalizações derivam de observações de casos da realidade concreta.
	Hipotético--Dedutivo	Formulamos hipóteses para expressar as dificuldades do problema, de onde deduzimos consequências que deverão ser testadas ou falseadas.
	Dialético	A dialética fornece as bases para uma interpretação dinâmica e totalizante da realidade, já que estabelece que os fatos sociais não podem ser entendidos quando considerados isoladamente, abstraídos de suas influências políticas, econômicas, culturais etc. Como a dialética privilegia as mudanças qualitativas, opõe-se naturalmente a qualquer modo de pensar em que a ordem quantitativa se torna norma.
	Fenomenológico	A fenomenologia preocupa-se em entender o fenômeno como ele se apresenta na realidade. Não deduz, não argumenta, não busca explicações (porquês), satisfaz-se apenas com seu estudo, da forma com que é constatado e percebido no concreto (realidade).

(continua)

(Quadro 4.2 - continuação)

Critério	Classificação	Descrição
Objetivo do Estudo	Exploratória	Visa a proporcionar maior familiaridade com o problema, tornando-o explícito ou construindo hipóteses sobre ele.
	Descritiva	Expõe as características de uma determinada população ou fenômeno, demandando técnicas padronizadas de coleta de dados.
	Explicativa	Procura identificar os fatores que causam um determinado fenômeno, aprofundando o conhecimento da realidade.
Procedimento Técnico	Pesquisa Bibliográfica	Concebida a partir de materiais já publicados.
	Pesquisa Documental	Utiliza materiais que não receberam tratamento analítico.
	Pesquisa Experimental	Determinamos um objeto de estudo, selecionamos as variáveis e definimos as formas de controle e de observação dos efeitos.
	Levantamento *(Survey)*	Propõe a interrogação direta de pessoas.
	Estudo de Caso	Representa a estratégia preferida quando colocamos questões do tipo "como" e "por que", quando o pesquisador tem pouco controle sobre os eventos e quando o foco se encontra em fenômenos contemporâneos inseridos em algum contexto da vida real.
	Pesquisa *Ex-post-facto*	O experimento realiza-se depois dos fatos.
	Pesquisa-Ação	Procura estabelecer uma relação com uma ação ou um problema coletivo.
	Pesquisa Participante	Quando é desenvolvida a partir da interação entre pesquisadores e membros das situações investigadas.
Abordagem	Qualitativa	O ambiente natural é fonte direta para coleta de dados, interpretação de fenômenos e atribuição de significados.
	Quantitativa	Requer o uso de recursos e técnicas de estatística, procurando traduzir em números os conhecimentos gerados pelo pesquisador.

(Quadro 4.2 – conclusão)

Critério	Classificação	Descrição
Clareza da Questão de Pesquisa	Sim ou Não	Procura medir a transparência das informações.
Tipos de Questão de Pesquisa	Como, por que, o que, quem, qual, quantos, quando, onde ou não especificado	Identificar a questão central da pesquisa a partir da qual será desenvolvido o estudo.
Utilização de Teste-Piloto (pré-teste)	Sim ou Não	Facilitar para o pesquisador a determinação de unidades de análise, métodos de coleta/análise de dados.

Fonte: Prodanov; Freitas, 2013, p. 126-129.

A seção de desenho de pesquisa oferece uma visão geral do método escolhido e o motivo dessa opção. A seção de coleta de dados apresenta detalhes mais aprofundados sobre como as informações devem ser coletadas.

Exemplificando

Se estiver fundamentado em uma estratégia de pesquisa, o estudo deve especificar a população e o tamanho da amostra necessária. Também deve esclarecer como os instrumentos de pesquisa (por exemplo, um questionário) serão distribuídos e como os dados serão analisados. Se estiver baseado em entrevistas, é necessário indicar quantas entrevistas serão realizadas, sua duração pretendida, se serão gravadas e como serão analisadas.

Em suma, essa seção deve demonstrar ao leitor que o pesquisador refletiu cuidadosamente sobre todas as questões relativas ao seu método e sua relação com os objetivos da pesquisa. Contudo, detalhes precisos do método a ser empregado – o conteúdo de um cronograma de observação ou perguntas de um questionário – não precisam ser esmiuçados nessa parte do trabalho (caso seja necessário explicá-los, devem ser utilizados apêndices e anexos).

4.2.9 Descrição da utilização dos dados para a resolução do problema de pesquisa

Antes mesmo de coletar os dados de seu estudo, o investigador deve descrever como pretende organizá-los, analisá-los e interpretá-los para resolver o problema de sua pesquisa. Nesse contexto, o pesquisador não deve presumir o conhecimento prévio dos leitores sobre seu trabalho, portanto, ainda que seja um processo demorado, o estudioso deve explicar o tratamento e a interpretação dos dados, pois a alternativa – apresentar apenas uma visão ampla, descrevendo uma abordagem geral – quase invariavelmente incorre em desastre.

Nesse panorama, há *softwares* de apoio a todo esse extenso trabalho de estruturação da pesquisa e de análise dos dados auferidos na investigação. A seguir, apresentamos uma relação das ferramentas mais consagradas no campo acadêmico e profissional científico.

Quadro 4.3 – Ferramentas computacionais de auxílio à pesquisa científica

Software	Tipos de pesquisa	Vantagens	Licença
SPSS	Quantitativa	• Facilidade na entrada de importação de dados; • Grande quantidade de testes implementados; • Possibilidade de realizar testes simultaneamente; • Criação de base de dados; • Tabelas de frequência, média e desvio padrão; • Comparação de grupos de casos; • Regressão linear.	Comercial

(continua)

(Quadro 4.3 – continuação)

Software	Tipos de pesquisa	Vantagens	Licença
SPSS STATISTICS	Quantitativa	• Suporte a vários tipos de modelos; • Técnicas de análise geoespacial e funcionalidades de simulação; • Tabelas personalizadas que permitem compreender os dados e resumir rapidamente os resultados.	Comercial
SPSS AMOS	Quantitativa	• Possibilita especificar, estimar, avaliar e apresentar modelos para mostrar relacionamentos hipotéticos entre variáveis; • Possibilita a criação de modelos mais precisos do que com técnicas de estatísticas com multivariáveis; • Fornece modelagem de equação estrutural; • Usa análise bayesiana e vários métodos de imputação de dados; • Construção de modelos explicativos de comportamentos e de atitudes; • Análise simultânea de dados oriundos de populações diferentes; • Opção visual e interativa torna fácil a sua utilização e aprendizagem; • Análise fatorial confirmatória para especificar e testar o padrão dos fatores; • Utilização em diversas áreas (Médica, Educação, etc.).	Comercial
SPSS SAMPLE-POWER	Quantitativa	• Permite que seja localizada rapidamente o tamanho correto da amostra dos dados pesquisados; • Permite a realização de testes dos possíveis resultados antes de iniciar estudos; • Técnicas avançadas como médias, diferenças, análise de via, fatorial de variação, regressão, análise de sobrevivência; calcula o tamanho de amostras; • Comparar efeitos de diferentes parâmetros do estudo.	Comercial
Excel	Quantitativa	• Facilidade na sua utilização; • Ferramenta multitarefa; • Possibilidade de efetuação de cálculo; • Extensão para ferramentas disponíveis para análise de dados, como por exemplo: histograma, anova, estatísticas descritivas, correlação, entre outras; • Utilizado como base de dados; • Possibilidade de adicionar um banco de dados a partir da planilha; • Ferramenta de estrutura de dados, formatação e organização, análise de dados e gráficos.	Comercial
Action PRO	Quantitativo	• Permite realizar análise gráfica devariância; • Possui modelos de regressão; • Permite realizar teste de hipóteses paramétricas e não paramétricas; • Realiza análise do resumo de dados, teste de correlação, comparação múltiplas; • Também utiliza anova, metodologia de modelagem; • Seleção automática de modelos, análise multivariada e séries temporais.	Comercial

(Quadro 4.3 – conclusão)

Software	Tipos de pesquisa	Vantagens	Licença
Action STAT Quality	Quantitativo	• Ferramenta voltada ao controle de processos e qualidade; • Controle estatístico de processo (CEP); • Análise de sistemas de medição (MAS); • Metrologia, confiabilidade e planejamento de experimento; • Essa versão Pro possibilita uso de técnicas voltadas para Empresas, Indústrias e Laboratórios, utilizando análises da Qualidade do Produto ou Processo e análise de experimentos.	Comercial
Minitab	Qualitativo	• Importação inteligente de dados; • Atualização automática de gráficos; • Manipulação de dados eficientes; • Apresentação sem esforço, pois exporta gráficos e resultados diretamente para Microsoft Word ou Power Point; • Possui recurso de estatística básica, estatísticas descritivas, testes de hipótese, intervalo de confiança e testes de normalidade; • Permite realizar regressão, efetuar planejamento de experimentos; • Possui orientação e relatórios integrados para melhor compreensão dos dados nas métricas.	Comercial
Nvivo	Qualitativo	• Auxilia na organização, na análise e ao encontrar informações em dados não estruturados, como entrevistas, respostas abertas de pesquisa; • Fornece área de trabalho e organização do material para análise e compartilhamento de relatórios; • Gerencia dados virtualmente, incluindo, documentos no Word e PDF, aquivos em áudio, tabelas de banco de dados, vídeos, etc; • Exportação de dados para planilha Excel.	Comercial
Atlas Ti	Qualitativo	• Opera com qualquer tipo de mídia; • Cruza dados sem restrições de tamanhos ou extensão dos arquivos que analisa; • Produz relatórios a partir dos critérios estabelecidos pelo usuário; • Codificação de arquivos de texto, imagens, áudio e vídeo com interface interativa; • Suporte para formatos de Rich Text e Rich Media; • Suporte nativo para arquivos PDF; • Integração com a biblioteca do Google Earth Geodata; • Plataforma intuitiva com recursos de arrastar e soltar; • Funções lógicas nativas para tratamentos de dados (análise booleanas, semânticas e outras); • Busca de padrões de texto não apenas em documentos, mas também em imagens e outras mídias; • Criação de arquivos XML; • Exportação de dados em formato Excel, SPSS, HTML e CVS.	Comercial

Fonte: Gonçalves, 2016, p. 47-50.

Levando em consideração o fator "orçamento", que muitas vezes se mostra como um obstáculo ao processo da pesquisa e do tratamento de seus respectivos dados, apresentamos a seguir uma relação de *softwares* gratuitos que podem ser utilizados nessa etapa da pesquisa.

Quadro 4.4 – **Softwares gratuitos de apoio à pesquisa científica**

Software	Aplicação
Google Forms	Aplicativo que pode criar formulários, por meio de uma planilha no Google Drive. Tais formulários podem ser questionários de pesquisa elaborados pelo próprio usuário, ou podem ser utilizados os formulários já existentes.
GraphPad Prism	Disponível tanto para Windows quanto para Mac, combina gráficos científicos, ajuste de curvas compreensíveis (regressão não linear), estatísticas de fácil entendimento, organização de dados.
Canva	Criação de *designs* e gráficos profissionais, totalmente on-line.

Fonte: Mota, 2019, p. 373; GraphPad Prism..., 2022; O guia..., 2023.

A interpretação dos dados é a etapa que dá sentido e chancela ao esforço de pesquisa e, portanto, deve ser planejada e detalhada com antecedência. De maneira geral, o plano de tratamento dos dados deve ser específico e inequívoco ao ponto de qualquer outra pessoa qualificada poder realizar/reproduzir o projeto de pesquisa apenas seguindo a proposta apresentada – cada contingência deve ser antecipada; todo problema metodológico deve ser resolvido. Nesse sentido, o delineamento da forma de interpretação dos dados é fundamental para o sucesso ou fracasso do projeto de pesquisa, e o método de interpretação dos dados é a chave para o sucesso do estudo, devendo ser descrito com o máximo cuidado e a máxima precisão.

4.2.10 Uso de apêndices e anexos

A apresentação e a descrição completa e detalhada de cartas de consentimento informado, instrumentos de medição específicos, entre outros materiais detalhados, quando excessivamente concentradas no texto, podem interferir no fluxo geral da redação. Nesse sentido, os apêndices viabilizam a apresentação de quaisquer detalhes necessários que não sejam centrais à pesquisa. Essas seções podem ser consultadas conforme a relevância de seus conteúdos para a discussão, como no seguinte exemplo: "Para recrutar participantes, a natureza do estudo será descrita e os voluntários serão solicitados a ler e assinar uma carta de consentimento livre e esclarecido (ver Apêndice D)". Se houver mais de um apêndice, é necessário atribuir a eles letras que reflitam a ordem em que se refere a eles no texto: Apêndice A, B, C, e assim por diante.

4.2.11 Descrição da localização e da obtenção de dados existentes

Há certos estudos, especialmente no contexto da pesquisa histórica, que exigem do pesquisador determinados tipos de registro, cuja localização exata o estudioso deve ter em mente. Muitos investigadores iniciantes começam seus projetos de pesquisa presumindo a disponibilidade de registros necessários ao seu trabalho, apenas para descobrirem tarde demais que tais recursos não existem ou que são tão restritos que não podem ser utilizados. Por isso, no início de sua investigação, o estudioso deve responder à seguintes perguntas: "Onde estão localizados os dados de que necessito? É possível acessá-los?".

> **Exemplificando**
>
> Suponha uma pesquisa necessite de dados contidos em cartas escritas por determinada personalidade histórica de grande importância que estão sob custódia da família da citada figura. Nesse caso, além de saber onde as cartas estão, o estudioso precisa obtê-las para seu trabalho. Digamos que a família consinta o uso dos materiais de que dispõem. Nessa hipótese, o investigador deve compor um contrato para evitar que os custodiantes mudem de ideia em algum ponto do processo. Tais detalhes devem ser claramente explicados no projeto, de modo que o orientador da pesquisa, a banca ou qualquer outro envolvido que leia a proposta possam ter certeza de que os dados necessários serão acessados.

Por fim, o pesquisador deve incluir em seu trabalho uma declaração referente à necessidade de adesão a quaisquer diretrizes éticas relacionadas aos dados demandados (por exemplo, normativas de certos ambientes, como instalações hospitalares).

4.2.12 Comitê de Ética em pesquisa com seres humanos

Muitas pesquisas que usam dados sensíveis de seres humanos são paralisadas quando submetidas a conselhos de ética de instituições de ensino. Nesse contexto, a reprovação do estudo significa que resoluções ou recomendações não foram cumpridas ou, pior, que legislações foram infringidas. Conforme explica Antenor (2021),

> *Formados por pesquisadores das áreas da saúde, ciências exatas, sociais e humanas, esses comitês avaliam o aspecto ético de projetos de pesquisa em suas respectivas áreas de conhecimento, parte de um procedimento conhecido como revisão por pares. De natureza consultiva, deliberativa, normativa e também educativa, os CEP devem agir de forma independente. Além disso, esses comitês contribuem para a*

qualidade dos trabalhos científicos nas áreas em que se aplicam, avaliando desde a adequação da proposta da pesquisa, incluindo objeto, finalidade, materiais e métodos usados, até as referências bibliográficas propostas. A ideia é garantir que o procedimento dos pesquisadores durante seus estudos resulte em reconhecimento científico baseado em princípios éticos.

Portanto, toda e qualquer pesquisa que envolva seres humanos deve ser submetida ao conselho de ética da instituição educacional ou de outro órgão competente, para que revisores designados façam as devidas sugestões e os questionamentos adequados e, havendo a necessidade, exijam justificativas para determinadas especificidades do projeto. A mera ideia de tal escrutínio leva certos pesquisadores a um extremo. Contudo, se o projeto for bem fundamentado e adequadamente escrito e se contemplar as justificativas demandadas a contento, o projeto é aprovado.

> **Importante!**
>
> Muitas decisões relacionadas ao projeto de pesquisa são tomadas em reuniões de conselho, cujas datas e horários são bastante rígidos. A desatenção a tais cronogramas muitas vezes condena um trabalho, tendo em vista que o reagendamento desses eventos pode consumir um tempo considerável do estudo. Portanto, o foco nos prazos é fundamental.
>
> Particularmente, o conselho de ética da instituição em que fiz meu mestrado solicitou à época determinada justificativa que tive de apresentar em menos de 48 horas. Se não o fizesse, a próxima reunião do colegiado seria somente dali 40 dias, o que tornaria minha coleta de dados inviável, não em razão desse período em si, mas porque essa reunião seria a última do segundo semestre, que seria seguida do recesso da universidade. Nesse meio-tempo,

> não seria possível utilizar o laboratório que eu havia pleiteado. Lembre-se: sem aprovação do comitê de ética da instituição, o início do projeto é inviável.

4.2.13 Plataforma Brasil

A Plataforma Brasil[1] é o sistema ao qual todos os protocolos de pesquisa envolvendo dados de seres humanos no país devem ser submetidos. Por meio do Sistema CEP/CONEP[2], ligado à referida base nacional, o pesquisador pode efetuar, *on-line*, todos os registros correlatos.

Seu principal objetivo consiste em "fornecer as instâncias que compõem o Controle Social informações suficientes para o acompanhamento da execução das pesquisas e da 'Agenda Nacional de Prioridades em Pesquisa em Saúde do Brasil'" (Brasil, 2009).

Essa plataforma permite o acompanhamento de pesquisas em seus diferentes estágios – desde sua submissão até a aprovação final pelo CEP e pela CONEP. Quando necessário, possibilita o acompanhamento da fase de campo, o envio de relatórios parciais e dos relatórios finais das pesquisas; além disso, permite a apresentação de documentos também em meio digital, propiciando ainda o acesso aos dados públicos de todas as pesquisas aprovadas.

---

1 Disponível em: <https://plataformabrasil.saude.gov.br/login.jsf>. Acesso em: 6 jul. 2023.

2 "O sistema CEP-CONEP [Comissão Nacional de Ética em Pesquisa] foi instituído em 1996 para proceder a análise ética de projetos de pesquisa envolvendo seres humanos no Brasil. Este processo é baseado em uma série de resoluções e normativas deliberados pelo Conselho Nacional de Saúde (CNS), órgão vinculado ao Ministério da Saúde. O atual sistema possui como fundamentos o controle social, exercido pela ligação com o CNS, capilaridade, na qual mais de 98% das análises e decisões ocorrem a nível local pelo trabalho dos comitês de ética em pesquisa (CEP) e o foco na segurança, proteção e garantia dos direitos dos participantes de pesquisa" (Brasil, 2023).

4.2.14 Escala de tempo ou cronograma

O planejamento do cronograma do trabalho de pesquisa auxilia o orientador/leitor a decidir sobre a viabilidade da proposta. Nesse contexto, é importante que o pesquisador divida seu plano de pesquisa em etapas, de modo a expor uma ideia clara do que é possível na escala de tempo fornecida.

> **Exemplificando**
>
> O processo de estruturação do cronograma pode ser facilitado por um estudo/projeto-piloto de coleta de dados. Digamos que um pesquisador precisa avaliar a manipulação de certo instrumento de medida por parte de indivíduos escolhidos para o estudo. A avaliação desse estudioso dificilmente superará um profissional especializado nesse tipo de observação. Portanto, o tempo de análise relatado por esse profissional num estudo publicado pode diferir (ser menor) daquele estimado pelo pesquisador e adotado para a coleta dos dados, o que pode ocasionar um acréscimo de tempo e inúmeras complicações recorrentes ao estudo.

A determinação da escala de tempo da pesquisa precisa levar em conta feriados, recessos pessoais, períodos de festas como Natal e Ano Novo, o calendário acadêmico e administrativo da instituição (como o relativo ao funcionamento do laboratório), bem como o tempo de que o orientador precisará para analisar o trabalho. Nesse contexto, é importante ressaltar que algumas atividades devem ser realizadas sequencialmente (por exemplo, a administração de um questionário pesquisa pode ser realizada concomitantemente à escrita e às revisões da literatura necessária para o estudo piloto). Simular a situação de coleta, para conferir a ordem, os equipamentos, a disposição, o tempo e os demais detalhes da coleta de dados também pode garantir a qualidade do tempo dispendido na pesquisa.

4.2.15 Recursos

O fator *recursos* consiste em uma faceta da viabilidade que inclui finanças, acesso a dados e equipamentos e disponibilidade de tempo.

Pesquisas podem exigir gastos com viagens, análise de dados (contratação de profissionais da área de estatística), postagem de questionários etc., bem como tempo hábil para coleta das amostras necessárias para a concretização do estudo.

Nesse panorama, os avaliadores do projeto devem ser convencidos da viabilidade de acesso aos dados necessários para a condução da pesquisa. Nesse contexto, a aprovação por escrito da organização anfitriã na qual o pesquisador planeja conduzir seu trabalho pode ser exigida.

> **Importante!**
>
> Muitas propostas de pesquisa têm planos ambiciosos para coleta de dados em grande escala, sem contudo considerar o modo como os dados serão analisados. É importante demonstrar para o orientador que a proposta de pesquisa será encaminhada com todos os *hardwares* e/ou *softwares* necessários para a análise das informações angariadas, bem como de que o trabalho será apoiado por profissionais munidos de conhecimento técnico para tanto, quando for o caso. Além disso, é necessário que o pesquisador mostre que detém as habilidades necessárias para analisar os dados da investigação ou que pode adquirir tais competências em momento apropriado.

4.2.16 Referências

A pesquisa de referências contribui diretamente para o desenvolvimento e progresso do conhecimento. De acordo com Andrade (2010, p. 25), citado por Sousa, Oliveira e Alves (2021, p. 65),

> *A pesquisa bibliográfica é habilidade fundamental nos cursos de graduação, uma vez que constitui o primeiro passo para todas as atividades acadêmicas. Uma pesquisa de laboratório ou de campo implica, necessariamente, a pesquisa bibliográfica preliminar. Seminários, painéis, debates, resumos críticos, monográficas não dispensam a pesquisa bibliográfica. Ela é obrigatória nas pesquisas exploratórias, na delimitação do tema de um trabalho ou pesquisa, no desenvolvimento do assunto, nas citações, na apresentação das conclusões. Portanto, se é verdade que nem todos os alunos realizarão pesquisas de laboratório ou de campo, não é menos verdadeiro que todos, sem exceção, para elaborar os diversos trabalhos solicitados, deverão empreender pesquisas bibliográficas.*

Como explicamos em capítulos anteriores, a pesquisa bibliográfica consiste em um levantamento do repertório de produções teóricas que tenham relevância para a produção de uma pesquisa científica. Nas palavras de Fonseca (2002, p. 32), citado por Sousa, Oliveira e Alves (2021, p. 66), essa atividade é efetuada

> *a partir do levantamento de referências teóricas já analisadas, e publicadas por meios escritos e eletrônicos, como livros, artigos científicos, páginas de web sites. Qualquer trabalho científico inicia-se com uma pesquisa bibliográfica, que permite ao pesquisador conhecer o que já se estudou sobre o assunto. Existem porém pesquisas científicas que se baseiam unicamente na pesquisa bibliográfica, procurando referências teóricas publicadas com o objetivo de recolher informações ou*

conhecimentos prévios sobre o problema a respeito do qual se procura a resposta.

Nesse contexto, é essencial que o estudioso analise o repertório de referências atinentes à sua proposta de trabalho em profundidade, de maneira criteriosa, exaustiva: de acordo com Sousa, Oliveira e Alves (2021, p. 66), o investigador deve "ler, refletir e escrever o sobre o que estudou, se dedicar ao estudo para reconstruir a teoria e aprimorar os fundamentos teóricos".

4.3 Recomendações gerais: detalhamento da proposta de pesquisa e estruturação do texto com base nas abordagens quantitativa e qualitativa

Pesquisadores iniciantes muitas vezes deixam de fora informações críticas sobre sua proposta de estudo, presumindo, por uma razão ou outra, que seus orientadores se encontram cientes de tais informações tendo em vista seu conhecimento na área investigada. Contudo, esse raciocínio só faz sentido no caso de alunos que elaboram projetos destinados a comitês docentes que já têm algum conhecimento sobre a pesquisa planejada, o que raramente acontece na graduação. Portanto, essas omissões podem levar a muitos mal-entendidos no decorrer do estudo e ameaçar o trabalho como um todo no longo prazo. Nesse aspecto, a proposta da pesquisa atua de modo muito semelhante a um contrato, no qual o acadêmico e seu orientador chegam a um acordo sobre a viabilidade do projeto. Portanto, todos os termos desse "acordo" devem explicitados, todas as perguntas devem ser devidamente respondidas.

No contexto do projeto de pesquisa, há uma clara distinção entre as pesquisas quantitativa e qualitativa, pois – como já explicamos anteriormente – essas abordagens são verdadeiros "opostos" em quase todas as suas características, como demonstramos no Quadro 4.5, a seguir:

Quadro 4.5 – *Estruturação da pesquisa de acordo com as abordagens quantitativa e qualitativa*

Pesquisa quantitativa	I. Problema da pesquisa e sua configuração (declaração do problema, hipóteses, definições de termos, suposições, delimitações e limitações e Importância do estudo). II. Revisão da literatura relacionada. III. Dados e tratamento dos dados (dados necessários e os meios para obtê-los, metodologia de pesquisa e o tratamento específico dos dados para o problema). IV. Qualificações do pesquisador e de quaisquer assistentes. V. Esboço do estudo proposto (etapas a serem executadas, cronograma etc.). VI. Referências. VII. Apêndices.
Pesquisa qualitativa	I. Introdução (objetivo do estudo, antecedentes gerais para o estudo, perguntas de orientação, delimitações e limitações e importância do estudo). II. Metodologia (quadro teórico, tipo de *design* e suas premissas subjacentes, papel do pesquisador [incluindo qualificações e premissas], seleção e descrição do *site* e participantes, estratégias de coleta de dados e de análise de dados, métodos de obtenção de validade). III. Achados (relação com a literatura e com a teoria e relacionamento com a prática). IV. Plano de gestão, cronograma, viabilidade. V. Referências. VI. Apêndices.

4.3.1 Produção do primeiro rascunho

As sugestões apresentadas a seguir são fundamentadas em experiências particulares de orientação de projetos aconselhamento de alunos em diferentes níveis de formação.

4.3.1.1 Utilização de *software* de processamento de texto

O início da produção escrita da proposta de pesquisa, seja em programa processador de texto, seja em papel, depende da habilidade que o pesquisador tem em um suporte ou outro.

> **Exemplificando**
>
> Se o pesquisador tem mais experiência no manuseio do teclado e é capaz de digitar tão rápido quanto escreve manualmente, o processador de texto é uma ótima opção. Do contrário, papel e lápis serão os recursos necessários. Em algum ponto, entretanto, deve-se passar o primeiro rascunho para um processador de texto, para facilitar as inevitáveis revisões pelas quais o material terá de passar (e serão muitas). No início, o estudioso deve reservar um tempo para aprender a dominar todos os recursos de seu *software* de processamento de texto, tais como ferramentas de inserção de tabelas, gráficos, notas de rodapé, palavras com acentos ou sinais de pontuação diferentes do português, certos símbolos (por exemplo, α, Σ, π) e fórmulas matemáticas.

É fundamental que o pesquisador siga todas as diretrizes exigidas pela instituição à qual enviará o projeto em relação à inclusão de determinados títulos e outras informações, bem como à obediência ao manual de estilo da entidade. Ignorar tais determinações é, para muitos revisores, um sinal explícito de que o investigador pode não proceder da maneira adequada na condução de seu projeto.

Assim como manuais de estilo aplicados a trabalhos acadêmicos, a maioria dos manuais de metodologia prescrevem certo estilo de redação na descrição dos procedimentos (por exemplo, determinando a voz gramatical do texto em primeira ou terceira pessoa, ou, ainda, na voz ativa ou voz passiva). Várias disciplinas acadêmicas têm preferências de estilo diferentes; nesse caso, é importante que o estudioso não se desvie dos parâmetros normalmente usados em sua área.

O pesquisador deve se concentrar na organização e nas sequências lógicas de pensamento inscritas em seu trabalho: deve utilizar palavras precisas, sentenças adequadas dos pontos de vista gramatical e ortográfico e formatação apropriada. Contudo, o primeiro rascunho do trabalho deve trazer em suas páginas o quadro geral do estudo, apresentando ideias de maneira lógica, organizada e coerente.

4.3.2 Questionamentos relacionados ao trabalho de pesquisa

Há considerações que o acadêmico deve se fazer para avaliar se seu projeto está em condições de ser apresentado a um orientador/uma banca. Entre elas, citamos as seguintes:

- Até que ponto os componentes da proposta se encaixam?
- A justificativa para conduzir o estudo inclui análises de pesquisa publicadas anteriormente, bem como teorias relevantes na área do tópico?
- O estudo informa claramente a questão de pesquisa (problema) e os objetivos?
- A metodologia proposta flui diretamente das questões e dos objetivos de pesquisa?
- Os recursos alocados refletem diretamente a viabilidade dos métodos empregados?

- É possível explicar o estudo de maneira rápida, direta e coerente?

Além de verificar essas questões, o pesquisador deve considerar os seguintes problemas comuns à grande maioria dos projetos de pesquisas:

Quadro 4.6 – Problemas relacionados aos projetos de pesquisa

Relacionados ao problema de pesquisa	• A descrição do projeto é tão nebulosa e desfocada que o objetivo da pesquisa não é claro. • O conteúdo apresentado não é empiricamente testável. • O trabalho não está enquadrado em um contexto teórico ou conceitual apropriado. • A pesquisa não é importante ou provavelmente não produzirá novas informações. • A hipótese é mal definida, duvidosa ou infundada, baseadas em evidências insuficientes ou em raciocínio ilógico. • O conteúdo é mais complexo do que o investigador percebe. De interesse apenas de um determinado grupo localizado ou, de alguma outra forma, limitou relevância para o campo como um todo.
Relacionados ao desenho e ao método de pesquisa	• A descrição do projeto e/ou método é vaga e desfocada a ponto de impedir uma avaliação adequada. • A metodologia proposta viola os padrões éticos básicos da área. • O acesso aos dados desejados para o problema da pesquisa é difícil. • Os métodos, os instrumentos de medição ou os procedimentos propostos são inadequados para o problema de pesquisa (por exemplo, os instrumentos de medição propostos podem ter baixa confiabilidade e validade). • Os controles apropriados não são inadequados ou mostram-se ausentes. O equipamento a ser usado está desatualizado ou é impróprio. • A análise estatística não recebeu consideração adequada, é muito simplista ou provavelmente não produzirá resultados precisos e claros. As limitações potenciais do projeto, mesmo que inevitáveis, não são tratadas de maneira adequada.

(continua)

(Quadro 4.6 – conclusão)

Relacionados ao investigador	• Não há treinamento ou experiência suficiente para a pesquisa proposta. • O pesquisador parece não estar familiarizado com literatura relevante para o problema de pesquisa. • O tempo dedicado ao projeto é insuficiente.
Relacionados aos recursos	• O cenário institucional é inadequado para a pesquisa proposta. • O uso proposto de equipamento, equipe de suporte ou de outros recursos não é realista.
Relacionados à qualidade da escrita	• A proposta foca o problema de pesquisa; divaga de forma imprevisível, cita inadequadamente ou incorretamente a literatura relacionada, não segue o manual de estilo apropriado e contém erros gramaticais e/ou ortográficos.

Observar tais aspectos práticos pode tornar a vida do acadêmico muito mais fácil, pois são direcionados a qualquer nível ou grau de estudo, às fases de uma pesquisa científica de fato e ao êxito da próxima etapa do estudo: a apresentação do trabalho.

5

Formas de
apresentação
de trabalhos
acadêmicos

Conteúdos do capítulo:
- Demandas da elaboração do relatório de pesquisa.
- Categorias de trabalhos acadêmicos.
- Especificidades das apresentações de trabalhos de pesquisa em eventos científicos.
- Publicação de artigos científicos em periódicos.
- Critérios de autora de artigos científicos.
- Recebimento por parte dos pesquisadores de críticas a artigos científicos.

Para Filippo, Pimentel e Wainer (2012), a publicação dos resultados de pesquisas científicas visa difundir o conhecimento, pois sua qualidade de de ser verificada pelos pares da área científica explorada. Assim, é fundamental o máximo esmero para a produção do material resultante da pesquisa: o texto do estudo deve demonstrar que o estudioso se utiliza das práticas mais corretas e consagradas de sua área, bem como domina os conhecimentos referentes à pesquisa qualitativa.

Saber diferenciar as especificidades de cada tipo de trabalho acadêmico, bem como suas respectivas finalidades e formas de apresentação, é de extrema importância para a vida acadêmica de estudantes e para a trajetória profissional de pesquisadores.

5.1 Elaboração do relatório de pesquisa

Para apresentarmos o amplo panorama da estrutura dos trabalhos acadêmicos, comecemos pelas funções do relatório de pesquisa, que elenca as ações empreendidas pelo investigador em seu estudo:

- dar aos leitores uma visão clara do problema de pesquisa e o motivo em razão do qual ele demanda uma investigação aprofundada;
- descrever com precisão os métodos utilizados na tentativa de resolver o problema de pesquisa;
- apresentar com exatidão os dados obtidos, que, por sua vez, devem fundamentar todas as interpretações e conclusões que se seguem;
- interpretar os dados para os leitores e demonstrar como e porque essas informações resolvem ou não o problema; um relatório que apresenta somente dados brutos e fatos não interpretados (na forma de tabelas, gráficos e outros dispositivos de resumo de dados) é de pouca ajuda para os leitores, que ficam impossibilitados de extrair significado desses elementos;
- alertar os leitores sobre possíveis pontos fracos do estudo (limitações, suposições e vieses que possam ter afetado os resultados e as interpretações);
- resumir os resultados e conectá-los a contextos que vão além do próprio estudo (p. ex.: relacionando-os a teorias atuais sobre o tópico ou desenhando implicações para políticas ou práticas futuras).

Nesse trabalho, a ciência vista como processo e a integridade acadêmica são fundamentais. E o que viria a ser *integridade acadêmica*? Trata-se da postura de conduzir e escrever sobre pesquisas com honestidade e desejo de aprender e transmitir os fatos – e nada além dos fatos – sobre um tópico de investigação. Ao escrever um relatório de pesquisa, a integridade acadêmica consiste nas seguintes iniciativas:

- creditar apropriadamente as palavras e ideias de outros estudiosos (nos casos de citações e indicações de fontes);
- garantir a confidencialidade e proteger o direito à privacidade dos participantes (em alguns casos, essa demanda pode exigir o uso de pseudônimos ou a alteração de fatos básicos relacionados aos participantes da pesquisa, caso em que o pesquisador deve declarar especificamente que realizou tal modificação);
- identificar explicitamente qualquer viés na seleção de amostra (p. ex.: relatar baixas taxas de retorno em pesquisas enviadas ou altas taxas de atrito – desistência – em estudos longitudinais);
- elencar todos os participantes retirados da amostra de pesquisa e explicar o motivo dessas exclusões;
- apontar as limitações dos instrumentos de medição (p. ex.: relatar qualquer evidência de baixa validade ou confiabilidade);
- descrever todos os procedimentos utilizados para preencher dados ausentes e aumentar o número de participantes empregados em análises estatísticas;
- fornecer relatório abrangente das descobertas de pesquisa, inclusive daquelas que se contrapõem às hipóteses aventadas no estudo;
- identificar explicitamente qualquer potencial variável de dúvidas sobre as conclusões das possíveis relações de causa e efeito constatadas no estudo.

Na grande maioria das investigações quantitativas, a organização dos relatórios de pesquisa é similar. Após as seções pré-textuais (p. ex.: agradecimentos, índices, sumário), eles normalmente contam com cinco seções principais:

1. Introdução: que inclui o problema da pesquisa, uma explicação sobre sua importância, uma relação de suposições, uma lista de definições de termos etc.;
2. Revisão da literatura relacionada;
3. Descrição da metodologia;
4. Apresentação de resultados e interpretações específicas: p. ex.: se os dados apoiam ou não quaisquer hipóteses *a priori*;
5. Conclusões gerais: incluindo implicações e sugestões para pesquisas futuras.

Relatórios de estudos qualitativos e de métodos mistos são menos previsíveis; seus esquemas organizacionais tendem a depender da natureza e do desenho dos próprios estudos, prescindindo muitas vezes de uma lista de referências. Os apêndices são raramente utilizados, apesar de serem componentes importantes de dissertações e teses.

Segundo Filippo, Pimentel e Wainer (2012), a pesquisa qualitativa por excelência é aquela que conta com uma estrutura de experimentos e teste de natureza estatística bem encaminhados, de modo a traçar um estudo bem definido e sem alterações extremas.

A pesquisa qualitativa, por sua vez, demanda planejamento, obviamente, mas depende de uma execução perfeita. O pesquisador que se utiliza dessa abordagem tem de saber se desprender de suas ideias iniciais para abraçar novas possibilidades de estudo, para atualizar suas questões no decurso de suas entrevistas, ter empatia e habilidade comunicativa com seus entrevistados. Caso esses fatores não sejam encaminhados a contento, o resultado da pesquisa é pouco crível. Portanto, a competência para conduzir a pesquisa qualitativa tem de estar materializada em seu trabalho.

> **Curiosidade**
>
> Os relatórios de pesquisa podem ser apresentados em diferentes suportes, tais como impresso, eletrônico e audiovisual. A maioria dos textos dessa natureza é apresentada em formato impresso.

Antes de elaborar um relatório de pesquisa, o pesquisador deve levar em consideração os seguintes fatores:

- a clareza da conceituação do projeto de pesquisa, que deve ser verificada exaustivamente durante a preparação da proposta de projeto;
- a confiabilidade, apropriabilidade e adequação dos dados do projeto para a consecução dos objetivos do programa de pesquisa;
- a garantia do uso correto e adequado de linhas de análises e ferramentas estatísticas;
- cuidado com possíveis erros que podem se infiltrar na inferência;
- fundamentação e análise das interpretações com base em fatos e números críveis (resultados);
- interação consistente entre a hipótese ou presunção inicial (se houver), as observações empíricas e os fundamentos/concepções teóricas.

A redação de relatórios de pesquisa é a última e, provavelmente, mais difícil etapa do processo de pesquisa, pois muitos são os propósitos desse texto. Ele informa ao resto do mundo o trabalho do pesquisador, as possíveis criações e descobertas advindas do processo, as conclusões às quais o estudioso chegou, o modo como esses achados podem enriquecer o repertório do conhecimento humano e contribuir para o desenvolvimento da sociedade etc.

5.2 Tipos de trabalhos acadêmicos

Existem vários tipos de trabalhos acadêmicos ou científicos. Entre eles, podemos citar a monografia, o trabalho de conclusão de curso (TCC), a dissertação de mestrado, a tese de doutorado e, não menos importante, o artigo científico, todos necessariamente pautados nos mais respeitados métodos científicos, desde sua redação até sua conclusão e/ou apresentação.

Segundo a Associação Brasileira de Normas Técnicas (ABNT, 2011, p. 2, 4), os trabalhos acadêmicos são os seguintes:

> *Dissertação: documento que apresenta o resultado de um trabalho experimental ou exposição de um estudo científico retrospectivo, de tema único e bem delimitado em sua extensão, com o objetivo de reunir, analisar e interpretar informações. Deve evidenciar o conhecimento de literatura existente sobre o assunto e a capacidade de sistematização do candidato. É feito sob a coordenação de um orientador (doutor), visando à obtenção do título de mestre.*

> *Tese: documento que apresenta o resultado de um trabalho experimental ou exposição de um estudo científico de tema único e bem delimitado. Deve ser elaborado com base em investigação original, constituindo-se em real contribuição para a especialidade em questão. É feito sob a coordenação de um orientador (doutor) e visa à obtenção do título de doutor, ou similar.*

> *Trabalho de conclusão de curso de graduação, trabalho de graduação interdisciplinar, trabalho de conclusão de curso de especialização e/ou aperfeiçoamento: documento que apresenta o resultado de estudo, devendo expressar conhecimento do assunto escolhido, que deve ser obrigatoriamente emanado da disciplina, módulo, estudo independente, curso, programa, e outros ministrados. Deve ser feito sob a coordenação de um orientador.*

Estendendo a aprofundando a relação da ABNT, Pereira et al. (2018, p. 34-37, grifo nosso) apresentam a seguinte relação de textos científicos:

> **Monografias** *são documentos manuscritos, isto é, escritos por meio mecânico ou eletrônico e que se concentram em um único tema, por isso são monografias. Elas podem ser escritas por vários autores (ou autor e coautores) e são utilizadas principalmente em cursos de Pós--Graduação "Lato sensu" como uma das atividades finais do curso.*
>
> *Na elaboração de uma monografia é importante a existência de um orientador para que o estudante possa discutir seu tema e recortes do tema de modo a torná-lo mais específico e administrável.*
>
> *Uma monografia é uma sucessão de argumentos que vão se encadeando de forma lógica (e não um conjunto de frases desconexas). Os argumentos devem ser colocados gradativamente de modo a fazer sentido e se chegar ao último que é a conclusão do trabalho.*
>
> *As monografias são cobradas na parte final dos cursos de Pós--Graduação para que o estudante possa concluí-lo. Por meio dessas monografias que são realizadas de modo autônomo pelo estudante, pode-se atualizar, organizar e sintetizar o saber sobre o assunto em foco, de modo que o estudante adquira o domínio sobre o tema, os autores principais sobre o assunto e suas falas, bem como o trabalho prático, seus resultados e discussões em relação aos autores considerados no trabalho.*
>
> *Os cursos de Pós-Graduação "Lato sensu" normalmente são cursados por estudantes que já concluíram alguma graduação anteriormente. Eles possuem duração entre um a dois anos e além de atualizarem o saber dos alunos, servem de reforço para os que por algum motivo sentem a falta de algum preparo da graduação anterior e também*

servem de preparo para aqueles que pretendem cursar um mestrado e/ou doutorado posteriormente, uma vez que mantêm a mente do estudante ativa e concentrada no estudo de um tema em foco.

[...]

Tese *é um tipo de monografia escrita por um autor, com temas e conteúdos originais, e com um nível de aprofundamento elevado e abrindo novos caminhos para o saber. Normalmente, as Teses são cobradas para a finalização de cursos de doutoramento.*

Os doutorados normalmente possuem duração entre 3 a 5 anos. Eles constam de um momento inicial no qual os estudantes cursam disciplinas que vão fornecer subsídios para a elaboração de suas teses e outro momento posterior no qual vão trabalhar prioritariamente com seus orientadores realizando pesquisas e escrevendo suas monografias.

[...]

As teses devem ser apresentadas e defendidas diante de uma banca, composta por pelo menos 5 membros que são professores doutores, sendo que um deles é o presidente da banca e é o orientador do candidato a obter o título de doutor. Alguns dos membros devem ser externos, de outras instituições, mas todos devem ser especializados na área da defesa.

Na defesa da tese, após a apresentação realizada pelo candidato, há o momento da arguição no qual os membros da banca fazem questionamentos para verificar se o candidato tem o saber e a explicação em relação às dúvidas apresentadas.

Após a arguição por todos os membros da banca, há a nota final dos membros e a informação se o candidato está aprovado ou não.

[...]

A **dissertação** normalmente é menos aprofundada em relação à tese, pode tratar de temas mais comuns, mas com conteúdo original, e é utilizada normalmente em cursos de mestrado.

Nas dissertações os estudantes mestrandos podem pegar temas já desenvolvidos anteriormente e prosseguir na pesquisa sobre o saber, buscando novos elementos e ópticas que enriqueçam o conhecimento sobre o tema.

Os mestrados, normalmente, possuem duração menor que os doutorados em termos de duração, variando de 1 a 3 anos.

No momento inicial do mestrado, o aluno cursa as disciplinas necessárias para que possa desenvolver o tema e seu recorte na linha de pesquisa que escolher.

No segundo momento, o aluno desenvolverá o trabalho de sua pesquisa em conjunto com seu orientador. Como resultado, o aluno tem que escrever a monografia que é a dissertação. Esta deverá ser apresentada e defendida diante de uma banca examinadora, composta por no mínimo três professores doutores, da área de estudos em foco.

Ao ser aprovado, o aluno recebe o título de mestre na área específica do saber que estudou e poderá prosseguir seus estudos em cursos de doutorado.

[...]

Os **artigos científicos** são documentos científicos que apresentam textos atuais sobre experiências realizadas, relatos de casos, revisões de literatura etc. Eles são menores que as monografias e em geral têm de 10 a 20 páginas.

Artigos são semelhantes às monografias, uma vez que são também sucessões de argumentos, mas de modo mais simplificado e contendo somente as informações necessárias ao bom entendimento, mas de modo menos volumoso e adaptado às normas que são exigidas em cada revista ou periódico científico para que possam ser publicadas.

A apresentação de artigos pode ocorrer em eventos como é o caso de Congressos, Seminários, Encontros científicos ou semelhantes. Nestes eventos, muitas vezes há a publicação na íntegra do artigo em volumes dos anais do evento. No entanto, a forma mais comum de publicação de artigos é por meio de periódicos ou revistas científicas.

As revistas normalmente têm períodos de submissão que são as épocas nas quais a revista aceita artigos. Normalmente, para uma revista aceitar um artigo ele tem que atender uma série de quesitos, entre os quais: o conteúdo do texto deve ser coerente com o tipo de revista, por exemplo, se é revista da área de saúde ela receberá artigos dessa área do saber, já as de engenharia receberão artigos relacionados ou classificados como de engenharia, os da computação idem em relação às temáticas e conteúdo de sua área e assim respectivamente para cada área do saber.

Algumas exceções são: há revistas multidisciplinares que aceitam artigos de todas as áreas do saber e, existem também revistas de fluxo contínuo e, estas recebem artigos continuadamente, em qualquer mês, dia ou época do ano e assim que formam uma quantidade de artigos aprovados, publica-se uma nova edição.

Os artigos científicos permitem que os leitores se atualizem e construam o conhecimento de modo autônomo e informal.

[...]

As revistas científicas colaboram com a educação informal, e esta contribui para que a educação formal alcance sucessos maiores uma vez que podem fornecer informações e subsídios para as pessoas que estão estudando no ensino formal em alguma determinada área do saber.

Para a pesquisa científica, este tema é de grande importância, pois os artigos apresentam todo o desenvolvimento de uma pesquisa e os resultados alcançados.

Nos casos de TCCs ou monografias, cujos relatórios de pesquisa não são publicados, o público leitor é restrito (na maioria das ocorrências, o autor, o orientador e a banca avaliadora, quando muito). No entanto, se o projeto de pesquisa revela novas informações, novas ideias ou novos entendimentos que podem contribuir significativamente para o conhecimento da sociedade, é recomendável o endereçamento do texto para um público mais amplo.

Nesse contexto, o estudo pode ensejar dois tipos de publicação: a divulgação da investigação em eventos científicos e/ou no formato de artigo de periódico consagrado na área.

5.3 Apresentações da pesquisa em eventos

Muitos pesquisadores apresentam os resultados de suas pesquisa em conferências/congressos/simpósios regionais, nacionais ou internacionais. Alguns desses eventos são anuais ou bienais, patrocinados por grupos relacionados a disciplinas acadêmicas específicas. Os organizadores de muitas dessas reuniões buscam ansiosamente apresentações tanto de novos pesquisadores quanto de estudiosos mais experientes. Vejamos a seguir algumas categorias de apresentação de trabalhos científicos.

5.3.1 Apresentação oral de pesquisa

Uma vantagem da apresentação oral é que ela permite um aprofundamento de temas maior do que no caso de um pôster, pois viabiliza o fornecimento de explicações e exemplos mais extensos e complexos para apoiar a pesquisa. Outro benefício dessa categoria de exposição é a presença de públicos específicos, cujos integrantes de maneira geral entendem do assunto e, por isso, têm maior motivação para assistir ao trabalho.

A apresentação adequada de um artigo demanda alguns cuidados, entre eles a concisão e o foco nos pontos importantes do trabalho. De modo geral, o pesquisador dispõe de 10 a 20 minutos para descrever o que realizou em seu trabalho; portanto, o estudioso não terá tempo hábil para descrever todos os detalhes do estudo e o aprendizado extraído da pesquisa. Em vez disso, quando da exposição de seu estudo, o investigador deve se ater aos aspectos essenciais do projeto, incluindo:

- título de sua apresentação;
- nome do pesquisador;
- afiliações e informações de contato;
- problema da pesquisa;
- hipóteses, justificativa geral e contexto do estudo;
- descrição geral do projeto e metodologia (incluindo a natureza e o tamanho da sua amostra);
- resultados centrais para o problema da pesquisa;
- hipóteses, interpretações e conclusões dos dados auferidos.

Muitos pôsteres também incluem um resumo (de uma página) imediatamente após o título e o(s) autor(es), além de uma pequena lista de referências citadas no final.

5.3.2 Apresentando sua pesquisa com um pôster

Algumas conferências incluem sessões de pôsteres, definidas por Dantas e Oliveira (2015, p. 5) como

> *a exposição sintética de um trabalho acadêmico impresso em cartaz, acompanhada de uma apresentação feita pelos autores ao público que dele se aproxima. O público circula entre os pôsteres exibidos durante uma determinada sessão do evento científico e escolhe o(s) pôster(es) que deseja se aproximar. O pôster funciona na medida em que consegue atrair a atenção do público e estimular a aproximação de possíveis interessados nos temas expostos para o contato com os autores. Normalmente, o pôster é impresso e pendurado ou colado em um local predeterminado pelos organizadores do evento científico. Mais recentemente, é possível utilizar o pôster em mídia, exposto por projetores ou TV com tela grande. Esta forma de apresentação é um recurso cada vez mais empregado nos eventos, por permitir o intercâmbio de várias experiências ao mesmo tempo e um mesmo espaço, dando oportunidade para um grande número de pesquisadores informarem sobre o andamento ou os resultados de seus trabalhos.*
>
> *Pôsteres não são autônomos como artigos científicos. Eles pressupõem ao seu lado a presença dos autores ou de seus representantes para complementarem suas informações, que, em geral, são bastante sumárias. Como o pôster utiliza textos, imagens e outras expressões visuais e também é apresentado oralmente, ele é considerado um evento comunicativo multimodal.*

Quando um pesquisador deseja apresentar um artigo ou pôster em uma conferência profissional, ele deve enviar, com certa antecedência, uma proposta à associação ou instituição patrocinadora do evento. As propostas para apresentações em papel e pôster geralmente contêm de duas a três páginas. Contudo, o formato desses documentos pode variar consideravelmente de um grupo profissional para outro; nesse caso, é importante que o estudioso verifique a chamada de trabalhos que convida à apresentação de propostas para conferências. Independentemente do formato, há algo que é verdadeiro para todos esses textos: eles precisam ser elaborados com a mesma clareza e rigor acadêmico exigidos para qualquer proposta ou relatório de pesquisa. Além disso, precisam seguir fielmente as diretrizes especificadas pelos patrocinadores/ organizadores da conferência.

Existem pelo menos três vantagens desse tipo de apresentação:

1. Se exibido corretamente, o pôster apresenta um resumo eficaz dos resultados da pesquisa, em um texto grande e colorido, com gráficos visualmente atraentes acompanhando o conteúdo.
2. Os "leitores" podem navegar em seu próprio ritmo, parar por mais tempo nos pôsteres em que estão interessados e passar rapidamente pelos que não lhes geram curiosidade (normalmente, no ato do credenciamento do evento, cada autor recebe um caderno com todas as publicações, podendo assim acessar cada sala ou sessão).
3. Os autores dos pôsteres, próximos aos seus cartazes, podem dialogar com qualquer pessoa que queira explorar as ideias de pesquisa com mais profundidade, o que é muito comum, pois pesquisadores e palestrantes com interesses semelhantes circulam nas sessões de vários autores de outros trabalhos.

O processo de montagem de um pôster auxilia os alunos a sintetizarem pesquisas complexas e a reduzi-las a seus elementos básicos. Além disso, a experiência de uma sessão de pôster viabiliza discussões pelas explicações dos estudiosos. As chaves para se produzir um pôster eficaz é a legibilidade e o apelo visual. Um pôster deve ser agradável aos olhos; logo, para estudos empíricos, sugere-se dividir o pôster em cinco seções: resumo, método, dados, resultados e conclusões; para artigos teóricos ou filosóficos, é necessário preparar o como se fosse um conjunto de *slides* de PowerPoint – num "enorme" *slide*. Assim, em relação ao visual, sugere-se:

- os recursos visuais e textos do pôsteres devem chamar atenção dos leitores e estimular sua curiosidade;
- o pôster precisa ser cativante para os observadores em potencial e estimular perguntas e discussões sobre o conteúdo apresentado;
- o cartaz deve ser fácil de ler – o tamanho da fonte utilizada no texto não deve ser inferior a 16 pontos, e os títulos, bem como o nome dos autores, devem ter tamanho de fonte superior; os visitantes devem ser capazes de ler a maior parte do texto a uma distância entre 1 m e 1,5 m;
- os pôsteres devem ser ricos em informações visuais e gráficas; contudo, convém ressaltar que cartazes com uma quantidade muito grande de texto não são visualmente atraentes para os observadores, sendo geralmente evitados pelo público.

Importante!

Os participantes de sessões de pôsteres têm acesso a dezenas de cartazes. Por isso, o pesquisador que se utiliza desse recurso deve ter como objetivo se fazer lembrado, transformando o pôster em um trampolim para discussões individuais sobre o projeto e/ou seu resultado.

O cartaz deve conter informações suficientes para estimular uma pessoa informada e interessada a continuar a discussão da pesquisa além da sessão de pôster. Essa conversa contínua pode assumir várias formas: o leitor pode pedir um rascunho do relatório escrito, fazer perguntas de acompanhamento ou se corresponder com o pesquisador sobre as descobertas após a conferência. Para tanto, o estudioso deve dispor prontamente de informações de contato em um cartão de visita e em um rascunho por escrito de seu relatório de pesquisa, que pode ser distribuído às pessoas que solicitarem informações adicionais.

5.4 Artigos de periódicos

Ao decidir publicar seu estudo, o pesquisador deve escolher o periódico para o qual enviará o manuscrito que descreve seu estudo. Levando em consideração que o campo científico em que trabalha pode contar com dezenas, às vezes centenas de periódicos, e que o processo de aceitação do artigo pode levar meses, até mais de um ano, para ser aceito, o estudioso deve avaliar cuidadosamente o meio mais apropriado para a divulgação de sua pesquisa. Nesse contexto, é importante que o investigador envie seu manuscrito para apenas uma revista por vez e aguardar a decisão final de publicação de um periódico para só então submeter o manuscrito a outra revista se necessário.

Uma vez decidido o periódico, o manuscrito deve ser preparado de acordo com o estilo e os requisitos de formatação da revista escolhida. Tais parâmetros variam significativamente de editora para editora, e é de extrema importância respeitá-los. Nesse contexto, o editor do periódico envia o manuscrito para alguns pareceristas que analisam o material e fazem recomendações de publicação quando necessário. De modo geral, são duas as categorias de consultores dessa natureza: (1) editores consultores, que revisam os manuscritos do periódico regularmente; (2) editores *ad hoc*, que revisam os manuscritos do periódico com menos frequência, normalmente conforme a necessidade, sendo geralmente selecionados em razão de seu conhecimento e sua experiência na área do estudo.

Os pareceristas avaliam estudos de pesquisa com base em sua substância, metodologia, potencial de contribuição para o campo de estudo contemplado, entre outras considerações relacionadas à qualidade geral do estudo de pesquisa e do manuscrito que o acompanha. Em posse da avaliação dos consultores, o editor do periódico toma uma decisão final de publicação em relação ao manuscrito analisado.

Ainda em relação à submissão dos manuscritos e sua avaliação por parte dos pareceristas e dos periódicos escolhidos por parte dos estudiosos, os artigos podem ser classificados das seguintes maneiras:

- **Aceito**: mediante revisão feita pelo autor, especificada pelos revisores do periódico. Raramente um manuscrito é aceito para publicação conforme submetido (ou seja, sem revisões), e há artigos que, ainda que sejam aceitos, podem exigir várias rodadas de revisões antes de finalmente serem publicados.
- **Rejeitado**: o autor não é convidado a revisar e reenviar o manuscrito para análise posterior da publicação. Os artigos podem ser rejeitados por muitas razões, incluindo falhas de *design*, tema de baixa relevância, escrita inadequada ou incompatibilidade com a linha editorial escolhida.
- **Rejeitado-reenviado**: a despeito da rejeição, o autor é convidado a revisar e reenviar o manuscrito para consideração futura de publicação. Nesse caso, as revisões exigidas são geralmente extensas e não há garantia de que o manuscrito será publicado, mesmo que todas as revisões especificadas sejam feitas.

Nesse panorama, há dois aspectos referentes ao processo de publicação que podem ser particularmente difíceis para pesquisadores inexperientes e, até mesmo, os mais experientes:

1. O processo de revisão por pares é muitas vezes lento – uma vez que um manuscrito é submetido a um periódico, vários meses podem se passar até que uma decisão de publicação seja tomada. Se houver a condição de revisões extensas para a publicação, o tempo de espera pode ser ainda maior. Mesmo depois de um periódico decidir publicar o manuscrito, a publicação de fato pode levar até mais de um ano. Um grande problema dessa dinâmica é a desatualização, ou mesmo obsolescência, das informações do texto.
2. A avaliação, a crítica e, na maioria das vezes, a rejeição de um texto não são fáceis para um pesquisador, que empreende um investimento pesado de energia, tempo e dinheiro em um estudo de pesquisa. Algumas das revistas profissionais de maior prestígio têm taxas de rejeição de mais de 90%, o que significa que aceitam para publicar aproximadamente um manuscrito a cada 10 submetidos (Yamashita, 2022).

De qualquer modo, para evitar os inconvenientes anteriormente elencados, o pesquisador deve se utilizar de um *checklist* que lhe permita se certificar de que seu artigo está apto a apresentações e publicações. Vejamos a seguir como essa lista funciona.

5.4 Lista de verificação de conceitos e considerações relacionadas à pesquisa

A verificação dos principais conceitos e considerações relacionados à pesquisa, embora não possa contemplar todos os fatores concebíveis que os pesquisadores devem levar em conta em seu trabalho de escrita, serve para que os pesquisadores avaliar os elementos necessários para a condução de um estudo de pesquisa que tenha alto potencial de publicação. Entre esses elementos, podemos citar os seguintes:

1. Obediência ao método científico, que separa a ciência da não ciência; graças a sua ênfase em resultados observáveis, ela auxilia os pesquisadores a chegarem a conclusões válidas e cientificamente defensáveis.
2. Respeito aos objetivos da pesquisa científica, que são descrever, prever e compreender ou explicar atividades que ajudam o pesquisador a atingir os objetivos gerais da ciência, ou seja, responder perguntas e adquirir novos conhecimentos.
3. Cuidado com o tópico de pesquisa. Em primeiro lugar, porque uma pergunta de pesquisa deve ser respondida por meio dos métodos científicos disponíveis – se uma pergunta não pode ser respondida, ela não pode ser investigada com base na ciência. Em segundo lugar, porque é importante que o estudioso verifique se a pergunta que conduz seu trabalho já não foi definitivamente respondida, o que pressupõe uma revisão completa da literatura.
4. Utilização de definições operacionais, que esclarecem precisamente o objeto de estudo no contexto de determinada pesquisa. Entre outros recursos, esses conceitos reduzem confusões e permitem a replicação dos resultados.

5. Articulação de hipóteses falseáveis e preditivas – afinal, cada conjectura deve ser passível de refutação com base nos resultados do estudo – associada a uma previsão testada empiricamente pela coleta e análise de dados.
6. Variáveis fundamentadas e derivadas da questão da pesquisa e de suas hipóteses.
7. Seleção aleatória, sempre que possível, das seguintes situações: a) escolher uma amostra de participantes da pesquisa da população de interesse, o que garante que a amostra seja representativa da população da qual foi retirada; b) escolher participantes de um grupo inscrito em um estudo, procedimento confiável para produzir grupos equivalentes por distribuir uniformemente as características da amostra entre todos os grupos do trabalho. Ajuda o pesquisador a isolar os efeitos da variável independente, garantindo que as variáveis incômodas não interfiram na interpretação dos resultados da investigação.
8. Consciência das considerações multiculturais e dos efeitos que as diferenças culturais podem ter sobre a questão da pesquisa e seu respectivo *design*. Para certos tipos de pesquisa, como a baseada em tratamento, é importante determinar se a intervenção em estudo tem efeitos semelhantes em ambos os sexos e em diversos grupos.
9. Escolha de estratégias de medição confiáveis, válidas e consistentes.
10. Utilização de projetos experimentais rigorosos, fundamentados em um verdadeiro desenho experimental. Apenas um projeto experimental verdadeiro, envolvendo atribuição aleatória a grupos experimentais e de controle, permite aos pesquisadores fazer inferências causais válidas sobre

a relação entre as variáveis. Como nem sempre é possível ou viável utilizar tal recurso, o adequado é que se utilize o projeto mais rigoroso possível em cada situação.
11. Garantia da validade interna, externa, de construto e estatística do estudo, o que maximiza a probabilidade de inferências válidas.
12. Cuidado com a análise e interpretação dos dados, que aumenta a capacidade dos pesquisadores de extraírem inferências válidas do estudo.
13. Ênfase na ética e nos direitos dos participantes do estudo.
14. Divulgação dos resultados das pesquisas. Os pesquisadores devem procurar compartilhar os resultados de suas pesquisas com a comunidade científica.

Importante!

Antes de enviar um manuscrito a uma revista/periódico específico, o pesquisador deve ler várias edições recentes do periódico escolhido para se certificar de que é se trata da revista adequada para o seu artigo. É importante que o estudioso determine se a revista conta com relatórios de pesquisa, incluindo relatórios sobre seu tópico geral, e observe o estilo de redação típico do jornal, para utilizar um estilo semelhante em qualquer manuscrito que enviar; além disso, é adequado que o estudioso busque *feedback* crítico de outros especialistas sobre seu manuscrito, inclusive de profissionais que publicaram no dito periódico ou em revistas similares, e se utilizem das sugestões do parecerista para revisar e melhorar seus escritos.

5.5 Compartilhando autoria

Seja na apresentação de um artigo em uma conferência, seja na submissão de um manuscrito a um periódico de pesquisa, é importante determinar se o documento correlato terá um único autor ou se terá autoria compartilhada entre dois ou mais indivíduos.

> **Exemplificando**
>
> Ao apresentar ou publicar relatórios fundamentados em trabalhos de conclusão de curso, os alunos muitas vezes compartilham a autoria com seus orientadores principais e talvez com um ou dois outros membros do corpo docente também.

Por regra, indivíduos que trazem contribuições intelectuais significativas para o trabalho devem compartilhar sua autoria, mediante a autorização daquele que terá seu nome incluído, se assim o desejar. Normalmente, os estudiosos ativamente envolvidos na conceituação, *design*, execução e/ou análise aprofundada do projeto de pesquisa são considerados coautores. Os autores múltiplos geralmente são listados em uma ordem que indica primeiramente os indivíduos fizeram as contribuições mais substanciais e, por último, o orientador do trabalho.

> **Importante!**
>
> Envolvidos na pesquisa que auxiliam nas atividades de coleta de dados, codificação, programação de computador, análises estatísticas simples, digitação ou edição menor – mas que não contribuíram intelectualmente para o trabalho – geralmente não são incluídos na autoria, tampouco os profissionais que revisaram um artigo ou manuscrito e deram suas sugestões sobre como

> o(s) autor(es) podem melhorá-lo. Essas contribuições menores são mais apropriadamente reconhecidas em uma nota de rodapé ou nota final.

Compartilhar a autoria com outros especialistas que contribuem para um projeto de pesquisa e listar os coautores em uma ordem que reconheça suas colaborações é uma demonstração ética de reconhecimento do que de fato ocorreu durante todo o processo de produção desse documento. Os pesquisadores não apenas devem ser honestos com seus colegas sobre o que realizaram e o que descobriram, mas também sobre aqueles que o ajudaram em seus esforços de pesquisa.

5.6 Respondendo às críticas dos revisores

É muito raro que um manuscrito recém-enviado a um periódico seja aceito de imediato pela editora escolhida. De maneira geral, ou o artigo é prontamente recusado, ou é aceito com recomendações que, se forem seguidas ou justificadas, permitem que o texto seja incluído no fluxo editorial ensejado. Muitos manuscritos são rejeitados por boas razões. Em alguns casos, editores de periódicos simplesmente não têm espaço para todos os bons projetos de pesquisa que chegam às suas mãos ou têm de atender demandas de impressão para anos à frente, como ocorre nas maiores e mais conceituadas revistas científicas.

Normalmente, os editores de periódicos têm um ou mais profissionais em campo revisando as submissões de vários manuscritos. Um tipo de revisão muito comum é o de por pares cegos: nele, os manuscritos sem identificação são enviados a dois ou mais revisores que emitem seus pareceres (processo cuja conclusão pode levar meses), que podem ser positivos, com recomendações ou de absoluta rejeição.

Após as correções solicitadas devidamente aplicadas ao texto, pode-se reenviar o manuscrito para o periódico escolhido ou até mesmo para outra(s) editora(s).

Bons pesquisadores usam críticas negativas de maneira construtiva, examinando-as atentamente em busca de modos para melhorar seus relatórios. O importante é perseverar na divulgação do trabalho científico para um público tão amplo quanto possível.

6

Aspectos práticos
instrumentais
da redação de
pesquisa científica

Até poucas décadas atrás, vivíamos em um mundo ao mesmo tempo digital e físico – precisávamos de mídias graváveis e máquinas para fazer inúmeros tipos de trabalhos e registros. Precisávamos ir a bibliotecas físicas e, mesmo que localizássemos o livro na base de dados digital da instituição, era preciso ir até a prateleira e abrir o compêndio para lê-lo; caso quiséssemos acessar o conteúdo da obra em outras mídias em determinado momento, era preciso guardar o arquivo de trabalho "dentro" de um computador ou em outros recursos, tais como *pen drives*, CDs ou mesmo HDs externos. Precisávamos ter à disposição em nossos computadores de programas para editar textos, manipular números em grandes quantidades (dados) e imprimir apresentações, todos associados a equipamentos analógicos ou mecânicos. Na atualidade, grande parte dessas ferramentas encontram-se no que conhecemos como "nuvem". Cada estudante tinha seu computador pessoal; hoje, um simples celular permite o rápido envio de qualquer conteúdo (*e-mail*, arquivos de texto, mensagens instantâneas, imagens) a qualquer lugar do mundo, viabilizando a comunicação com tudo e com todos. Tudo que fazíamos estava ao nosso alcance para manusear, tocar, controlar e guardar fisicamente. Hoje, muito do que vemos não pode ser tocado e fisicamente localizado – tudo está em algum lugar do espaço virtual, numa "nuvem" qualquer. No mundo atual da pesquisa, (in)felizmente quase todas as informações estão dispostas no universo virtual, com exceção dos cada vez mais parcos dados impressos em suportes físicos.

Portanto, na atualidade é normal verificarmos virtualmente desde a pesquisa em bases de dados *on-line* até a apresentação do trabalho acadêmico, passando pela edição de texto, pelo tratamento dos dados coletados até chegarmos às apresentações de trabalhos em grupos virtuais.

Com base nesse contexto, este capítulo tem como objetivo instrumentalizar o estudante quanto à pesquisa digital, ao processamento de informações coletadas, ao processo de digitação, ao tratamento de dados e à apresentação de um trabalho acadêmico. Além disso, esta parte do livro trata com maior profundidade dos programas específicos e do acesso a plataformas de vários tipos de dados e informações – sejam pagas, sejam gratuitas – necessários a esse empreendimento.

6.1 Exemplos de *sites* de pesquisa científica[1]

Inúmeras são as bases virtuais disponíveis para a pesquisa científica. Contudo, a utilização eficiente de tais plataformas requer o domínio de certas habilidades: ainda que sejam intuitivos, esses *sites* exigem que o pesquisador saiba onde e como procurar o que precisa, haja vista que, apesar da comodidade oferecida

---

1 Informações complementares a esta seção podem ser encontradas na Seção 3.3 desta obra, intitulada "Definições operacionais", cujo tema é o processo de pesquisa propriamente dito, no qual tratamos da pesquisa *on-line*.

pela internet, o trabalho de pesquisa *on-line* pode ser bastante lento e improdutivo, tendo-se em vista a enorme quantidade de informações e estudos a serem filtrados. Entre as bases mais conhecidas no âmbito científico, podemos citar a plataforma da Scielo (Scientific Electronic Library Online) e a National Library of Medicine (ou simplesmente PubMed).

Também podemos indicar o Google Scholar[2] (no Brasil, Google Acadêmico), plataforma bastante conhecida mundialmente. Por fazer parte do mecanismo de pesquisa mais usado no mundo todo, o Google, utilizá-la é muito simples, pois basta digitar o que se deseja (termos, palavras-chave ou *keywords*) e a plataforma listará uma infinidade de *links*, referências e informações cruzadas a respeito do(s) termo(s) procurado(s).

A plataforma Scielo, por sua vez, é utilizada com muita frequência nas pesquisas nacionais e nos estudos empreendidos por pesquisadores da América Latina por indexar bibliotecas e base de dados de todo o continente. Essa plataforma permite pesquisas especializadas: por periódico (revista) científico, por temática ou pela definição operacional da pesquisa no campo de procura. Contudo, o *site* lista somente estudos publicados e que foram nele indexados.

No que se refere a plataformas estrangeiras de pesquisa científica, o PubMed (National Center for Biotechnology Information ou U.S. National Library of Medicine) é um dos melhores *sites* da área por indexar em sua plataforma as grandes revistas científicas em âmbito mundial e por permitir o acesso a milhões de publicações extremamente conceituadas e publicadas em periódicos de grande projeção. A grande maioria dos artigos são livremente acessados;

---

2 Disponível em: <https://pt.wikipedia.org/wiki/Google_Scholar>. Acesso em: 13 abr. 2023.

há, por sua vez, aqueles que exigem *login* de assinante; nesses casos, o *download* do artigo na íntegra é pago, ao passo que os resumos (quando há) normalmente são gratuitos.

Em ambas as plataformas, se for o caso, é possível usar o próprio *browser* para tradução *on-line* (como no Google Chrome) ou copiar parte do texto e transferi-lo para outro tipo de tradutor.

> **Importante!**
>
> Lembramos que o interesse pelo resumo de um artigo é um excelente indicador de que o estudo pode ajudar na pesquisa de outros pesquisadores, independentemente da etapa em que estiver.

Caso queira efetuar o *download* do artigo, de modo geral o estudioso deve localizar um botão ou *link* que permite baixar o documento em diferentes formatos, como o PDF. Todavia, muitas vezes o *link* para *download* do texto pode direcionar o leitor para o *site* do periódico correspondente, que exige *login* (que pode ser via universidade credenciada) e eventualmente precifica o acesso à pesquisa, por não haver sua distribuição livre. Nesse caso, o leitor só tem acesso ao resumo (*abstract*).

6.2 Como armazenar a pesquisa

O armazenamento virtual de trabalhos acadêmicos de pesquisa exige cuidado e atenção, bem como organização. Hoje é possível salvar seus arquivos em inúmeros lugares. Contudo, de modo geral, os pesquisadores reúnem os textos de seus estudos das seguintes maneiras:

- **Por meio de dispositivos pessoais**: desde computadores de mesa ou portáteis (*notebook* ou *netbook*), passando por dispositivos como um *pendrives*, até discos rígidos (HDs, do inglês "*hard disks*"), que podem ser fixos no computador ou móveis (conhecidos como *discos de backup*), entre outros recursos.
- **Por meio de dispositivos virtuais**: desde plataformas de *e-mail* como Gmail e Hotmail – que, apesar de não serem próprias para armazenamento, são uma opção para transporte ou plataformas específicas localizadas na "nuvem", permitindo acesso de qualquer lugar onde haja conectividade da internet e por qualquer pessoa logada a uma conta pessoal – até provedores como GoogleDrive, OneDrive, Mega e DropBox[3].

> **Saiba mais**
>
> Caso queira se inteirar do funcionamento da armazenagem na nuvem, acesse o seguinte texto:
> COSTA, M. B. O que é armazenamento em nuvem e como funciona. **CanalTech**, 30 jul. 2020. Disponível em: <https://canaltech.com.br/internet/armazenamento-em-nuvem-o-que-e/>. Acesso em: 4 ago. 2023.

Mediante tantas opções, qual seria a melhor? De acordo com o *site* Segurança Eletrônica (Armazenamento..., 2017),

---

[3] Disponível em: <https://www.dropbox.com/pt_BR/business/resources/storage-devices>. Acesso em: 13 abr. 2023.

A escolha por um tipo de armazenamento, seja físico ou em nuvem, vai depender da necessidade de cada projeto. Se a necessidade for compartilhamento e acesso fáceis das informações, talvez a nuvem seja a opção. Agora se quem estrutura o projeto de segurança precisa de uma configuração mais robusta, e caixa para investir, um servidor pode fazer mais sentido.

De qualquer modo, é importante, sempre que possível, optar pelos dois recursos. Portanto, criar um *backup* de todos os dados e do texto da pesquisa ainda é a melhor alternativa para que não haja perturbações de segurança no decorrer do estudo, pois, uma vez perdida, a pesquisa está perdida para sempre.

Com a opção de armazenamento escolhida, é importante determinar como os arquivos serão guardados. Nesse momento, deve-se criar uma área específica e reservada somente para a pesquisa, adequadamente dividida por fases e tópicos do estudo que posteriormente "se transformem" na chamada "versão final" do texto.

Esses procedimentos são importantes porque os arquivos de trabalho podem ficar muito extensos, dificultando sua localização e manipulação. Além disso, deve-se salvar o arquivo com o dia de trabalho no arquivo (por exemplo: Introdução + data – Intro_22out –; no dia seguinte; fazer o mesmo – Intro_23out). Uma ideia que foi desconsiderada em determinado dia pode ser reutilizada em outro, e a normatização anteriormente sugerida dos arquivos auxilia a encontrar esses trechos de texto.

No que se refere ao armazenamento de arquivos baixados, há um grande problema: a cada *download*, o arquivo baixado recebe automaticamente um novo nome. Nesse ponto, por uma questão de organização, é conveniente renomeá-los da seguinte maneira:

> Abreviatura do nome do periódico seguido do volume, número e páginas (inicial e final) de publicação.
>
> Por exemplo: artigo publicado na *Revista Brasileira de Medicina do Esporte*, volume 5, número 2, página inicial 70 e final 75 – RevBrasMedEspv5n2p70-75.pdf ou RBMEv5n2p70-75.pdf ("pdf" se essa for a extensão a ser mantida).

Após o *download* de dezenas ou centenas de arquivos nas pastas de arquivos designadas para o trabalho de pesquisa, é difícil se localizar qualquer arquivo rapidamente. A notação anteriormente indicada evita esse problema.

Na sequência, passaremos aos programas necessários para a produção do texto do projeto propriamente dito, seja no que se refere à reunião e organização de dados, seja quanto à redação do estudo.

6.3 Microsoft Office®

O Microsoft Office[4] é o pacote de aplicativos utilizados em ambientes profissionais e acadêmicos desenvolvido pela Microsoft®. Os *softwares* mais comuns da plataforma são o Word®, o Excel® e o PowerPoint® – respectivamente, editores de texto, planilhas de dados e apresentações em formato de *slides*. Todos os programas dispõem de uma interface intuitiva, compatível tanto com o sistema operacional Windows quanto com o Mac (pacote MacOS).

Apesar de cada programa do pacote Microsoft Office®[5] ter uma finalidade determinada, a operacionalização das ferramentas parte

---

[4] Disponível em: <https://pt.wikipedia.org/wiki/Microsoft_Office>. Acesso em: 13 abr. 2023.

[5] Já há uma versão *on-line* desse pacote em: <https://www.microsoft.com/pt-br/microsoft-365>. Os menus são diferentes e há funções adicionais, mas a operacionalização é a mesma.

dos mesmos princípios e da mesma filosofia, ou seja, cada recurso conta com uma barra de menu visível, na qual podemos encontrar os menus *Arquivo*, *Página Inicial* e *Inserir*.

O menu *Arquivo* conta com as mesmas funcionalidades (ou quase todas) em todos os programas anteriormente citados. Os recursos do menu *Inserir*, por sua vez, se diferenciam significativamente de um programa para outro, tendo em vista as especificidades dessas ferramentas. Já os últimos menus – *Revisão*, *Exibir* e *Ajuda* – são semelhantes nos três programas, sendo normalmente visíveis desde a instalação das ferramentas. Todos esses recursos são personalizáveis.

Logo abaixo da barra de menus, tem-se a faixa de opções, que consiste em um conjunto ou grupo de ícones (atalhos) cujas funcionalidades são associadas aos menus principais (p. ex.: no Word®, no menu *Inserir*, podem-se observar os grupos "Páginas", "Tabelas" e "Ilustrações", entre outros; no Excel®, o mesmo menu dispõe das opções "Tabelas", "Suplementos" e "Gráficos", entre outros; no PowerPoint®, o menu disponibiliza os recursos "Slides", "Tabelas", "Imagens" e "Ilustrações", entre outros.

Na sequência, trataremos das principais características e aplicações das ferramentas do Pacote Microsoft Office®.

6.3.1 **Microsoft Office Word®**

Esse programa é extremamente útil para a edição e digitação de informações e textos relacionados a um trabalho a ser entregue.

A redação de um texto científico depende, como demonstraremos nas seções a seguir, de um grupo de recursos da seção "Estilo" na barra de menu *Página Inicial*, cujas opções permitem que o redator economize tempo nos ajustes de número de páginas dos itens do índice/sumário. Muitos estudantes, justamente por não dominarem esse poderoso recurso, acabam por pecar num fundamento muito importante da metodologia do trabalho científico, que consiste na hierarquização das seções e subseções dos temas tratados no estudo.

> **Importante!**
>
> A edição de um trabalho acadêmico científico é diretamente influenciada pelas normas adotadas pela instituição de ensino em que o estudo é empreendido. Cada curso/faculdade/universidade adota um conjunto de referências que vão determinar cada detalhe desse processo. Tais normas se baseiam nos tradicionais parâmetros da Associação Brasileira de Normas Técnicas (ABNT), em manuais de edição das instituições ou mesmo em obras de metodologia de pesquisa do curso em questão.
>
> Com base nisso, é possível afirmar que existe uma norma para formatação de trabalhos científicos "mais correta"? Sim e não. "Certa" é a normalização que a instituição em que o estudante está inserido adota; por outro lado, ainda que o pesquisador deva respeitar rigorosamente as determinações de metodologia científica do professor-orientador ou curso, tais critérios podem ser revistos quando necessário, a depender das circunstâncias.

6.3.1.1 Formatação de páginas

Antes de iniciar a edição/formatação/digitação de qualquer texto/trabalho no Word®, é importante que o estudante ajuste as margens, os parágrafos e os espaçamentos a serem adotados no texto por meio dos recursos disponibilizados no menu *Layout*, mais especificamente nas opções "Configurar página" e "Parágrafo" (obedecendo, obviamente, às normativas relacionadas adotadas pela instituição).

O próximo passo, como mostraremos a seguir, consiste em aplicar no texto as corretas subdivisões de títulos ou, como indicado no Word®, aplicar os estilos adequados a cada seção e subseção do estudo.

6.3.1.2 Aplicação de estilos: títulos e subtítulos automáticos

A maioria dos trabalhos acadêmicos conta com as seguintes seções:

- Introdução (que pode ser subdividida em Justificativa, Objetivo geral e Objetivos específicos);
- Revisão de literatura ou "Estado da arte";
- Metodologia de pesquisa (que pode ser desmembrada em Amostra, Protocolo adotado, Coleta, Tratamento dos dados, entre outras divisões);
- Apresentação dos resultados;
- Discussão sobre o tema;
- Conclusão, que pode (ou não) incluir considerações pessoais;
- Referências/referencial;
- Apêndices/Anexos.

Determinadas essas partes do texto, o redator pode aplicar os estilos disponíveis no programa, pois essa função normaliza grupos de texto (p. ex.: no "grupo" *Metodologia de pesquisa* podem estar contidos os seguintes subtópicos/subtítulos: Amostra, Protocolo adotado, Coleta e tratamento dos dados, entre outros).

Exemplificando

As seções Introdução, Revisão de literatura, Metodologia de pesquisa, Resultados, Discussão, Referências e Anexos/Apêndices podem ser indicados com o estilo "Título 1". Logo, as seções Justificativa, Objetivo geral, Amostragem, Coleta de dados e

Tratamento de dados podem ser indicados com o estilo "Título 2"; por fim, as seções Objetivos específicos e Procedimentos estatísticos podem ter o estilo "Título 3". Ao se posicionar o cursor na linha desejada ou título escolhido e clicar no respectivo estilo, o elemento é automaticamente formatado conforme o estilo pretendido.

6.3.1.2.1 Sumário automático

Após o processo de digitação/edição do texto ser finalizado, grande parte dos trabalhos de conclusão de curso (TCCs) e de outras produções textuais acadêmicas exige a elaboração de índices/sumários, atividade que é vista como muito complexa por boa parte dos estudantes. Contudo, se os estilos disponibilizados pelo Word® forem aplicados corretamente, os índices/sumários são gerados automaticamente, sem maiores problemas.

Vale lembrar que o índice/sumário automático inserido antes da consolidação da versão final de um texto acadêmico deve ser atualizado quando da conclusão dessa produção, pois a paginação do arquivo correspondente pode facilmente mudar com a edição do trabalho, razão pela qual o acadêmico deve saber utilizar os estilos automáticos do Word® e gerar índices/sumários automaticamente.

Indicação cultural

Para maiores informações sobre a elaboração de sumários de acordo com os parâmetros da ABNT, acesse o seguinte *link*:

ABNT – Associação Brasileira de Normas Técnicas. **NBR 6027**: Informação e Documentação – Sumário – Apresentação. maio 2003. Disponível em: <https://arquivos.info.ufrn.br/arquivos/201217724681f092705070edeef8a06d/NBR_6027_Sumario_apresentacao.pdf>. Acesso em: 8 ago. 2023.

Vejamos a seguir os procedimentos necessários para a automatização de um sumário no programa Word®.

Como fazer sumário no Word:

1. Selecione o título dos capítulos e aplique o estilo "Título 1", na aba "Página inicial". Faça o mesmo com os subtítulos, se houver;

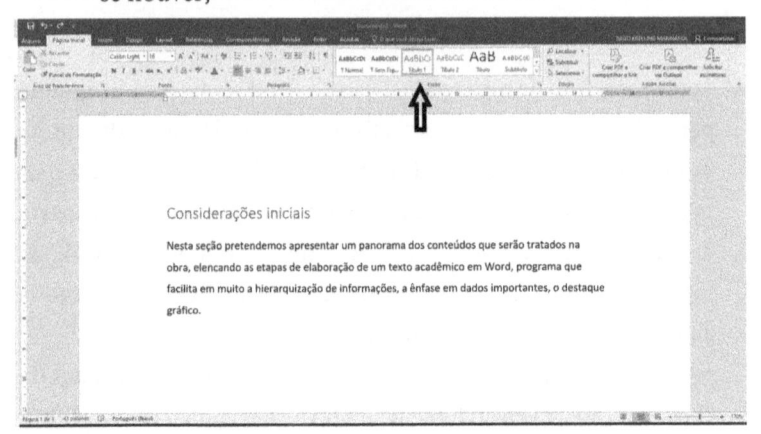

2. Após configurar todos os títulos e subtítulos do seu trabalho, posicione o cursor de texto no local desejado para o sumário. Feito isso, acesse a aba "Referências", selecione "Sumário" e adicione um sumário automático.

Como formatar o sumário:

1. Segundo as normas da ABNT, o título do sumário deve ser em caixa-alta, centralizado, em negrito e ter fonte Arial ou Times New Roman, tamanho 14, com espaçamento entre linhas de 1,5. Para realizar a formatação, basta selecionar a palavra "Sumário" e pressionar os botões indicados na imagem;

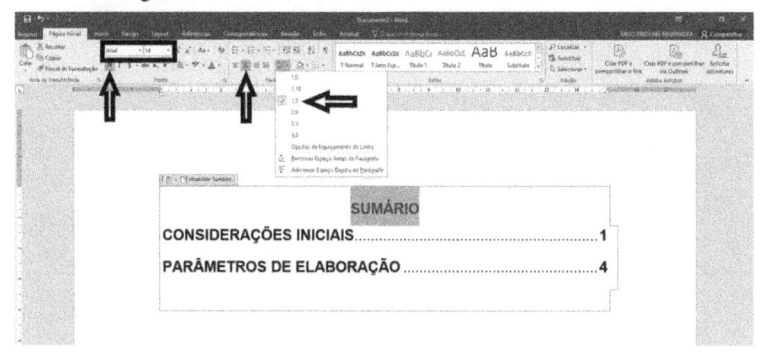

2. Já o conteúdo do sumário deve estar em fonte Arial tamanho 12 com espaçamento entre linhas de 1,5. As demais formatações são importadas automaticamente dos títulos do seu trabalho. Por isso, ele deve estar formatado nas normas da ABNT.

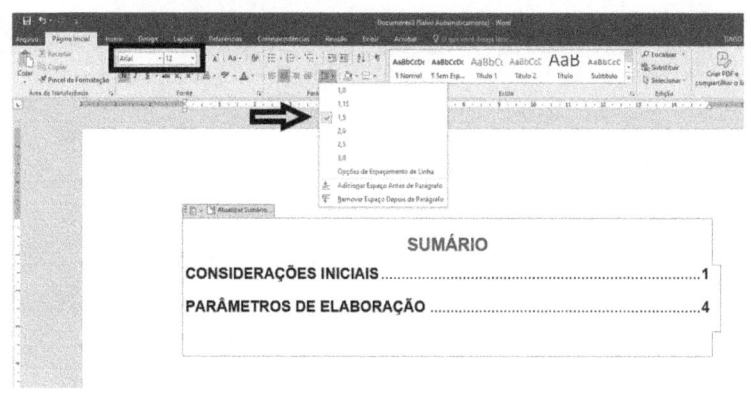

Como atualizar o sumário:
1. Posteriormente, caso tenha adicionado um novo tópico ao seu trabalho ou alterado algum título, basta assinalar a opção "Atualizar Sumário...", na aba "Referências";

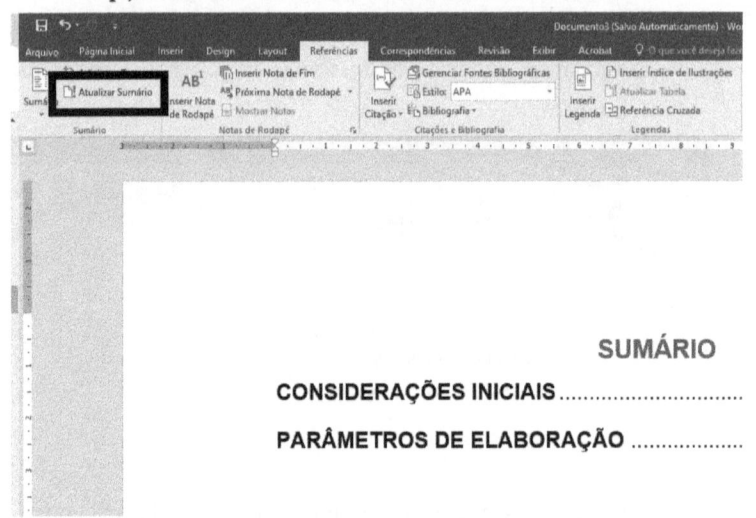

2. Selecione se deseja apenas atualizar [...] o número das páginas ou todo o índice, que inclui novas entradas, atualização dos títulos existentes e número da página. Por fim, pressione "OK".

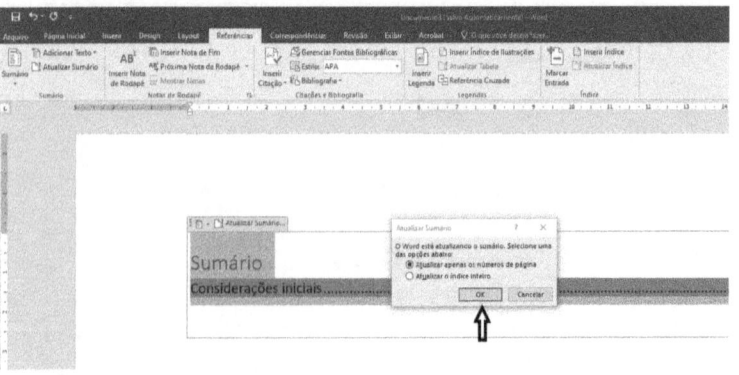

Fonte: Beggiora, 2019.

6.3.1.3 Inserção e formatação de objetos

A inserção de fotos, gráficos, tabelas, quadros desenhos, entre outras ilustrações, no corpo de texto do trabalho acadêmico é um recurso frequentemente utilizado para enriquecer e dinamizar a produção textual científica. Tal inclusão deve ser feita em pontos precisos do texto e precisa ser acompanhada das devidas justificativas (p. ex.: "a Figura 8, a seguir, trata de um exercício com bola feito durante pesquisa..."; "a Tabela 2 apresenta os valores descritivos das amostras estudadas...") e, de modo geral, as respectivas fontes e, dependendo do caso (p. ex.: fotos e imagens de bancos), os devidos créditos.

A inserção de imagens e o trabalho com ilustrações no Word® são atividades relativamente simples. A cópia e a colagem de diferentes tipos de imagens e textos podem ser realizadas por meio de comandos consideravelmente simples, tais como Ctrl+C e Ctrl+V ou Inserir > Ilustrações > Imagens. No caso da inclusão de tabelas ao texto, as ilustrações podem ser inseridas no próprio programa, por meio da opção Inserir > Tabela ou pela anexação de arquivo formulado no Microsoft Excel®. Gráficos, por sua vez, podem ser elaborados no Excel® ou no Microsoft PowerPoint® e inseridos no Word® como imagem editável ou *print* (imagem de qualquer outro programa ou área da tela de trabalho).

6.3.2 Microsoft Office Excel®

A coleta de dados e o subsequente tratamento dessas informações são pontos fundamentais do processo de pesquisa. Contudo, é muito comum a invalidação de ótimas ideias de pesquisa em razão da ausência de uma variável, da notação incorreta de um item ou da pobreza de detalhes sobre determinada constante. Portanto, a fase de reunião de dados – principalmente na pesquisa quantitativa – é de suma importância; nesse contexto, a fase de "criação e desenvolvimento" do formulário de coleta é tão ou mais importante que a própria atividade de coleta de informações.

Desde a fase de concepção do projeto de pesquisa, a criação de uma planilha ou formulário que atenda às necessidades de uma boa coleta de dados exige um profundo conhecimento dos procedimentos metodológicos adotados no estudo, bem como uma visão de futuro sobre o que será feito com os dados coletados na fase de apresentação de resultados e posterior etapa de discussão.

> **Exemplificando**
>
> Um pesquisador empreende um estudo sobre determinado indicador socioeconômico e sua relação com o nível acadêmico dos integrantes de uma coletividade, por domicílio e renda, de certa região. Antes da coleta de dados, o estudioso "esquece" de inserir a variável "renda" no formulário destinado ao público-alvo analisado. A ausência desse critério pode facilmente invalidar o estudo, demandar retrabalho, comprometer o cronograma da pesquisa, aumentar os custos com coleta de dados etc.

Portanto, o fator *planejamento* é fundamental para a coleta de dados. Nesse contexto, uma planilha de dados elaborada adequadamente é essencial, considerando-se que ela deve dar origem a um banco de dados consolidado. O Excel® é uma ferramenta extremamente útil para a criação das duas planilhas necessárias para a atividade de coleta de informações: uma que servirá de formulário e outra que será utilizada para a armazenagem dos dados dele extraídos.

Importante!

É possível coletar dados brutos que podem ser imediatamente convertidos em novas varáveis ou novos dados específicos pela planilha do Excel®. Por exemplo: a idade decimal de uma pessoa, que só pode ser calculada com base em sua data de nascimento, poupa o indivíduo do constrangimento de ter de dizer sua idade – se o participante nasceu em outubro e a coleta do estudo do qual está participando é no mês de agosto, ele está muito mais próximo da idade que fará do que daquela que tem; contudo, ele normalmente dirá a idade completa na coleta.

No caso de estudos com crianças, a idade de 7 anos e 10 meses é muito mais próxima a 8 anos do que dos 7 anos completos. Assim, a Figura 6.1 apresenta uma planilha que adota a fórmula da idade decimal (AVALIAÇÃO – NASCIMENTO) / 365,25, na célula E6. Para ilustrar a utilidade desse recurso, pense no seguinte exemplo: uma pessoa que nasceu no dia 24 de outubro do ano de 1974 teria, no dia 27 de setembro de 2021, 17.140 dias ou 46,93 anos de idade. Esse exemplo demonstra que, com base na data de nascimento, é possível calcular a idade com exatidão diretamente na planilha de digitação de dados, que é diferente da planilha de banco de dados (Figura 6.2).

Além disso, a planilha da Figura 6.1 pode ser usada em diferentes formas, impressa, sendo preenchida manualmente (não aconselhável, pois o pesquisador perde o resultado *on-time*), ou diretamente, por meio digital em *desktops, notebooks, tablets, smartphones* etc. e em seguida descarregada na planilha que aglutinará toda a coleta e se transformará num bando de dados.

Metodologia de pesquisa científica:
fundamentos, princípios e processos

Figura 6.1 – Exemplo de planilha para coleta de dados

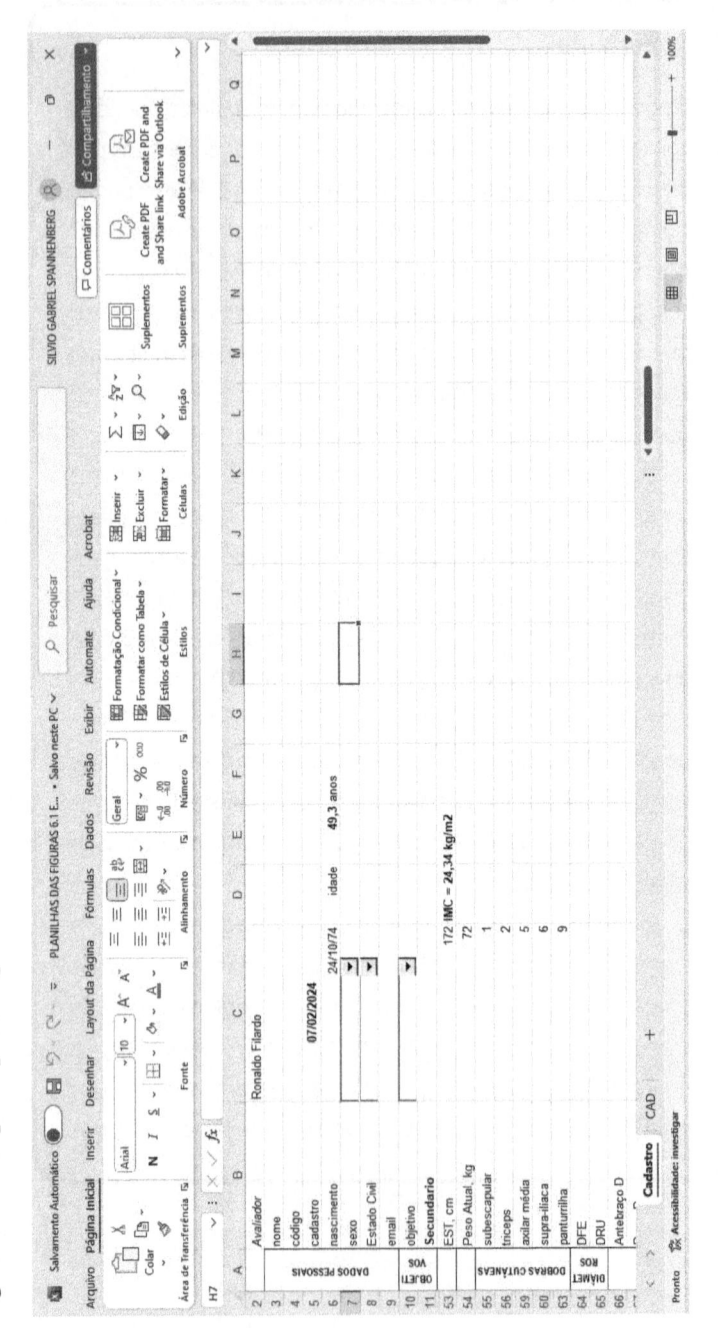

Figura 6.2 – Exemplo de planilha de bancos de dados originada com base na planilha de coleta de dados na Figura 6.1

Avaliador	nome	código	cadastro	nascimento	sexo	ESTCIV	Estado Civil	mail	objetivo	Secundário	EST	MC	Peso Atual	SE	TR
	DADOS PESSOAIS													DOBRAS CUTÂNEAS	
												171	75	1	2

	DADOS PESSOAIS								OBJETIVOS					DOBRAS CUTÂNEAS	
Avaliador	nome	código	cadastro	nascimento	sexo	ESTCIV	Estado Civil	mail	objetivo	Secundário	EST	MC	Peso Atual	SE subescapular	TR tríceps
AV1	Criança, d/ sei. Prot. Obeso, mas usa IMC	1	08/06/2004	24-mai-90	masculino		solteiro		Reduzir gordura	Região Abr	182,00		72,00		
AV2	Criança, soma Dc igual a zero, usa IMC	2	08/06/2004	24/07/1994	masculino		solteiro		Reduzir gordura	Fortale	174,00		102,00		
AV3	Criança usando %G	3	08/06/2004	25/07/1994	feminino		viúvo		Aumentar Mass	Alongamer	157,00		60,00		13,00
AV1	Homem por perímetros (Tran & Weltman)	5	09/06/2004	24/04/1959	masculino		solteiro		Reduzir gordura	corpora	166,00		109,00	12,00	
AV2	Homem por DC (Petroski, 1995)	6	09/06/2004	25/04/1958	masculino		solteiro		Aumentar Mass	Com ênfas	161,00		58,50	19,70	27,20
AV3	m c/ prot. Obeso sel. Mas soma PER=0, us	7	14/06/2004	26/04/1957	masculino		solteiro		Reduzir gordura	corpora	177,50		90,00	34,00	15,00
AV4	Homem com soma DC=0, usa IMC	8	14/06/2004	27/04/1960	masculino		solteiro		Reduzir gordura	Reduzu d	152,00		57,00		
AV1	Mulher por perímetros (Tran & Weltman)	9	14/06/2004	28/04/1970	feminino		solteiro		Aumentar Mass	Com ênfas	169,00		61,50		
AV2	Mulher por DC (Petroski, 1995)	10	14/06/2004	29/04/1971	feminino		solteiro		Reduzir gordura	Com ênfas	152,00		55,50	19,70	27,20
AV3	r c/ prot. Obeso sel. Mas soma PER=0, us	11	14/06/2004	30/04/1972	feminino		solteiro		Aumentar Mass	Com ênfas	156,00		47,00	34,00	15,00
AV4	Mulher com soma DC=0, usa IMC	12	14/06/2004	01/05/1973	feminino		casado		Aumentar Mass	Com ênfas	173,00		59,00		
AV1	or perímetros (Tran & Weltman), mas son	13	14/06/2004	28/04/1970	feminino		solteiro		Aumentar Mass	Com ênfas	169,00		61,50		
AV2	am por DC (Petroski, 1995), mas d' soma l	14	09/06/2004	25/04/1958	masculino		solteiro		Aumentar Mass	Com ênfas	161,00		58,50	19,70	27,20
PT		0	6/3/09	4/3/68	masculino		casado		Reduzir gordura		0	168	90	42,5	15,8
PT		0	10/3/09	14/4/66	masculino		casado		Melhorar Aptid		0	162	64,5	12,1	6,2
PT		0	12/3/09	25/2/40	masculino		casado		Melhorar Aptid		0	175	72,5	36	23,4
PT		0	9/6/09	7/1/60	masculino		solteiro		Fortalecimento		0	187	100	24,3	11,2
PT		0	19/6/09	17/10/61	feminino		casado		Reduzir gordura		0	165	50,5	7,4	16

Ronaldo Domingues Filardo

6.3.2.1 **Referências absolutas e relativas**

No Excel®, toda e qualquer célula, a qualquer momento e por qualquer valor, pode se tornar uma variável, até mesmo um valor fixo como sexo (1 para mulheres e 2 para homens), que pode determinar, por exemplo, uma fórmula ou valor de referência a ser utilizado.

> **Exemplificando**
>
> No caso apresentado a seguir (Figura 6.3) podem ser observados vários conceitos utilizados no Excel® – referências (B2 na célula C2), C1 e A1 na fórmula em D1, soma de valores em A3 e soma de variáveis em B3. Dominar tais conceitos torna a vida do estudante muito mais fácil e dinâmica, pois confere à planilha inteligência, ou seja, capacidade de tomar decisões automaticamente. O resultado da célula B3 depende exclusivamente do conteúdo de B1 e B2, o que, para o Excel®, não importa; a classificação em D1 depende de duas variáveis – C1 e A1 –; contudo, C1 depende de B1; assim, com o uso de referências e fórmulas, é possível criar estruturar cada vez mais complexas que podem gerar resultados mais refinados e precisos para a pesquisa científica.

Figura 6.3 – Planilha intitulada "Plan1"

	A	B	C	D
1	2	2	=SE(B1=1;"fem";"masc")	=SE(E(C1="fem";A1<1);"Classificada";"Fora")
2	4	4	=4*B2	
3	2+4	B1+B2		

6.3.2.2 **Interligações entre pastas/planilhas**

Outra vantagem do Excel® é a possibilidade de vincular planilhas dentro de um mesmo arquivo ou até mesmo estabelecer ligações com outros arquivos. Isso pode ocorrer se a pesquisa for feita em duas ou mais etapas ou, ainda, se os dados coletados estiverem em uma planilha e os critérios adotados, em outra. Nesse caso, toda alteração na primeira planilha afetará a outra, e vice-versa, dependendo do nível de vínculos e dos *links* estabelecidos. Por exemplo, na Figura 6.4, em C2, a função SOMA "vai buscar" a matriz (intervalo) a ser somada na planilha nomeada como "Plan1"

Figura 6.4 – Planilha intitulada "Plan2"

	A	B	C	D
1	Plan1!A1	5	=SE(B1<4;"calouro";"veterano")	
2	5	7	=soma(Plan1!A2:B2)*(SE(C1="calouro";1;2))	
3	2+5	Soma(B1:B2)		
4	1,85		SE(E(A4<1,4;A4>2,2);"erro";"correto")	

6.3.2.2 Funções do Excel®

As funções do Excel® são capazes de realizar, rapidamente e sem a menor chance de erro, o serviço de várias pessoas, bem como tomar decisões e até mesmo notificar casos específicos ou erros. Toda função precisa que sua estrutura seja respeitada, portanto toda função deve ser iniciada com o sinal de igual (=), seu nome e um conjunto de parênteses que a inicia e termina – dentro desses parênteses devem ser inseridos argumentos separados por ponto-e-vírgula (;). Com a falta de qualquer um desses elementos, o Excel® denuncia erro ou sugere correção (observe no exemplo da Figura 6.4 o uso de funções na célula B3 – a simples função SOMA foi usada como um critério de intervalo que deseja ser somado na C1 com a função SE pura e nas C2 e C4 a função SE de forma mais complexa).

6.3.2.2.1 Função SE

O Excel® pode marcar automaticamente uma célula que tenha um resultado fora do intervalo permitido. Por exemplo, a estatura de um homem saudável adulto encontra-se entre 1,6 m e 2,0 m; logo, se ocorrer um erro numa digitação relacionada a esses dados, o programa pode notificar a incorreção. Basta que o pesquisador "solicite" esse aviso por meio de instruções inseridas por uma função. Ainda na Figura 6.4, a célula C4 terá o resultado "correto", pois o valor de 1,85 está dentro do critério informado. Além disso, é possível atender a dois critérios por meio do condicionante "E", como na célula C4 da ilustração citada, entre tantos outros exemplos.

6.3.2.2.2 Função PROCV

Funções de procura são muito utilizadas em banco de dados, pois poupam trabalho e eventualmente reduzem o tamanho da planilha de retorno e de coleta. Esses recursos são usados para a localização de registros, retorno de respostas e classificação de resultados.

> **Exemplificando**
>
> Imagine que você precisa localizar o registro "MARIA" e seu respectivo número telefônico em determinada lista de telefones. O nome procurado se encontra na célula B5; na coluna D5, por sua vez, consta a informação desejada, ou o resultado igual a 66666-5555. Nesse contexto, a instrução da fórmula PROCV exige um critério de busca, um local (intervalo) de busca e um critério a ser retornado (coluna desejada). Em nosso exemplo, a localização do número telefônico da Maria na coluna resultaria na fórmula PROCV ("Maria";B1:D5;3), na qual "Maria" corresponde ao valor de uma celular qualquer, "B1:D5" diz respeito ao intervalo a ser procurado e "3" refere-se ao número da coluna no qual se encontra o resultado esperado a partir da coluna base – nesse caso, a coluna B.

Figura 6.5 – Exemplo do uso da função PROCV

	A	B	C	D
1	REG	NOME	SEXO	FONE
2	1	Pedro	2	99999-8888
3	2	João	2	88888-7777
4	3	Mateus	2	77777-6666
5	4	Maria	1	66666-5555

6.3.2.2.3 **Função CONT.SE**

Para estudiosos e demais profissionais que trabalham com dados, é muito comum a contagem de frequência de determinada resposta ou certo fenômeno.

> **Exemplificando**
>
> Pensemos em determinada faixa salarial utilizada em uma amostragem qualquer. Nesse caso, avalia-se a relação entre certo número de domicílios e as seguintes faixas de renda: até 1 (um) salário mínimo; entre 1 e 2 salários; outros valores determinados pelo pesquisador.
>
> Para a criação da respectiva planilha, basta que o estudioso aplique uma fórmula simples de divisão das rendas relatadas por parte dos entrevistados pelo valor referência de salário utilizado, cujo resultado será um número entre 0 e infinito. Para estabelecer a relação apresentada no capítulo anterior, o pesquisador deve utilizar a função CONT.SE em qualquer lugar da planilha (o recurso pode até mesmo montar automaticamente uma tabela de frequência dessa resposta).
>
> Para tornar a determinação das variáveis e seus respectivos percentuais mais rápida e precisa, o estudioso pode acrescentar a variável SEXO. A função CONT.SE usa dois critérios: intervalo de dados e critérios, ou seja, CONT.SE(intervalo;criterios). Nesse caso, =CONT.SE(C2:C5;2) teria como resultado o valor 3.

6.3.2.3 Estatística básica com Excel®

O tema *estatística* ainda é, de longe, o mais temido para grande parte dos acadêmicos e pesquisadores por não ter vínculo direto com o universo estudado em grande parte das pesquisas. Logo, no momento de "gerar" estatísticas relacionadas aos seus estudos, muitos investigadores precisam contratar um estatístico. Todavia, grande parte das pesquisas de graduação tratam de conceitos de estatística básica que raramente vão além de medidas de dispersão ou distribuição.

Grande parte das chamadas ***medidas de dispersão*** ou ***distribuição*** fazem parte do cotidiano das pessoas, mesmo que em muitas situações não sejam percebidas. No âmbito acadêmico, um exemplo clássico é o cálculo da média final para aprovação em determinada matéria ou curso.

Grande parte dos alunos de graduação realizam estudos descritivos ou comparativos com base em tais medidas; portanto, saber interpretar dados estatísticos torna os resultados de um estudo ainda mais interessantes. É importante destacar que, além de ser uma ferramenta poderosa para o tratamento dos dados coletados, o Microsoft Excel® também é muito útil para a geração de estatísticas confiáveis, pois, com base em simples funções, os estudiosos podem traçar um perfil ou um comparativo ou mesmo analisar como se distribuem dados de determinada amostra. Nesse contexto, vejamos a seguir outras medidas estatísticas muito comuns em pesquisa científica.

A **média** é a razão do somatório de valores de uma variável dividido pelo número de casos/indivíduos somados. Por exemplo, a média anual de salário de um trabalhador nada mais é que o somatório de todos os salários recebidos ao longo de um ano dividido por 12 (número de meses no ano), valor que pode não existir e, muitas vezes, gerar confusão ou engano se os dados tiverem uma distribuição muito assimétrica.

Outra expressão adotada com muita frequência é a **moda**, que é o aumento de frequência de determinado fenômeno. Por exemplo, a moda relativa à nota de uma turma em determinada disciplina é 8,5, pois, entre todas as notas atingidas, esse é o valor que mais se repete, podendo ser bem distinta da média.

A **mediana** representa o valor mais central, quando os valores de uma amostra em questão apresentam-se em ordem crescente, ou a média dos dois números mais centrais, como a seguir: a) n = 5, dados: 1,2,3,7,9, mediana = 3, b) n = 6, dados: 1,2,3,6,7,9, mediana = 4,5 ou média entre 3 e 6 e c) n = 8, dados: 1,2,3,5,5,7,9,9, mediana = 5 ou média entre 5 e 5. Se os dois valores centrais forem próximos e os demais, muito dispersos, também pode haver confusões.

O **desvio-padrão**, outra medida muito importante, representa a distribuição dos casos/indivíduos em torno da média ou o quanto a amostra está dispersa.

Exemplificando

Imagine um torneio de lutadores profissionais de categoria cujos limites de peso corporal giram em torno de 80 kg e 90 kg. Nesse contexto, os atletas/lutadores têm o peso corporal muito próximo ou com uma amplitude de no máximo 10 kg, pois qualquer atleta que não atenda a esses critérios está proibido de fazer parte dessa categoria. Daí vem a noção de dispersão: num torneio no qual a idade é o critério para aceite, o peso corporal seria bem mais disperso. Portanto, após a pesagem dos atletas do torneio, temos, numa hipótese de 100 atletas, um peso médio de 87,5 kg e um desvio-padrão de 1 kg (87,5 ±1 kg), ou seja, a expressiva maioria dos participantes pesando entre 86,5 kg e 88,5 kg, ao passo que os demais atletas teriam valores menores ou maiores que esse intervalo, mas todos entre 80 kg e 90 kg. O sinal que representa o desvio-padrão é o de mais ou menos (±).

Pensemos em outro exemplo. Numa amostra com mulheres entre 18 e 93,3 anos de idade (média 51,5 ± 14,07 anos de idade), o valor do colesterol médio foi de 200,88±42,96 mg/dl. Quanto à dispersão, quase 70% da amostra apresenta valores de colesterol entre 157,92 (200,88 − 42,96) e 243,84 (200,88 + 42,96) mg/dl (o restante da amostra conta com valores menores ou maiores que essa faixa). Considerando que o valor "referencial" seja 200 mg/dl, é possível inferir e relatar uma série de informações somente com os valores de dispersão ou distribuição, bem como prosseguir com outras análises estatísticas (p. ex.: aproximadamente 50% das integrantes da amostra têm colesterol acima do valor referencial).

Além da dispersão em formato de valores, a medida também pode ser apresentada por meio da **tabela de frequência** (representado por f), que consiste nas representações numéricas absoluta (em número de casos) ou relativa (representado por %f). No exemplo da Figura 6.6, a seguir, foram usados como indicadores de limites para a frequência os valores do desvio-padrão (o que é possível com qualquer valor).

Ao considerar que os valores de referência para o colesterol total sejam menores que 200 mg/dl, entre 200 mg/dl e 240 mg/dl e maior que 240 mg/dl, respectivamente como ideal, superior e indesejado, teríamos na amostra estudada (n = 3540) a seguinte distribuição: abaixo de 200 igual a 1.883 (53,19%); 200-240 igual a 1.064 (30,06%) e superior a 240 igual a 593 (16,75%). Quando se analisa essa amostra, pode-se inferir que 83,25% (53,19 + 30,06, ou frequência acumulada) tem valores entre as classificações *ideal* e *superior*; por outro lado, 46,81% (30,06 + 16,75) apresentam valores entre as classificações *superior* e *indesejado*.

Assim, uma simples tabela com poucas linhas permite ao pesquisador direcionar os resultados para a hipótese elaborada, responder o objetivo e concluir a pesquisa. Na Figura 6.6, duas medidas mais básicas de dispersão (média e desvio-padrão) foram utilizadas, indicando algumas frequências.

Figura 6.6 – Exemplo de tabela de frequência[1]

	valor (mg/dl)	s	f	%f	%a 1s	%a 2s	%a 3s	%a 4s
mínimo	54	4x	1	0,03%				
	72,00	3x	29	0,82%				
	114,96	2x	487	13,76%				
	157,92	1x	1368	38,64%				
x	200,88				70,23%	95,83%	99,29%	100%
	243,84	1y	1118	31,58%				
	286,80	2y	423	11,95%				
	329,76	3y	90	2,54%				
máximo	462,1	4y	24	0,68%				

Nota: [1] x = média, s = desvio-padrão, %f = percentual de frequência e %a = frequência acumulada

6.3.4 Microsoft Office PowerPoint®

A preparação de apresentações dotadas de visuais sofisticados e de aparência profissional é uma atividade relativamente fácil graças ao Microsoft PowerPoint®. Esse *software* permite criar uma ampla variedade de recursos imagéticos atraentes (denominados *slides*) que incluem listas com marcadores, tabelas e gráficos.

A ferramenta também possibilita incorporar fotografias, documentos digitalizados e vídeos a uma apresentação. Se o estudioso estiver apresentando um artigo, ele pode simplesmente conectar, por exemplo, um *notebook* a um projetor de imagens ou mesmo uma TV conectada ao computador para apresentar projeções de *slides* sucessivos.

6.3.4.1 Diretrizes para apresentações em PowerPoint®[6]

Nas seções a seguir, trataremos de especificidades e recursos que fazem do PowerPoint® uma poderosa ferramenta de edição de *slides* destinados a apresentações de trabalhos acadêmicos de pesquisa.

Uma produção de *slides* eficiente no PowerPoint® demanda o uso do chamado *slide-mestre*, por meio do qual o elaborador da apresentação pode efetuar a uniformização, padronização e elaboração de elementos estilísticos relacionados à fonte utilizada e ao arranjo textual do *slide* (espaçamento, alinhamento, plano de fundo, numeração automática etc.). Feito esse processo, todos os demais *slides* seguirão o mesmo padrão, fator que contribui para a harmonia e agilidade da produção como um todo.

O *slide-mestre* pode ter o seguinte arranjo na estrutura da apresentação: *slide-mestre* de capa, ou *slide* de apresentação, e *slides* seguintes. Nesse caso, esse arranjo pode ser estendido a outras apresentações, criando um padrão personalizado e rapidamente verificável.

No PowerPoint®, esse recurso pode ser concebido por meio dos seguintes comandos do programa, apresentados nas Figuras 6.7 e 6.8:

---

[6] O conteúdo desta seção e de suas respectivas subseções foi elaborado com base em Silva (2020).

Figura 6.7 – Elaboração do recurso slide-mestre (1)

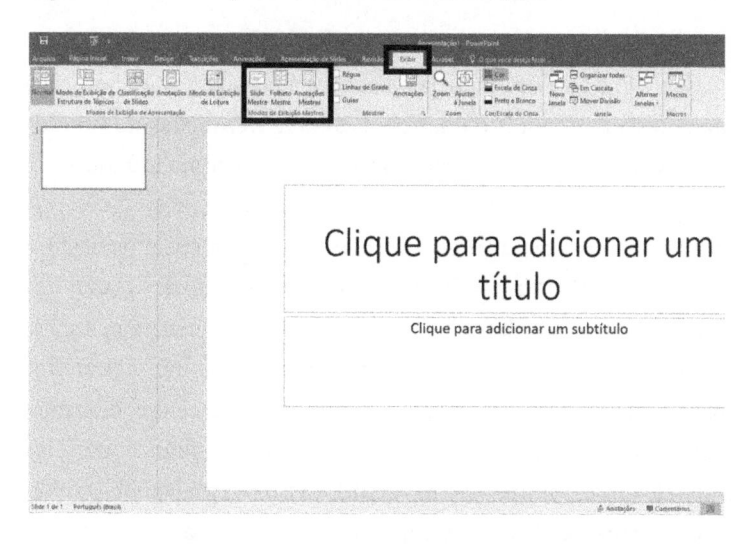

Figura 6.8 – Elaboração do recurso slide-mestre (2)

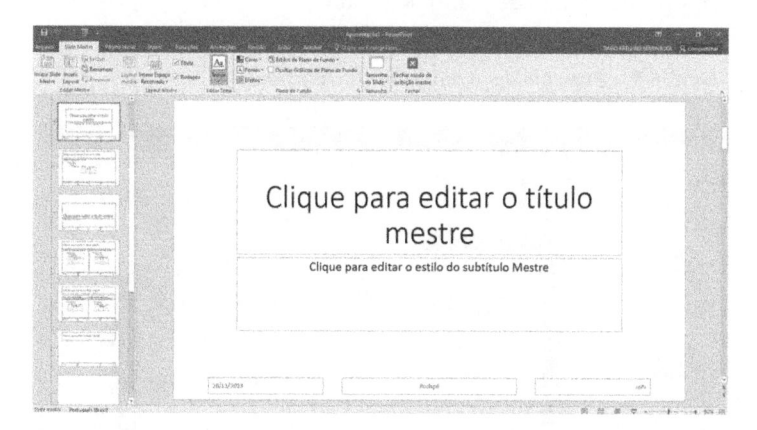

A configuração do *slide*-mestre deve considerar três aspectos importantes de qualquer *slide*, como demonstraremos a seguir.

6.3.4.1.1 Elementos do *slide*

Inicialmente, temos o **plano de fundo, ou *blackground***. É interessante que esse detalhe seja resolvido já no início da elaboração da apresentação, pois mudanças dessa natureza feitas no fim do processo podem atrasar a produção dos slides como um todo.

A padronização desse fator já no *slide*-mestre transmite ao público uma sensação de organização e estruturação bem planejada da apresentação. Muitas são as opções de produção dos planos de fundo: o próprio elaborador pode, por exemplo, criar seu padrão, bem como acessar modelos gratuitos e pagos na internet; neste último contexto, é importante tomar cuidado para escolher modelos que sejam adequados para o ambiente acadêmico, ou seja, modelos mais "limpos", sem recursos visuais (grafismos, cores) excessivamente chamativos, que desviem a atenção dos espectadores do conteúdo tratado no *slide*. Nesse sentido, vejamos um exemplo adequado de plano de fundo.

Figura 6.9 – Exemplo de plano de fundo adequado

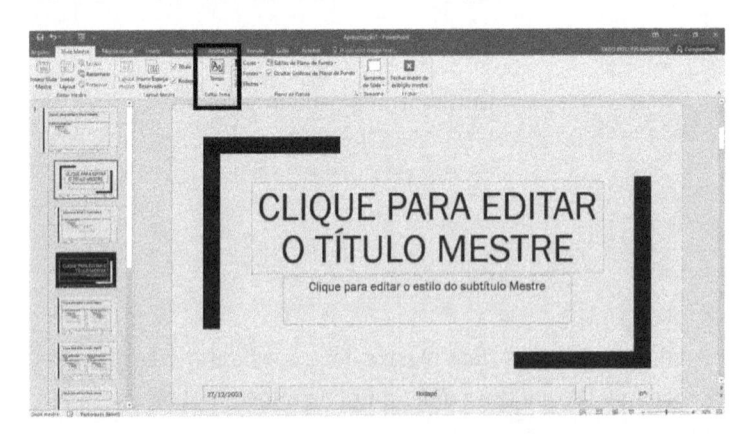

A Figura 6.9 mostra uma combinação de objetividade e sobriedade capaz de chamar a atenção para as informações do *slide* de modo eficiente. As linhas centralizam os dados inseridos sem apelar para formas ou cores chamativas. Além disso, o fundo claro facilita a visualização da projeção, vantagem importante para apresentações em ambientes pequenos.

> **Importante!**
>
> O fundo escuro, popularmente excluído da produção de slides, tem uma função que muitos não percebem: prescindir de outros destaques visuais, tendo em vista que o próprio fundo é um destaque eficaz por si só.

Já no que se refere ao uso de texturas, tal opção de recurso visual é sistematicamente evitada, pois ela inevitavelmente interfere na leitura, tal como no caso de uso de marcas d'água (exceção feita ao ambiente corporativo, em que o recurso é aplicado no logotipo da organização).

6.3.4.1.2 **Fonte**

O estilo de fonte dos *slides* tem de priorizar dois aspectos fundamentais: a legibilidade e a leiturabilidade:

> *O substantivo leiturabilidade consagrou-se como termo equivalente ao inglês* readability, *para designar o grau em que o aspecto gráfico global de um texto facilita ou dificulta a sua leitura e a apreensão da sua mensagem. Sobre este assunto, observa o consultor Paulo Barata o seguinte: "na língua em ato, em concreto no socioleto da tipografia, estão já consagrados os termos legibilidade e leiturabilidade, independentemente da maior ou menor correção da formação do segundo. A legibilidade refere-se ao desenho individual das letras e à capacidade de o leitor as distinguir umas das outras; e a leiturabilidade refere-se à forma como as letras se comportam num texto e à capacidade de o*

leitor as percecionar em conjunto, na relação que estabelecem umas com as outras. Reduzindo muito, legibilidade distingue/lê letras, leiturabilidade distingue/lê palavras". (Faria, 2009)

Portanto, o texto deve não só ser agradável aos olhos do público, mas também gerar uma identificação imediata do que está escrito, facilitando a leitura. Obviamente, para que tais efeitos sejam obtidos, toda a relação de *slides* deve ser composta pelo mesmo estilo de fonte, que pode ser serifada, como nos casos das seguintes fontes (amplamente utilizadas para textos acadêmicos – teses, dissertações, artigos etc.):

- Times New Roman;
- Garamond;
- Georgia;
- Century;
- Courier New.

Ou sem serifa (também chamadas de *sans-serif*), como nos exemplos a seguir (muitos usadas em apresentações por tornarem a visualização de textos mais simplificada):

- Arial;
- Calibri;
- Tahoma;
- Verdana.

Na sequência, apresentamos dois exemplos de *slides* para demonstrar a diferença entre um com serifa e outro sem serifa, bem como a pertinência da escolha deste último estilo para a leiturabilidade e legibilidade dos *slides*:

Figura 6.10 – Slide serifado

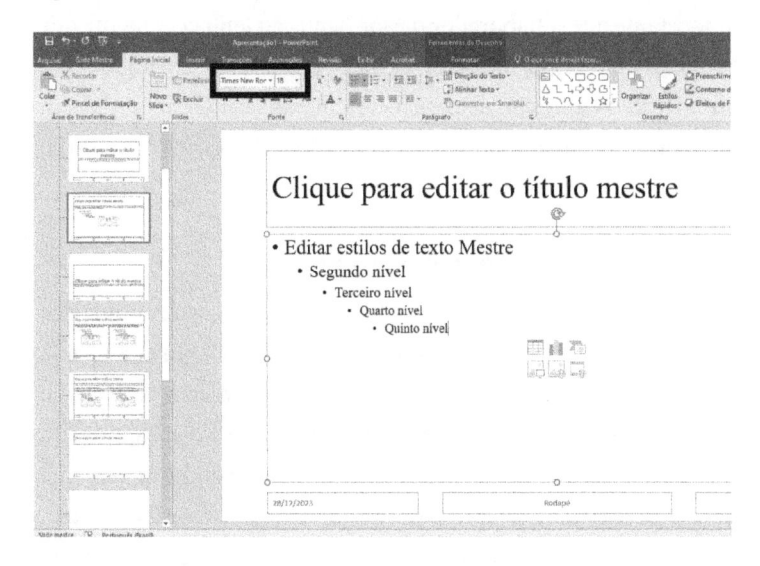

Figura 6.11 – Slide sem serifa

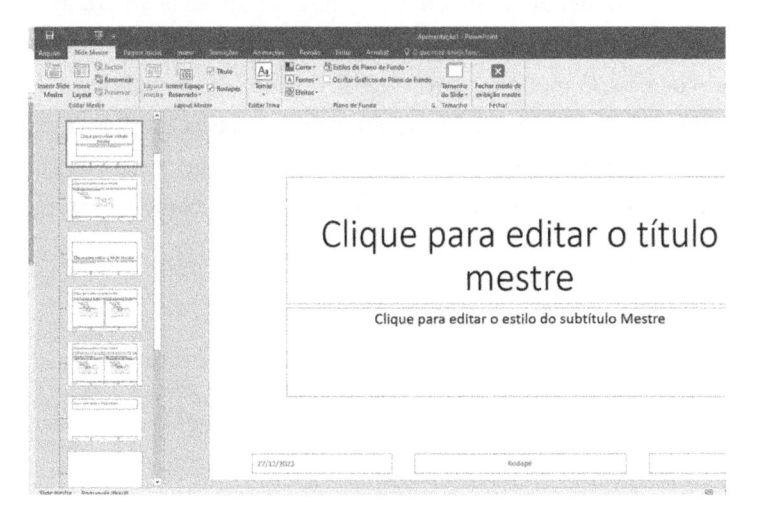

Ainda no que concerne à escolha da fonte para o *slide*-mestre, é importante que o elaborador da apresentação tenha em mente que a opção por fontes muito específicas pode ser problemática no momento da apresentação, principalmente se o computador em que será inserido o arquivo da exposição não contar com o estilo de fonte em questão entre seus arquivos.

6.3.4.1.3 Numeração automática de *slides*

A numeração de *slides* tem uma função dupla: como no caso dos sumários em materiais escritos, esse recurso viabiliza a rápida navegabilidade pelo conteúdo da apresentação; além disso, ajuda o apresentador a ter uma noção do tempo que tem à disposição para a sua preleção: se, no decorrer da exposição, o estudioso perceber pela numeração que a apresentação não avançou, ele sabe que tem de ser mais objetivo; caso contrário, tem a noção que deve se ater com mais profundidade em certos tópicos.

Essa ferramenta, de modo geral, deve ser aplicada ao arquivo automaticamente no *slide*-mestre, que transmitirá a numeração aos demais. O modo de apresentação de numeração mais usual é o do tipo "X/Y", em que "X" apresenta o *slide* atual, ao passo que "Y" indica o total de *slides*. No caso do PowerPoint®, é necessário inserir esses dados manualmente no slide-mestre, como na Figura 6.12, a seguir.

Figura 6.12 – Numeração de slides no Microsoft PowerPoint®

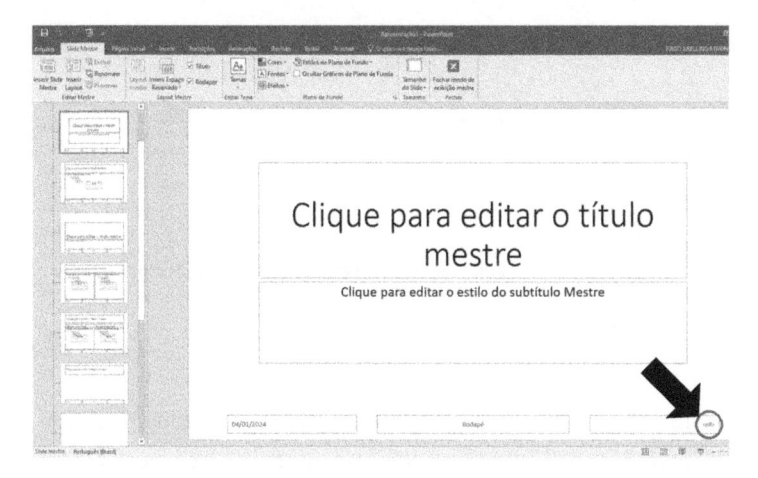

É importante destacar que, caso haja algum acréscimo de *slides* no arquivo definitivo, tal informação tem de ser atualizada no *slide*-mestre, lembrando que a fonte usada para indicar a numeração deve ser a mesma do texto como um todo.

6.3.4.1.4 *Slide* de apresentação

Também denominado capa, esse *slide* tem de, ao mesmo tempo, ser aprazível, organizado e impactante. Composto por um cabeçalho da instituição em que o estudo foi empreendido, o título da pesquisa, o nome do estudante (eventualmente, inclui os nomes do orientador e do coorientador), a data da apresentação e da cidade em que ocorre o evento.

Figura 6.13 – Slide de apresentação

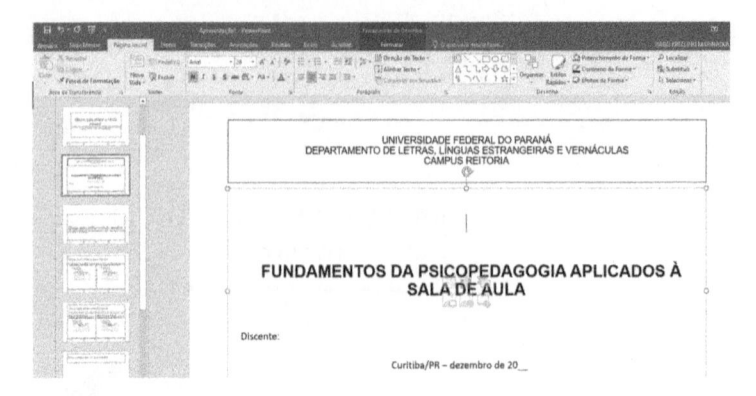

É importante observar que, se o cabeçalho contar com o logotipo da instituição, o alinhamento do texto deve ser **à esquerda**, para criar uma ideia de unidade entre as informações visuais como um todo. Do contrário, o conteúdo pode ser centralizado. É interessante que o *slide* de apresentação seja o mais "limpo" possível, ou seja, não deve apresentar quaisquer outras informações que não digam respeito aos dados gerais da apresentação. Informações relacionadas ao roteiro da exposição, por exemplo, poluem o *slide*, tornando-o confuso. Esses dados devem constar em *slide* individual.

A seguir, apresentamos algumas informações importantes (Silva, 2020, p. 52-53):

- Recomendamos o título do trabalho em maiúsculas e negrito. No caso de o título ocupar mais de três linhas sugerimos a escrita normal da língua portuguesa, ou seja, apenas a primeira letra maiúscula e as demais minúsculas.
- A contagem dos slides da apresentação, para efeito de numeração, começa a partir do primeiro, mas este jamais será numerado.
- Nas situações em que aparece a identificação do orientador, o nome do aluno vem sempre acima. Lembre-se:

o trabalho foi executado pelo aluno sob a orientação do professor.
- Segundo o novo Acordo Ortográfico da Língua Portuguesa, a escrita correta é coorientador e não mais co-orientador.
- A redução da palavra Professor é apenas Prof. e não Prof.º. Para Professora, existe alguma controvérsia. Encontramos algumas citações e recomendações em manuais de redação disponíveis na rede como: Prof.ª., Profª, Prof.ª e Profa. No entanto, segundo o Vocabulário Ortográfico da Língua Portuguesa (VOLP)[6], a forma correta é Prof.ª ou prof.ª. Já para a palavra Doutora: D.ra, Dr.a e Dra. Portanto, para citar uma professora doutora, recomendamos usar a redução Prof.ª Dra. Contudo, a mais amplamente utilizada no meio acadêmico é: Profa. Dra., embora essa opção não conste no VOLP.
- Na escrita da data, os nomes dos meses devem ser escritos em minúscula. Por exemplo, o correto é maio e não Maio. Já na língua inglesa, esses precisam ser sempre escritos iniciando em maiúsculas: *May*, e não *may*.
- Em alguns modelos disponibilizados ao alunado como roteiro, os professores colocam a palavra Aluno(a). Na elaboração final do trabalho, o discente repete a estrutura e acaba, muitas vezes, sendo motivo de chacota: «Professor, ele deixou assim porque tem dúvidas sobre a sua identidade de gênero». Não entrando na discussão de designação de gênero, é oportuno explicitar apenas a opção: Aluno, Aluna ou mesmo usar uma palavra mais neutra como discente. Alguns chegam a usar graduando.

---

6 Disponível em: <https://www.academia.org.br/nossa-lingua/busca-no-vocabulario>. Acesso em: 30 jan. 2024.

Lembrando que a fonte utilizada para o *slide* foi Arial e que é apropriada a padronização da fonte utilizada nessa parte da produção.

6.3.4.1.5 **Roteiro de apresentação**

Citado na seção anterior, o *slide* de apresentação tem a função de apresentar, de modo objetivo e incisivo, os focos de interesse da exposição. Além disso, esse *slide* dita, por meio das determinações do *slide*-mestre, todo o padrão visual dos demais *slides* do trabalho apresentado, desde o *background* até a fonte utilizada nos textos.

De modo geral, sua estrutura é disposta da seguinte maneira:

1. Introdução;
2. Revisão de literatura;
3. Material e métodos;
4. Análise de resultados;
5. Conclusão.

Figura 6.14 – Slide de roteiro de apresentação

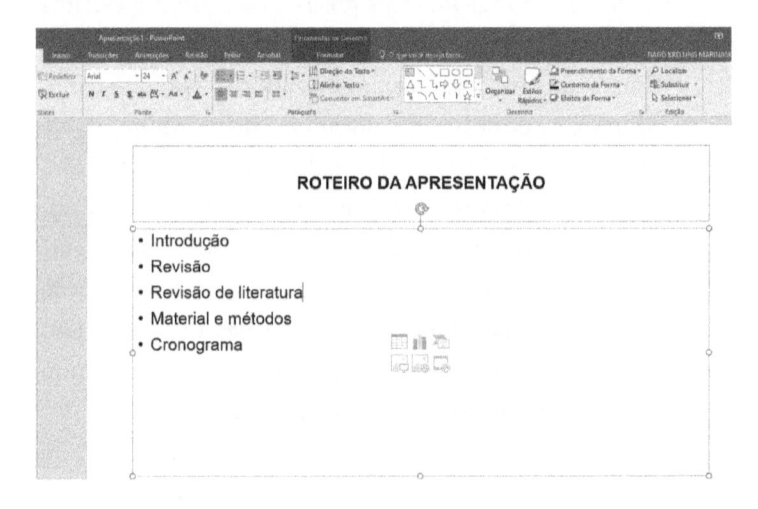

Esse arranjo é compartilhado nas produções acadêmicas em geral (TCCs, dissertações e teses), e seu respectivo conteúdo deve ser apresentado em um só *slide*.

A seguir, elencamos algumas sugestões para a composição desse *slide* (Silva, 2020, p. 60-61):

- A partir do *slide* de roteiro, obrigatoriamente, a numeração deverá aparecer em todos os *slides*, ou seja, esse *slide* corresponderá ao número 2. Lembre-se de que o primeiro, o *slide* de apresentação, é contado para efeito de numeração, mas jamais numerado.
- Jamais utilize mais do que um *slide* para o roteiro. É desnecessário! Em linhas gerais, podemos considerar o conteúdo do slide de roteiro como sendo os capítulos de um trabalho acadêmico.
- Na hora da explanação, seja objetivo na explicação do roteiro. Não é o momento de detalhar absolutamente nada, apenas apresentar uma ideia geral do trabalho.
- Portanto, não desperdice muito tempo. A não ser que, deliberadamente, essa seja a intenção quando não se prepara realmente uma boa apresentação.
- Apresente todos os tópicos do roteiro de apresentação automaticamente de uma vez ao invés de separados. Não é o caso de deixar transparecer que um elemento surpresa possa aparecer.
- O título do *slide* de roteiro deve ser apenas ROTEIRO ou ROTEIRO DE APRESENTAÇÃO. Evite ÍNDICE e jamais use SUMÁRIO. Pior ainda, quando se coloca a numeração correspondente ao *slide*, como se fosse realmente um sumário.
- Isso é aplicado exclusivamente à parte escrita do trabalho.

É importante destacar que é inadequado usar todos os termos do *slide* em caixa-alta, pois essa escolha faz o texto parecer agressivo em sua abordagem, além de visualmente cansativo.

6.3.4.1.6 Estrutura da apresentação

Um *slide* pode ser composto por vários elementos, tais como textos, trechos de frases, palavras-chave, relações de *bullets*, fotos, gráficos, tabelas, quadros, esquemas didáticos como fluxogramas, diagramadas, infográficos, vídeos e áudios. A seguir, apresentamos as especificidades de alguns desses recursos.

Título

Além de seguirem um estilo visual (todo o título em caixa-alta; apenas a inicial em maiúscula; fonte específica, como o Arial, por exemplo; determinada cor, como o preto; alinhamento centralizado ou à esquerda) que deve ser verificável em toda a relação de slides, os títulos devem ser marcantes e objetivos. Uma questão importante diz respeito à inserção de um título em todos os *slides* ou apenas no *slide* inicial do tema em questão. Por uma questão de respeito aos expectadores, entre os quais pode haver aqueles que chegam após o início da exposição, é um ato de cortesia manter o título em todos os *slides*, de modo a facilitar o entendimento do assunto tratado para todos os presentes.

Texto

Há certa controvérsia entre especialistas sobre o uso de textos (principalmente grandes trechos textuais), em uma apresentação de *slides*, seja porque em certa medida eles distraem a audiência, seja porque eles poluem o visual da exposição. Há quem diga que certa porção de informações textuais ajuda os espectadores a fazerem anotações, mas isso não é válido em apresentações no âmbito acadêmico, que têm um tempo determinado (e exíguo) para que todo o conteúdo seja tratado. De modo geral, os *slides* de uma apresentação devem servir como um guia do conteúdo e um complemento deste, não podendo jamais substituir a preleção do estudioso.

Figura 6.15 – Slide com porção excessiva de texto

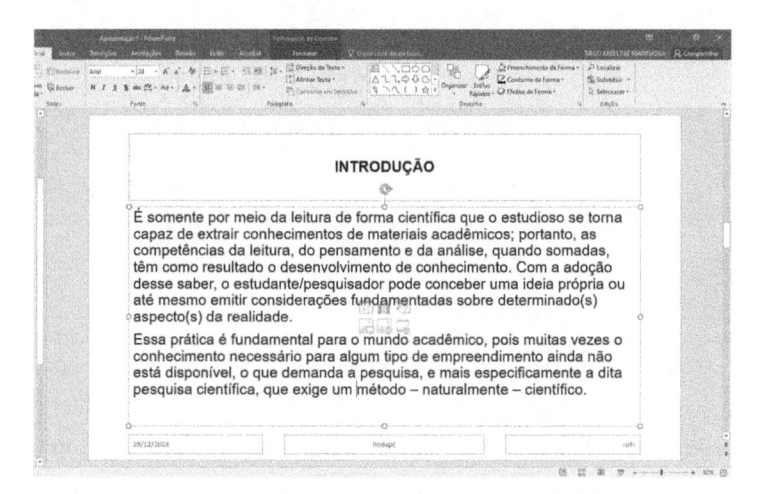

O excesso de texto pode transparecer uma falta de domínio do assunto tratado por parte do apresentador, que precisa se apoiar em grandes trechos de conteúdo em vez de abordar o tema com a desenvoltura que se espera de uma pessoa que estudou o tópico com profundidade e por extenso tempo. Tal escolha deve ser evitada a todo custo por parte do estudante, pois uma apresentação dessa natureza é monótona e estressante para todos os presentes. Obviamente, há exceções, como no caso de apresentações da área de literatura, em que a leitura de trechos extensos de texto é incontornável.

Contudo, se o uso de textos for imprescindível, é interessante que se use a estrutura de tópicos (*bullets*), mais enxuta, que funciona como complemento da fala do apresentador e facilita a visualização das informações por parte dos espectadores.

Figura 6.16 – Exemplo de texto estruturado em tópicos

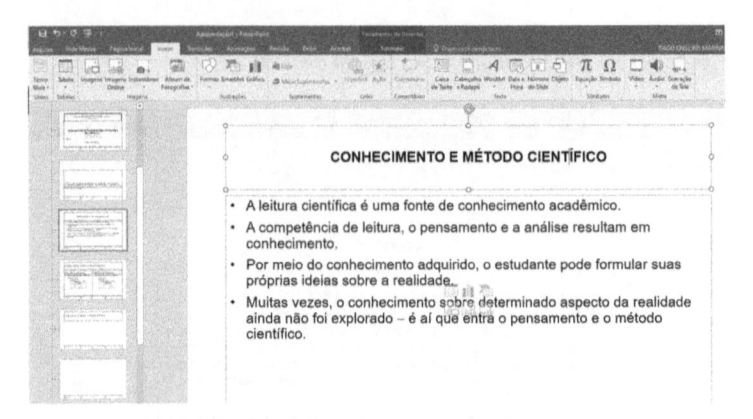

Convém enfatizar que se o excesso de palavras não é adequado, a quase ausência de termos também não o é. *Slides* com uma mera relação de palavras-chave é visualmente desagradável e transmite uma abordagem pobre da produção da apresentação, pois não complementa adequadamente o discurso do apresentador, que até mesmo corre o risco de ignorar pontos importantes de sua exposição, esquecendo-os em razão de o *slide* não trazer informações complementares fundamentais.

Nesse caso, qual é a melhor medida de palavras e linhas a serem inseridas em um *slide*? Há algumas possibilidades – que devem levar em conta espaçamento entrelinhas, tamanho e estilo da fonte utilizada e tamanho do *slide*: a conhecida regra "6×6" (6 palavras × 6 linhas) e suas variações:

- 5×7;
- 6×7;

- 7×8;
- 7×10.

Independentemente do arranjo escolhido, é importante que o elaborador da apresentação não tente fazer encaixar uma grande quantidade de texto no *slide* diminuindo fonte, espaço entre linhas ou alinhamento. Por exemplo: caso uma frase não caiba no *slide*, o correto é abrir um novo *slide*, inserir o título correspondente e acrescentar a frase restante.

Para que o arranjo do conteúdo dentro do *slide* seja facilitado no decorrer da elaboração da apresentação no PowerPoint®, a escolha correta do tamanho da fonte é essencial. Obviamente, esse fator é influenciado por alguns critérios, tais como tipo de fonte, tamanho do slide e até mesmo as dimensões do local em que será realizada a apresentação do trabalho de pesquisa, pois o tamanho da fonte nesse caso influencia a facilidade com que os expectadores irão enxergar o conteúdo apresentado.

Não existe um consenso oficial sobre as dimensões de fontes utilizadas para as apresentações acadêmicas em PowerPoint®. Contudo, há indicações de especialistas sobre uma espécie de modelo corrente utilizado na elaboração de exposições de trabalhos científicos:

- **Fonte dos títulos**: de 30 a 32 pontos.
- **Fonte dos textos**: de 26 a 28 pontos.
- **Elementos periféricos do *slide* (numeração)**: 18 pontos.

Figura 6.17 – Tamanhos de fontes dos elementos do slide

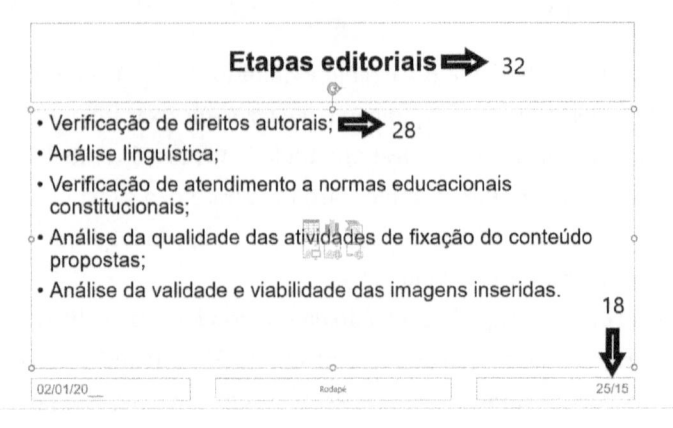

Etapas editoriais 32
- Verificação de direitos autorais; 28
- Análise linguística;
- Verificação de atendimento a normas educacionais constitucionais;
- Análise da qualidade das atividades de fixação do conteúdo propostas;
- Análise da validade e viabilidade das imagens inseridas.

18

02/01/20__   Rodapé   25/15

É importante destacar que é inadequado utilizar tamanhos inferiores aos indicados, principalmente em slides compostos apenas por textos.

Quanto ao espaçamento dos textos de *slides*, há três aspectos que podem ser modificados:

1. Espaçamentos superior e inferior;
2. Espaçamentos anterior e posterior;
3. Espaçamentos do parágrafo e entrelinhas.

Figura 6.18 – Espaçamentos de parágrafo e entrelinhas no PowerPoint®

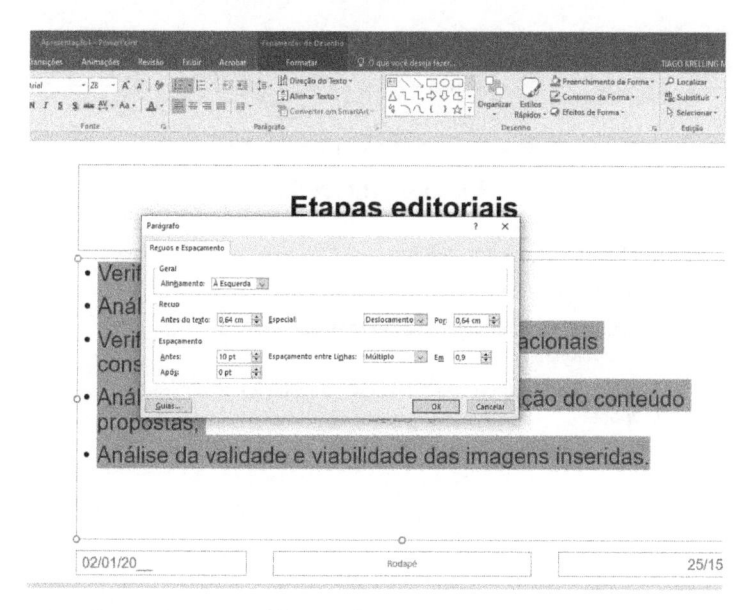

Como o espaço do *slide* tem de ser utilizado da maneira mais eficiente possível, é importante que o espaço entre parágrafos seja sempre medido adequadamente.

Figura 6.19 – Espaçamento entre parágrafos e entrelinhas aplicado

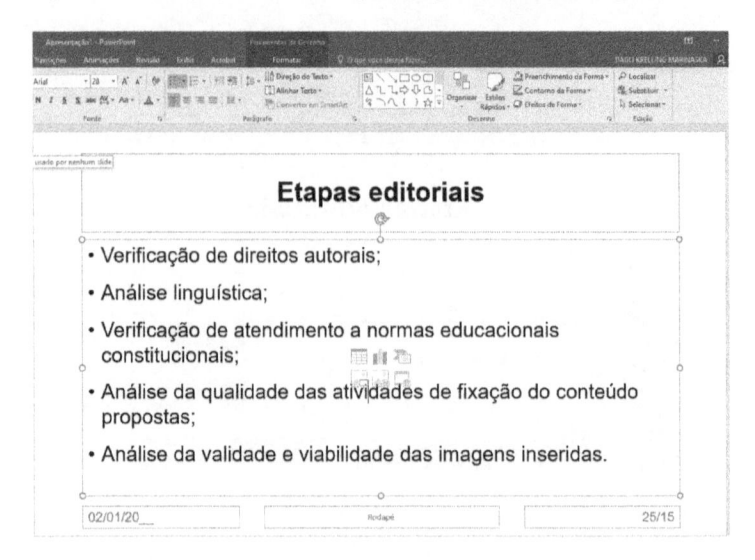

No uso de textos em formato de tópicos, é importante separá-los, como demonstrado na Figura 6.19. Os *bullets* devem ter um espaçamento superior a um espaço simples e inferior a uma linha em branco.

No que diz respeito ao alinhamento, é importante que o conteúdo esteja **à esquerda** (como na Figura 6.19), pois o estilo justificado é designado ao trabalho escrito da pesquisa e não se adéqua a textos em formatos de tópicos, pois muitas vezes o espaçamento entre palavras fica muito grande e, portanto, esteticamente desagradável. Obviamente, casos de alfabetos com alinhamento à direita, como o hebraico e o árabe, devem ser mantidos dessa maneira em *slides*.

> **Importante!**
>
> O uso de destaques gráficos como o **bold** deve ser feito apenas em casos imprescindíveis; a utilização do *itálico* deve se resumir a ocorrências de estrangeirismos e de metalinguagem; as aspas duplas devem ser utilizadas apenas em casos de citações diretas (não recomendadas em *slides*).

Ilustrações e tabelas

De acordo com a ABNT NBR 14724, citada por Silva (2020, p. 79), as apresentações científicas apresentadas por meio do PowerPoint® podem contar com os seguintes tipos de ilustrações: "um desenho, um esquema, um fluxograma, uma fotografia, um gráfico, um mapa, um organograma, uma planta, um quadro, um retrato, uma figura, uma imagem, entre outros". De modo geral, as imagens, os gráficos, os quadros e as tabelas são os elementos mais utilizados nas exposições de trabalhos de pesquisa.

Ainda que demande um esforço consideravelmente maior, o uso de ilustrações só tem a contribuir para a apresentação, pois materializa as informações de um modo muito mais lúdico e atrativo.

Figura 6.20 – Utilização de ilustrações para otimizar a exposição das informações do slide

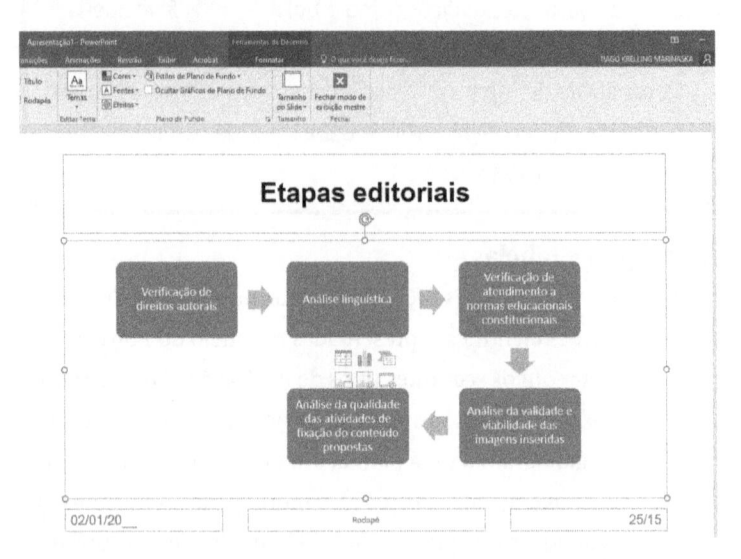

Nesse *slide*, pode-se observar que o conteúdo da Figura 6.19 foi convertido de modo a tornar o visual das informações mais atraente e didático, demonstrando que os dados se referem a etapas de um processo maior. A regra de manter todas as informações em um só *slide*, bem como a de utilizar o tamanho de fonte 26 a 28 (designada para textos), são fundamentais nesse caso.

Convém destacar que há uma diferença entre quadros e tabelas: os primeiros se referem a uma justaposição de paradigmas (colunas) e sintagmas (linhas) com conteúdo exclusivamente textual que, unidos, geram um sentido global; as segundas, por sua vez, contam com conteúdo tanto textual quanto numérico-matemático.

Figura 6.21 – Exemplo de quadro

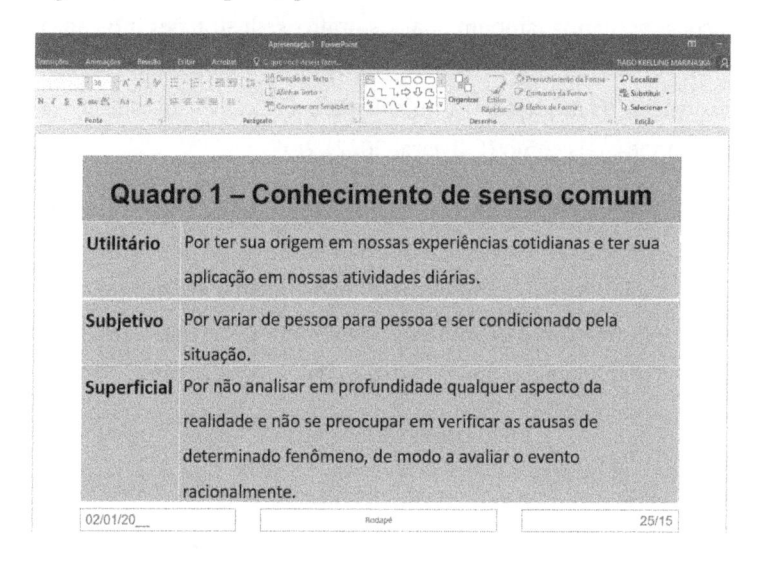

Quadro 1 – Conhecimento de senso comum

Utilitário	Por ter sua origem em nossas experiências cotidianas e ter sua aplicação em nossas atividades diárias.
Subjetivo	Por variar de pessoa para pessoa e ser condicionado pela situação.
Superficial	Por não analisar em profundidade qualquer aspecto da realidade e não se preocupar em verificar as causas de determinado fenômeno, de modo a avaliar o evento racionalmente.

Figura 6.22 – Exemplo de tabela

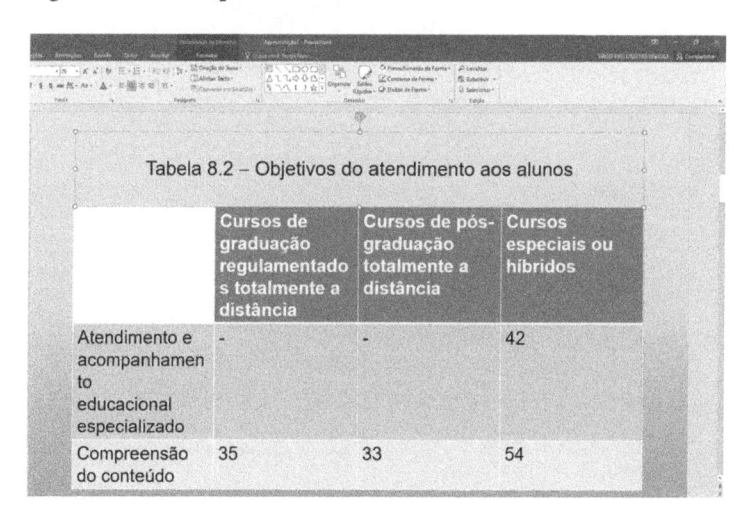

Tabela 8.2 – Objetivos do atendimento aos alunos

	Cursos de graduação regulamentados totalmente a distância	Cursos de pós-graduação totalmente a distância	Cursos especiais ou híbridos
Atendimento e acompanhamento educacional especializado	-	-	42
Compreensão do conteúdo	35	33	54

Fonte: Abed, 2022, p. 87.

Além desses dois recursos visuais muito comuns em apresentações, podemos também citar os gráficos, ilustrações indicadas para apresentar informações colhidas por meios quantitativos. São vários os modelos disponíveis para as mais diversas funções e enfoques, tais como (Oliveira, 2022):

- **Gráficos em linhas:** também denominados *gráficos de segmento*, esses recursos são compostos por linhas descendentes e ascendentes, cuja função é apresentar uma comparação de diferentes fenômenos correlatos em determinado período.

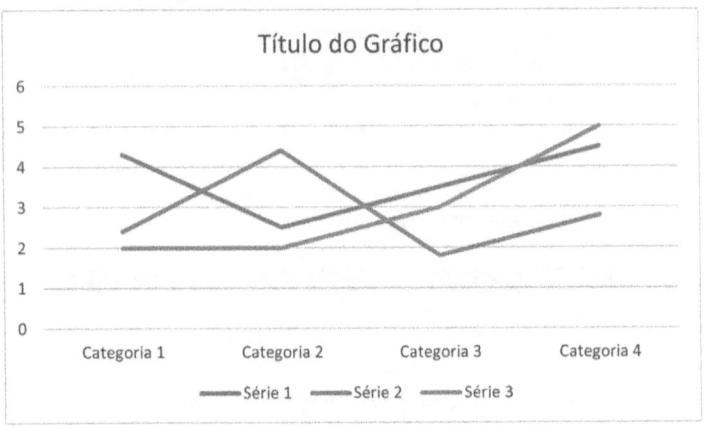

- **Gráficos de áreas**: compostos por pontos descendentes e ascendentes ligados por linhas, são adequados para a análise de oscilações e comparação de variáveis em um período específico. Nesse caso, a área resultante das linhas e pontos é elemento fundamental para a interpretação do fenômeno estudado.

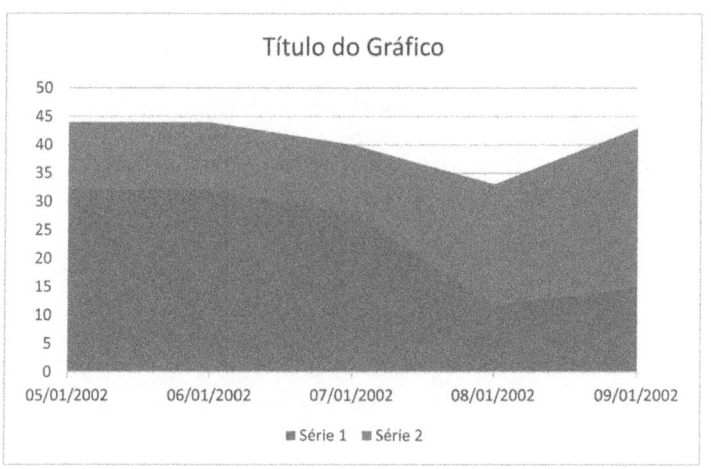

- **Gráficos em rede**: com formato semelhante a um painel de radar. "Para cada variável a ser analisada, deve existir um eixo radial, no qual terá seu valor medido. Todos os valores devem ser representados numa mesma escala" (Oliveira, 2022).

- **Gráficos de barras**: usados em contextos em que é necessário realizar a justaposição entre índices específicos. As barras devem ser compostas com mesma largura. Nesse contexto, especialistas diferenciam os gráficos de barras de gráficos de colunas. Nessa tese, os primeiros combinam valores no eixo horizontal e dados para comparações no vertical, enquanto os segundos funcionam da forma oposta.

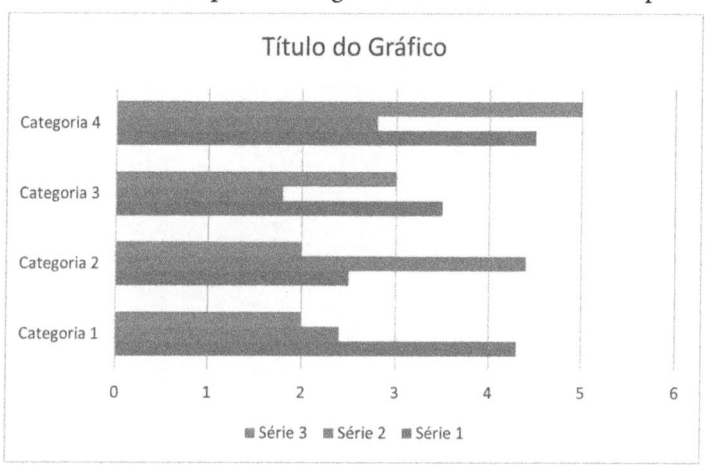

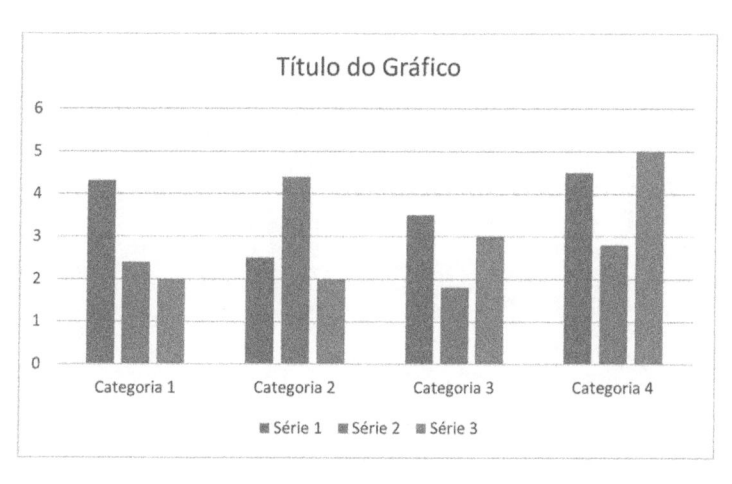

- **Gráficos de dispersão:** elaborados em casos em que é necessária a correlação de diversas informações (causas no eixo horizontal e consequências de eventos no vertical), bem como a busca por vínculos entre os fenômenos estudados, que podem ser negativos (dinâmica decrescente), nulos (sem tendência verificável) e positivos (dinâmica crescente).

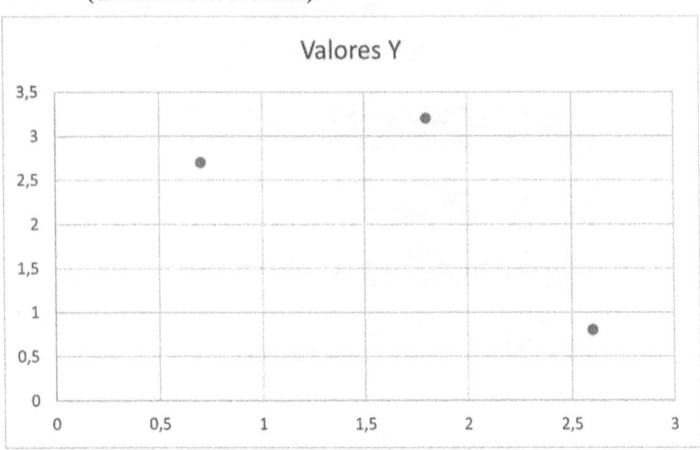

Valores Y

- **Gráficos de cascata**: utilizado quando o analista deseja representar grandes repercussões referentes a valores-base que culminam em determinado resultado.

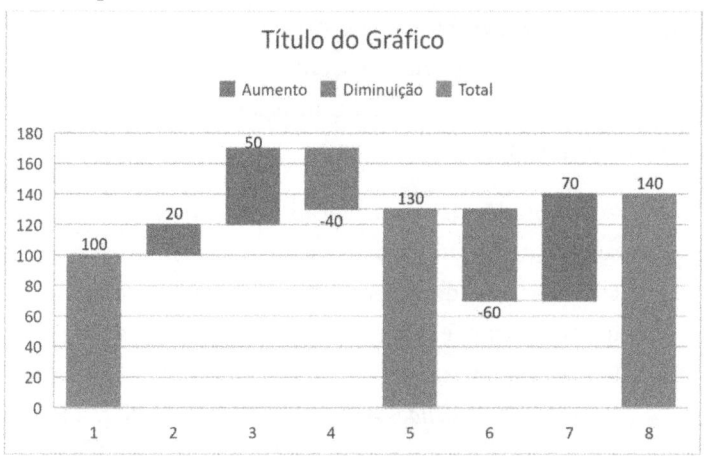

Título do Gráfico

■ Aumento ■ Diminuição ■ Total

(Valores: 100, 20, 50, -40, 130, -60, 70, 140)

- **Histograma**: amplamente utilizado para a análise de dados e suas respectivas distribuições. A altura corresponde à frequência com que o evento ocorre.

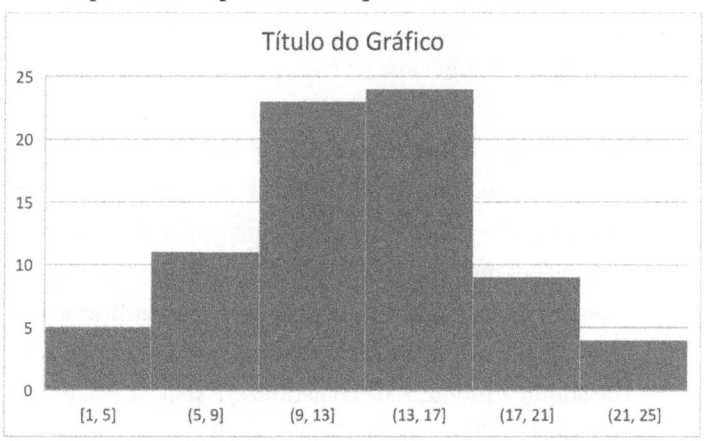

Título do Gráfico

Intervalos: [1, 5], (5, 9], (9, 13], (13, 17], (17, 21], (21, 25]

Imagens

Assim como as ilustrações, as imagens têm a propriedade de dinamizar uma apresentação ao complementar seu conteúdo, enriquecendo a experiência da exposição e trazendo novos sentidos ao discurso do apresentador. Contudo, é importante destacar alguns cuidados relacionados à utilização desses recursos nos *slides* do PowerPoint®:

- O elaborador da apresentação tem de primar pelo bom senso e pelo equilíbrio no uso de imagens. Uma apresentação de *slides* deve se fundamentar em um número adequado de textos e imagens, com primazia para os primeiros, tendo-se em vista que as imagens são complementares.
- O produtor dos *slides* deve utilizar imagens de modo criterioso, ou seja, a imagem usada deve ser estreitamente vinculada ao conteúdo tratado. Por outro lado, outro cuidado que deve ser tomado diz respeito à redundância. Por exemplo, ao ter de apresentar algum conteúdo genérico sobre uma maçã, o elaborador não precisa usar uma foto típica de um close da fruta para que os expectadores saibam do que o apresentador está falando.
- O editor do conteúdo da exposição deve ter extremo cuidado com questões relativas aos direitos autorais dos compositores das imagens. Recursos imagéticos utilizados de produções de terceiros e bancos de imagens pagas devem contar com a devida autorização de uso e a indicação correta de créditos. Nesse caso, para quem não tem condições de adquirir produtos dessa natureza, a solução pode ser a seguinte: utilizar bancos de imagens livres, gratuitos, tais como Freepik, Pixabay, Pexels e Burst. Nesse contexto, é importante observar os seguintes detalhes:

O uso de imagens da Internet requer muita atenção. O fato de uma imagem ser acessível na rede não significa que possa ser utilizada para qualquer fim. Por exemplo, pode estar disponível apenas para uso não comercial. É indispensável saber como a imagem é licenciada. Essa questão é tão séria que recentemente o Google Busca, um serviço da empresa Google, passou a informar mais claramente sobre o licenciamento das imagens.

Agora, mais compreensível, ao selecionar o sistema de buscas de imagens do Google imagens, na opção de Direitos de uso do menu Ferramentas, vide figura 16, dispomos de três opções: visualizar todas as imagens, independentemente do tipo de licenciamento; imagens com licenças Creative Commons, que são licenças mais permissivas; e licenças comerciais e outras, que geralmente são licenças mais restritivas. (Silva, 2020, p. 85)

- Outro cuidado a ser tomado diz respeito à qualidade da imagem exposta, que deve estar sempre em sua mais elevada resolução.

> **Indicação cultural**
>
> Para maiores informações sobre exportação de imagens para o PowerPoint®, acesse:
> COMO EXPORTAR... Microsoft 365. 13 abr. 2023. Disponível em: <https://learn.microsoft.com/pt-br/office/troubleshoot/powerpoint/change-export-slide-resolution>. Acesso em: 3 jan. 2024.

Figura 6.23 – Exemplo de uso de imagem em slide

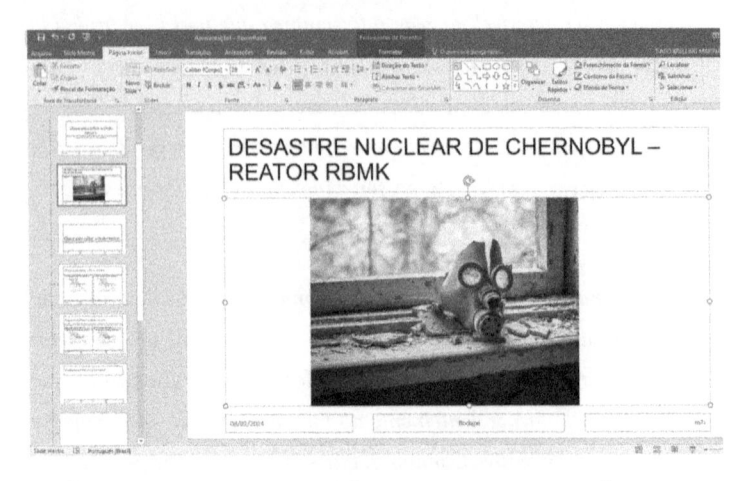

Observe que a imagem, ainda que impactante e, até certo ponto, apelativa, expressa de maneira muito superficial a natureza do acidente. Não mostra a estrutura da usina (antes ou depois da explosão), o núcleo destruído ou mesmo o projeto do reator RBMK, utilizado à época nas usinas soviéticas. No máximo, ela poderia ser utilizada como uma espécie de imagem introdutória, principalmente se os slides posteriores tratarem do drama humano envolvido no desastre; contudo, ela tem baixo valor didático, pois não trata de modo algum da dimensão técnica do acidente. Nesse caso, é importante que o elaborador da apresentação tenha a sensibilidade para avaliar a pertinência do uso da imagem apresentada.

- Por fim, é importante enfatizar o tamanho de fonte a ser utilizado para as indicações da descrição e da fonte de imagem: 18 ou 20 pontos, bem como a necessidade de padronização de elementos separadores de palavras da identificação da imagem (hífen, travessão médio ou dois-pontos).

Animações

Assim como as ilustrações e as imagens, as animações tornam a exposição mais atraente, chamando a atenção para as movimentações de tabelas, gráficos, infográficos e outros recursos. Nesse contexto, é importante avaliar os seguintes fatores:

- Quais elementos serão animados e quais não, ou, ainda, se todos serão animados.
- A compatibilidade do sistema em que a apresentação e animação serão feitos e o computador em que será feita a exposição.
- A validade de animar objetos da apresentação.
- A ordenação da animação de elementos individuais da apresentação.
- Que tipo de animação utilizar na apresentação (deve-se evitar os efeitos bumerangue, laço, flash, entre outros semelhantes).

Vídeos e áudios

Em ambos os casos, é importante que o apresentador verifique se os vídeos e áudios são compatíveis com o programa que será utilizado para a exposição. Dependendo do tipo e do tamanho dos arquivos a serem utilizados, o mais adequado é que os elementos sejam previamente inseridos no computador utilizado para a apresentação, ou, ainda, em alguma plataforma na nuvem. Todos os itens utilizados devem contar com os devidos crédito e fonte; o tempo de cada item e a quantidade deles na apresentação como um todo devem ser sopesados com bom senso, e é necessário verificar a necessidade de autorização para o uso desses recursos.

Citações

Por determinação do direito autoral a da Lei n. 9.610, de 19 de fevereiro de 1998, é obrigatória a indicação de autoria de todos os textos de terceiros utilizados na apresentação, tendo-se em vista que essa produção nada mais é que a extensão do trabalho escrito. Os modelos de citação são determinados pela ABNT NBR 10520/2002. Para facilitar a normalização do documento como um todo, é interessante que sejam utilizadas paráfrases, citações indiretas, em vez de citações diretas curtas e longas.

O local correto de indicação da fonte utilizada é ao final de cada tópico do *slide* ou, ainda, ao final do *slide*. A indicação da fonte nunca deve ser separada de sua respectiva citação. No caso de indicações de ilustrações, a fonte deve ser vir logo abaixo da composição.

Figura 6.24 – Indicação de fontes ao fim de cada citação no slide

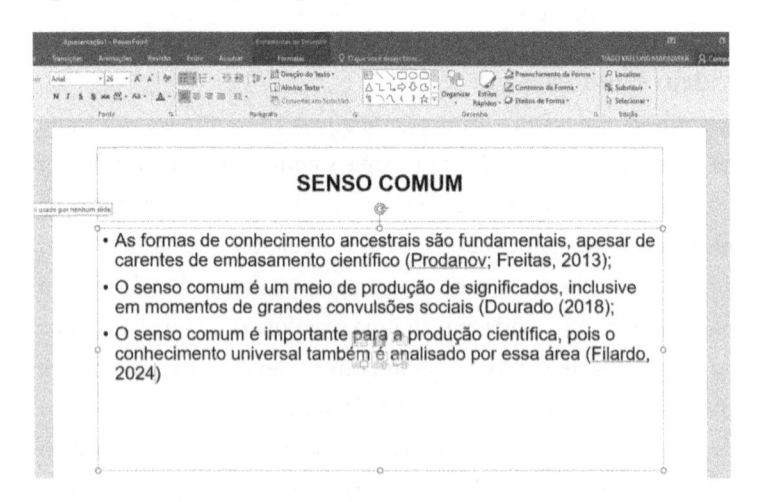

Figura 6.25 – Indicação de fonte ao final do slide

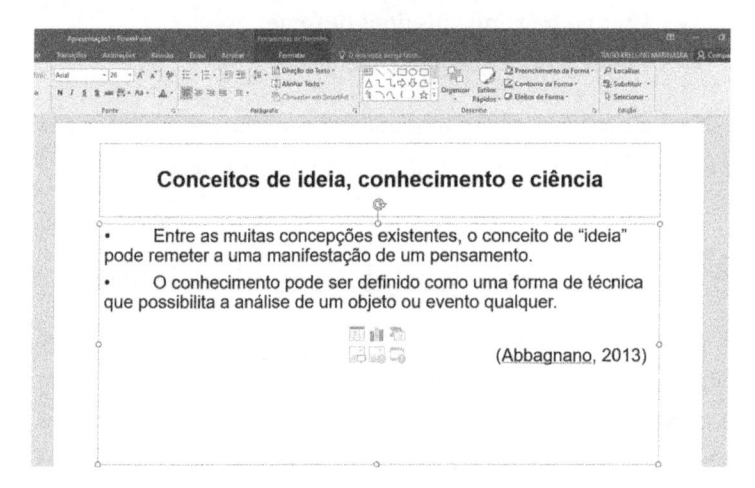

Por fim, deixamos alguns conselhos valiosos tanto para a produção da apresentação quanto para a exposição de seu conteúdo:

- Apoiar-se 80% na fala e 20% no material áudio visual;
- Reconhecer os *slides* de apresentação como recurso e não finalidade;
- Expressar as ideias de forma clara e objetiva;
- Conceituar os termos-chaves que compõem a ideia;
- Exemplificar sempre que possível;
- Usar mais a imagem do que o texto;
- Utilizar linguagem clara e simplificada;
- Racionalizar o uso dos elementos visuais – evitar a poluição visual;
- Combinar cor do fundo e dos elementos gráficos;
- Dimensionar o tamanho da fonte em função da distância do observador;
- Cuidar da ortografia;

- Editar a fonte no tamanho mínimo de 20;
- Usar no máximo dois tipos de fonte;
- Empregar o vocabulário adequado.

Na seção a seguir, trataremos mais especificamente da exposição presencial (ou remota) do trabalho de pesquisa científica.

6.4 Apresentação oral do trabalho científico

É importante que a apresentação da pesquisa científica tenha uma estrutura clara, de modo que o público perceba claramente a condução dos conteúdos expostos. Nesse contexto, elencamos alguns procedimentos que podem auxiliar o pesquisador quando da realização desse trabalho:

1. O estudioso deve decidir sobre sentar ou ficar de pé durante a apresentação. A primeira possibilidade é interessante quando se deseja fomentar um debate; a segunda é recomendada para transmitir calma e controle. Nesses casos, a escolha de postura pode depender das circunstâncias da apresentação, incluindo a abordagem adotada, o *layout* da sala, o equipamento de apresentação utilizado e o estilo pessoal do investigador.
2. O pesquisador deve ter em mente como tratará de perguntas difíceis encaminhadas pelo público quando da apresentação de seu trabalho. O estudioso pode conversar com seu orientador a respeito e ensaiar algumas respostas para que possa abordar com segurança as perguntas endereçadas.
3. O investigador deve evitar jargões.
4. O estudioso deve verificar a sala antes de sua apresentação para garantir que tenha tudo que precisa, que esteja familiarizado com o *layout* e que todo seu equipamento e demais materiais e recursos necessários estejam funcionando.

Além das recomendações anteriormente apresentadas, indicamos nas seções a seguir indicações igualmente importante para a condução bem-sucedida da apresentação de um trabalho científico.

6.4.1 Conhecer o público

É improvável que alguém na audiência de uma apresentação de pesquisa científica conheça o material exposto melhor do que o autor. Por isso, é importante avaliar o conhecimento prévio do público – o que pode parecer uma resenha para o pesquisador pode não o ser para os espectadores. Portanto, o estudioso deve revisar os achados básicos ou mesmo dar descrições introdutórias da literatura anterior para aqueles que assistem à sua preleção.

Seguindo essas linha de raciocínio, o investigador deve ter a capacidade de diferenciar uma apresentação para alunos de graduação de uma exposição para alunos de pós-graduação ou profissionais que trabalham na área abordada. Tais públicos têm diferentes visões, expectativas e níveis de conhecimento prévio sobre o tópico. Independentemente da formação dos membros da audiência, o objetivo deve ser proporcionar à audiência um ou dois pontos principais a serem lembrados – aqueles que assistem a apresentações de pesquisa participam de vários eventos dessa natureza e, portanto, podem não se lembrar dos detalhes de todas essas exposições.

6.4.2 Organizar a apresentação

O conteúdo da apresentação deve seguir o esboço geral comum a todos os relatórios de pesquisa: introdução (revisão da literatura), método, resultados e conclusão. Logo, é importante mostrar as informações básicas suficientes sobre a introdução e os métodos para que o público possa compreender o propósito do estudo. Contudo, o pesquisador deve fazer dos resultados e conclusões o foco principal da apresentação; afinal, essa é a nova informação pela qual o público está esperando.

6.4.3 Respeitar seus limites de tempo

Obedecer ao limite de tempo de uma apresentação acadêmica demonstra respeito ao público, a possíveis outros apresentadores e ao evento como um todo. Apresentações apressadas refletem falta de preparação, ao passo que exposições excessivamente longas prejudicam outros apresentadores. O cálculo do tempo de uma apresentação adequada deve considerar um ou dois minutos para perguntas ao final da exposição, a menos que o formato do programa especifique o contrário.

6.4.4 Praticar a apresentação

Apenas a prática garante a perfeição de uma apresentação acadêmica. Nesse caso, é interessante que o estudioso repasse a apresentação, do início ao fim, *ipsis litteris* e cronometrada, pelo menos três vezes antes do evento propriamente. A seguir, indicamos algumas técnicas de apresentação:

1. **Manter contato visual**: é permitido olhar anotações, contanto que isso não impeça contato visual regular com o público da apresentação. O estudioso deve olhar na direção que deseja que seu público olhe, logo, ao se referir a um elemento visual, olhar em direção a esse objeto é fundamental para "dirigir" a audiência, pois isso manterá o foco dos espectadores naquilo que o pesquisador deseja.
2. **Usar voz forte**: se o tom de voz do pesquisador for baixa, é necessário combinar com o pessoal da mídia responsável pelo evento – se houver – a melhor regulagem de som, o que também vale para o caso de um estudioso que tiver mais elevada. Se estiver falando sem microfone, o

estudioso deve se certificar de projetar a voz para o fundo do ambiente, pois não há nada mais mortal do que assistir a uma apresentação que não se consegue ouvir.

3. **Confiar nas notas com moderação:** algumas pessoas preferem escrever toda a apresentação literalmente, enquanto outros preferem falar com base em esboços ou anotações. Qualquer uma dessas abordagens é adequada. Em qualquer caso, é sempre uma boa ideia memorizar partes da palestra, pois isso permite manter um bom contato visual e até mesmo se mover pelo local de apresentação enquanto se fala.

4. **Integrar estilos profissionais e "informais":** há apresentações que parecem excessivamente ensaiadas, sem personalidade; por outro lado, há exposições que pecam pelo excesso de despojamento do apresentador e acabam por não transmitir a seriedade esperada para o evento. Um bom apresentador varia os estilos de apresentação profissional e coloquial a depender dos pontos do discurso. Nesse caso, equilíbrio e moderação são fundamentais.

Por fim, levando em consideração as apresentações que se utilizam do recurso do Powerpoint®, é importante que o expositor tenha em mente que seu discurso deve ir além do que está impresso nos *slides* de sua apresentação, afinal, essa ferramenta deve ser apenas um recurso auxiliar do estudioso, e não o protagonista do evento.

6.4.5 Apresentar *slides* por tópico

Assim como no projeto de pesquisa, todo o conteúdo de uma apresentação deve ser dividido em tópicos conectados e distribuído/inserido em *slides* do PowerPoint® ou de outro aplicativo escolhido para a exposição. A seguir, apresentamos sugestões para a elaboração dos *slides* do trabalho correspondentes às fases/aos tópicos de trabalhos acadêmicos. Vale ressaltar que a ordem e a estrutura desse arranjo dependem das recomendações metodológicas adotadas pelas instituições de ensino.

No *slide* de título devem ser incluídos o nomes do autor, do orientador do curso e o ano em que o trabalho foi concluído. No *slide* de introdução, deve constar uma rápida apresentação do tema, que pode incluir a revisão de literatura/estado da arte e, em alguns casos, o objetivo geral do trabalho. Alguns professores solicitam uma demarcação mais explícita da(s) hipótese(s) do estudo, o que demanda um *slide* exclusivo.

Os **objetivos** devem ser divididos em geral e específicos; se o primeiro não foi apresentado na introdução, ele deve ser apresentado neste *slide*.

A **metodologia**, raramente apresentada, deve ser abordada apenas em um *slide*, tal como em estudos quantitativos, nos quais esse tópico pode consistir em um extenso protocolo ou conter detalhes que "precisam" ser apresentados. Nesse caso, valem as mesmas recomendações sobre o uso de apêndices e anexos: nem sempre é necessário discutir ou apresentar detalhes "de cada pergunta de um questionário" – se alguém tiver interesse no conteúdo, que localize ou solicite ao apresentador após o encerramento da apresentação. Esse *slide* costuma ser subdivido em amostra, protocolo de estudo, coleta e tratamento de dados e, dependendo do caso, o intervalo de tempo demandado para a coleta. Todavia, não é raro que essa etapa exija um tempo significativo de uma apresentação, o que enseja muito cuidado quando da elaboração dessa parte da apresentação.

Nos *slides* relativos aos **resultados**, o pesquisador deve tomar o cuidado de apresentar os dados realmente pertinentes ao estudo, dispensando tudo que for acessório, pois, caso sua metodologia não seja inovadora, é esse ponto que chamará a atenção do público.

São os resultados que "conduzirão" a plateia para o momento de discussão, se isso for permitido.

O(s) *slide*(s) sobre a **discussão** trata(m) frequentemente do que foi revisado na introdução ou, dependo dos resultados, de novos olhares sobre o tema em estudo. Contudo, os pesquisadores tendem a utilizar essa parte do texto para confirmar dados, o que torna a discussão muito rica, pois essa seção permite comparações, inferências e até mesmo diagnósticos do trabalho em relação a muitos estudos "semelhantes" ou que já foram revisados.

O *slide* sobre as **conclusões** deve ser uma resposta à hipótese aventada no trabalho. No caso da hipótese "A mera prática da caminhadas emagrece?", a conclusão deve ser bem simples, havendo apenas duas possíveis: sim ou não – se sim, "Conclui-se que, mediante os achados, a mera prática da caminhada emagrece"; se não, "Conclui-se que, mediante os achados, a prática da caminhada por si só não emagrece". Qualquer comentário acessório pode ser redundante ou desnecessário, pois as tônicas da conclusão são a concisão e a precisão.

Para alguns professores/autores, a seção/tópico de conclusão também pode se chamar "Considerações finais". Apesar de essa parte do texto se caracterizar por uma abordagem mais "livre ou pessoal", nada impede que, nas conclusões, o estudo "amarre" as pontas soltas entre hipóteses, objetivos e demais tópicos anteriores e que, nas considerações finais, o pesquisador exponha suas ideias e opiniões sobre o estudo. Além disso, o estudioso pode ressaltar a relevância/importância do estudo após o término, ou seja, no que esse trabalho acrescentou à ciência ou ao tema estudado.

No *slide* das **referências**, é importante destacar que devem ser citadas algumas daquelas relacionadas aos tópicos anteriormente citados, tendo-se em vista a extensão da lista de trabalhos utilizados como base para o trabalho de pesquisa e que não devem ser listados em vários *slides*.

6.4.6 Inserir objetos

Voltando ao uso do PowerPoint® como suporte para a apresentação de trabalhos acadêmicos, não podemos deixar de indicar a possibilidade que o programa proporciona de inserção de objetos gráficos em *slides*, um dos motivos mais relevantes para a utilização desse *software*. Tal inserção inclui, entre outros recursos, imagens, vídeos e gráficos dos mais diferentes formatos e passíveis de customização.

O uso adequado de imagens, animações e vídeos pode estimular o interesse do público. Por isso, é de extrema importância o cuidado com a qualidade dessas produções e o planejamento de sua utilização em exposições, pois o excesso de ilustrações, animações e vídeos pode tornar a apresentação sem sentido ou cansativa.

Convém destacar que a apresentação de estudos de abordagem quantitativa geralmente incluem *slides* com tabelas e/ou quadros para expor resultados ou promover comparações em momentos de discussão. Tais recursos são na maioria das vezes "importados" do Excel®, por uma questão de comodidade, e formatadas no *slide*.

Gráficos e ou diagramas são recursos igualmente poderosos em apresentações no PowerPoint®, podendo ser importados/copiados do Excel®. Vale ressaltar que o pesquisador deve ter cuidado na utilização dessas ilustrações, pois elas devem expressar e demonstrar pontos realmente importantes do trabalho.

6.5 Apresentação impressa de trabalhos

Esse tipo de apresentação, também conhecida como *pôster* ou *banner*, também se utiliza de recursos visuais, e é aí que entra novamente o PowerPoint® e suas ferramentas. Nesse contexto, o apelo visual é composto por:

1. Recursos visuais e textos que chamam a atenção dos leitores e estimulam sua curiosidade. O pôster deve ser cativante para os visitantes em potencial, de modo que queiram fazer perguntas e discutir o conteúdo da apresentação.
2. Textos fáceis de ler. O tamanho de fonte de pôsteres não pode ser inferior a 16 pontos (os títulos e nomes de autores devem ter tamanho superior a esse). Os visitantes devem ser capazes de ler a maior parte do texto a uma distância de 75 cm a 150 cm.
3. Informações visuais e gráficas pertinentes e atraentes. Cartazes com muito texto não são visualmente atraentes para os visitantes e são mais propensos a fazer com que seu público em potencial passe adiante.

> **Importante!**
>
> Os participantes de uma sessão de pôsteres normalmente visitam dezenas de cartazes. Com esse fato em mente, o pesquisador deve elaborar seu pôster com dois objetivos: primeiro, que aqueles que visitam seu cartaz se lembrem de uma descoberta importante de seu estudo; segundo, que aqueles que têm grande interesse no tópico envolvam o autor em discussões individuais sobre o projeto. Essas conversas contínuas podem assumir várias formas.
>
> O leitor pode, por exemplo, pedir um rascunho do relatório escrito, fazer perguntas de acompanhamento ou estabelecer correspondências com o autor sobre as descobertas da pesquisa. Para tanto, o pesquisador deve ter a mão informações de contato e um rascunho por escrito do relatório de pesquisa, que pode ser distribuído aos estudiosos que solicitarem informações adicionais.

No âmbito acadêmico, fala-se de "diretrizes" da apresentação de um artigo ou pôster eficaz em conferências profissionais e/ou acadêmicas:

1. **Concisão e precisão**: ao apresentar um artigo, o estudioso provavelmente terá entre 10 a 20 minutos para descrever o que fez. Caso apresente um pôster, o texto (incluindo o tamanho da fonte) e os gráficos do cartaz devem ser grandes o suficiente para que os integrantes da audiência possam vê-los facilmente, a aproximadamente 1 metro, no mínimo. Em qualquer situação, não há tempo (no caso de um artigo) ou espaço (no caso de um pôster) para descrever todos os detalhes das realizações e aprendizados da pesquisa; logo, o pesquisador deve apresentar os aspectos essenciais do projeto para a compreensão do público sobre o objeto de estudo, incluindo: o título da apresentação, o nome do autor, a afiliação e as informações de contato, o problema de pesquisa e, se aplicável, as hipóteses, a justificativa geral, o contexto do estudo, a descrição geral do projeto, a metodologia (incluindo a natureza e o tamanho da amostra), os resultados centrais para o problema de pesquisa e as hipóteses e, por fim, as interpretações e as conclusões dos dados. Muitos pôsteres também incluem um resumo de uma página imediatamente após o título e o nome do(s) autor(es), além de uma pequena lista de referências citadas ao final do texto.

2. **Respeito às dimensões de pôsteres exigidas pela comissão do evento**: esses dados são importantes para avaliar as limitações físicas do pôster, bem como o local onde será exposto e o custo e tempo de impressão, que podem variar significativamente. Logo, é recomendado não sobrecarregar o pôster com muitos efeitos visuais, como imagens

irrelevantes (imagens simples são bastante apropriadas e podem prender a atenção dos espectadores).
3. **Preparo para responder às perguntas**: por sua própria natureza, as sessões de pôsteres dão ao seu público a chance de fazer perguntas, e a maioria desses eventos é empreendida justamente para que a audiência faça perguntas. Contudo, o pesquisador não deve esperar ser capaz de responder a todas as perguntas. É bastante aceitável – na verdade, é um sinal de um pesquisador franco e de mente aberta – responder a algumas perguntas dizendo: "Você levantou um ponto importante que eu não havia considerado" ou "Infelizmente, meu estudo não foi capaz para lidar com essa preocupação específica".
4. **Criação de conexão com o público**: é importante que o estudioso estabeleça contatos que possam ser desenvolvidos após a conferência. Independentemente de estar apresentando um artigo ou um pôster, o pesquisador deve se apresentar como alguém disponível e ansioso para trocar ideias. É importante que sorria, faça contato visual e, de outras maneiras, transmita a mensagem de que deseja ouvir ideias, contestações e sugestões de outras pessoas.

Por meio dos recursos, dos procedimentos e das posturas apresentadas neste capítulo, o pesquisador estará apto a apresentar TCCs e outros trabalhos de pesquisa memoráveis, que instigarão suas audiências e seus pares e empreender discussões, trocar ideias, desenvolver novas possibilidades e aprimorar ainda mais o campo do saber científico.

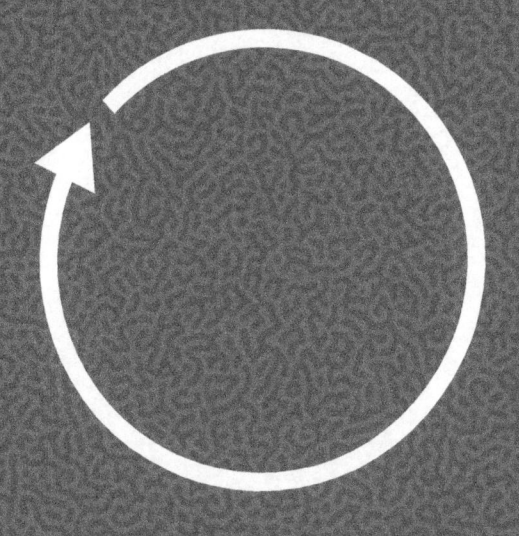

Considerações finais

O conhecimento científico é a fonte mais segura de conhecimento. É ele que nos permite analisar os eventos da realidade da maneira mais criteriosa, rigorosa e sistemática possível.

É o conhecimento científico que possibilita a construção de inúmeros campos do saber com base na racionalidade, na objetividade e na verificabilidade. Estando além das inclinações do estudioso, vai além de impressões e sensações e permite a criação de sistemas de pensamentos organizados, que visam à criação de leis e normas que, em uma medida ou outra, contribuem para a compreensão do mundo à nossa volta. E, ainda assim, reconhece-se falho, detalhe que só aumenta sua beleza e relevância, e não a diminui.

A busca por esse conhecimento requer método, o caminho desenhado para que o estudioso alcance seu caminho, o conjunto de conceitos e instrumentos necessários para mensurar, atestar e pôr à prova sua teoria. Em seu trabalho, o investigador acaba por consolidar uma metodologia – repertório de técnicas, abordagens, leituras, debates e fundamentação teórica que lhe fornece olhar crítico, científico, pleno de criatividade, organização e clareza. É aí que entra a pesquisa, recurso fundamentado na lógica, na coerência e na organização destinadas a permitir que o pesquisador chegue às respostas que deseja.

Portanto, a realização da pesquisa científica demanda a utilização do método científico. Só assim o pesquisador poderá abordar o seu tema de estudo: encontrada a ideia a ser perseguida, o estudioso tem de estabelecer um recorte, uma delimitação do seu campo de análise e das variáveis que podem ser contempladas, bem como determinar os conceitos e referenciais teóricos que darão sustentação ao empreendimento, assim como ao método mais adequado a ser empregado. Em seguida, o estudioso deve ter em mente a justificativa para seu trabalho, a razão pela qual seu projeto é relevante para o campo do saber contemplado e para a sociedade como um todo. Com base em um levantamento bibliográfico robusto, de um processo de levantamento de dados eficiente e de um processamento correto de tais informações, o investigador pode finalmente chegar às suas conclusões e materializar todo esse esforço em um trabalho escrito e a respectiva apresentação da produção para seus pares.

Portanto, partindo da premissa de que todo trabalho acadêmico, indiferentemente do nível, exige um planejamento, e que quanto melhor for essa estruturação, mais bem executada essa produção será, é necessário ter em mente que é praticamente impossível frequentar o ambiente acadêmico e ao mesmo tempo ignorar a (disciplina de) metodologia de pesquisa. Logo, aqueles que a negligenciam deformam o processo do saber científico, o que pode fazer com que uma sociedade inteira padeça.

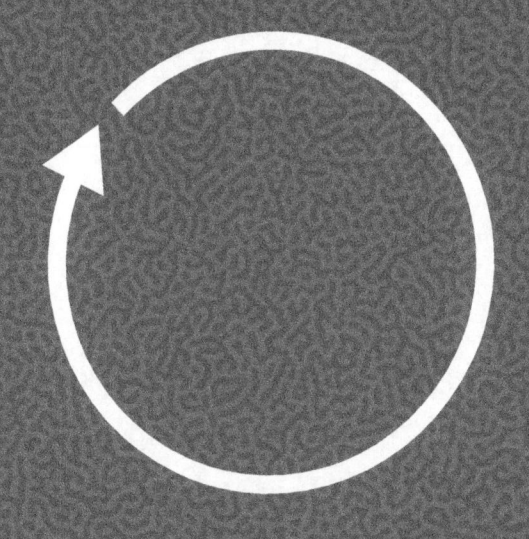

Referências

ABBAGNANO, N. **Dicionário de filosofia**. São Paulo: M. Fontes, 2007.

ABBAGNANO, N. **Dicionário de filosofia**. São Paulo: M. Fontes, 2013.

ABED – **Associação Brasileira de Educação a Distância** (Org.). Censo EAD.BR: relatório analítico da aprendizagem a distância no Brasil 2020. Curitiba: Intersaberes, 2020.

ABNT – ASSOCIAÇÃO BRASILEIRA DE NORMAS TÉCNICAS. **NBR 14724**: informação e documentação: trabalhos acadêmicos – apresentação. Rio de Janeiro, 2011. Disponível em: <http://site.ufvjm.edu.br/revistamultidisciplinar/files/2011/09/NBR_14724_atualizada_abr_2011.pdf>. Acesso em: 27 jul. 2023.

ANDRADE, M. A. A. de. **Guia de apresentação de seminários com os recursos do Microsoft Powerpoint**. 2010. Disponível em: <https://wp.ufpel.edu.br/seminariozootecnia/files/2011/06/Semin%C3%A1rios_powerpoint.pdf>. Acesso em: 15 ago. 2023.

ANTENOR, S. **Comitês de Ética ajudam a regular pesquisas com seres humanos**. 27 abr. 2021. Disponível em: <https://www.ipea.gov.br/cts/pt/central-de-conteudo/artigos/artigos/228-comites-de-etica-ajudam-a-regular-pesquisas-com-seres-humanos-no-brasil>. Acesso em: 16 ago. 2023.

ARAÚJO, C. A. A. A ciência como forma de conhecimento. **Ciências & Cognição**, Rio de Janeiro, v. 8, ago. 2006. Disponível em: <http://pepsic.bvsalud.org/scielo.php?script=sci_arttext&pid=S1806-58212006000200014>. Acesso em: 5 jun. 2023.

ARMAZENAMENTO físico ou em nuvem? **Segurança Eletrônica**. 2017. Disponível em: <https://revistasegurancaeletronica.com.br/armazenamento-fisico-ou-em-nuvem-descubra-qual-e-o-melhor/#:~:text=A%20escolha%20por%20um%20tipo,a%20nuvem%20seja%20a%20op%C3%A7%C3%A3o.>. Acesso em: 4 ago. 2023.

BEGGIORA, H. **Como fazer sumário no Word**. TechTudo, 5 dez. 2019. Disponível em: <https://www.techtudo.com.br/dicas-e-tutoriais/2019/12/como-fazer-sumario-no-word.ghtml>. Acesso em: 22 dez. 2023.

BLOOM, B. et al. **Taxionomia dos objetos educacionais**: domínio afetivo. Porto Alegre: Globo, 1972.

BRASIL. Conselho Nacional de Saúde. **Plataforma Brasil será lançada dia 15**. 9 dez. 2009. Disponível em: <https://conselho.saude.gov.br/ultimas_noticias/2009/09_dez_plataforma_brasil.htm#:~:text=O%20principal%20objetivo%20da%20Plataforma,Pesquisa%20em%20Sa%C3%BAde%20do%20Brasil%E2%80%9D.>. Acesso em: 6 jul. 2023.

BRASIL. Plataforma Brasil. **Sistema CEP/CONEP**. Disponível em: <https://plataformabrasil.saude.gov.br/login.jsf>. Acesso em: 6 jul. 2023.

CANTENHEDE, Y. Saiba quais são os tipos de conhecimento e as principais características de cada um deles! **Uninassau**, 26 dez. 2022. Disponível em: <https://blog.uninassau.edu.br/tipos-de-conhecimento/>. Acesso em: 4 dez. 2023.

CELLA, J. R. G. Sociedade em rede e conhecimento científico: uma crítica ao método da complexidade de Edgar Morin. In: ROVER, A. J.; CARVALHO, M. **O sujeito de conhecimento na sociedade de rede: textos produzidos a partir da disciplina Complexidade, conhecimento e sociedade em rede oferecida no programa de pós-graduação em Engenharia e Gestão do Conhecimento entre os anos de 2008 e 2009**. Florianóplis: Fundação Boiteux, 2010. p. 127-171.

DANTAS, L. M. V.; OLIVEIRA, A. A. **Como elaborar um pôster acadêmico**: material didático de apoio à vídeo-dica Pôster Acadêmico – Projeto de Extensão UFRB. Cachoeira: UFRB, 2015. Disponível em: <https://www.ufrb.edu.br/gestaopublica/images/phocadownload/materialdidatico/como_elaborar_pster.pdf>. Acesso em: 28 jul. 2023.

DEMO, P. **Metodologia do conhecimento científico**. São Paulo: Atlas, 2000.

DOURADO, I. P. Senso comum e ciência: uma análise hermenêutica e epistemológica do senso comum de oposição. **Educar em Revista**, v. 34, n. 70, jul./ago. 2018. Disponível em: <https://www.scielo.br/j/er/a/Yt4ggdnqqGXZkCMjCXP8GZC/?lang=pt>. Acesso em: 31 maio 2023.

DUTRA, B. M. A. **A questão da fundamentação dos direitos humanos sob o prisma axiológico**. Disponível em: <http://www.revistadireito.uerj.br/artigos/AQUESTAODAFUNDAMENTACAODOSDIREITOSHUMANOSSOBOPRISMAAXIOLOGICO.pdf>. Acesso em: 15 jun. 2023.

FARIA, J. **Legibilidade, "leiturabilidade" e «agradabilidade de leitura»**. Ciberdúvidas da Língua Portuguesa, 3 set. 2009. Disponível em: <https://ciberduvidas.iscte-iul.pt/consultorio/perguntas/legibilidade-leiturabilidade-e-agradabilidade-de-

leitura/26814#:~:text=A%20legibilidade%20refere%2Dse%20 ao,estabelecem%20umas%20com%20as%20outras.>. Acesso em: 28 dez. 2023.

FILARDO, R. D. **Validação das equações metabólicas do Colégio Americano de Medicina do Esporte**. 79 f. Dissertação (Mestrado em Educação Física) – Universidade Federal de Santa Catarina. Florianópolis: Programa de Pós-Graduação em Educação Física, Centro de Desportos, 2005.

FILIPPO, D.; PIMENTEL, M.; WAINER, J. Metodologia de pesquisa científica em sistemas colaborativos. In: PIMENTEL, M.; FUCKS, H. (Org.). **Sistemas colaborativos**. 2012. p. 379-404. Disponível em: <https://sistemascolaborativos.uniriotec.br/wp-content/uploads/sites/18/2019/06/SC-cap23-metodologia.pdf>. Acesso em: 27 jun. 2023.

FRANCELIN, M. M. Ciência, senso comum e revoluções científicas: ressonâncias e paradoxos. **Ciência da Informação**, Brasília, v. 33, n. 26-34, set./dez. 2004. Disponível em: <https://www.scielo.br/j/ci/a/ZmhGpGCb8DnzGYmRBfGWNLy/?format=pdf#:~:text=conjunto%20de%20descri%C3%A7%C3%B5es%2C%20interpreta%C3%A7%C3%B5es%2C%20teorias,24).>. Acesso em: 5 jun. 2023.

GERHARDT, E.; SILVEIRA, D. T. **Métodos de pesquisa**. SEAD/UFRGS: Porto Alegre: Ed. da UFRGS, 2009.

GOMES, W. B. Gnosiologia versus epistemologia: distinção entre os fundamentos psicológicos para o conhecimento individual e os fundamentos filosóficos para o conhecimento universal. **Temas em Psicologia**, Ribeirão Preto, v. 17, n. 1, 2009. Disponível em: <http://pepsic.bvsalud.org/scielo.php?script=sci_arttext&pid=S1413-389X2009000100005>. Acesso em: 18 maio 2023.

GONÇALVES, B. B. da S. **Softwares de apoio à pesquisa científica**: levantamento e análise de características. 66 f. Trabalho de Conclusão de Curso (Bacharelado em Tecnologias da Informação e da Comunicação) – Universidade Federal de Santa Catarina, Araranguá, 2016. Disponível em: <https://repositorio.ufsc.br/bitstream/handle/123456789/165459/SOFTWARES%20DE%20APOIO%20%C3%80%20PESQUISA%20CIENT%C3%8DFICA.pdf?sequence=1>. Acesso em: 4 jul. 2023.

GRAPH Prism. **OSB Software**. 2022. Disponível em: <https://osbsoftware.com.br/produto/graphpad-prism#:~:text=O%20Software%20GraphPad%20Prism%2C%20dispon%C3%ADvel,f%C3%A1cil%20entendimento%2C%20organiza%C3%A7%C3%A3o%20e%20dados.>. Acesso em: 4 jul. 2023.

HAX, B. **Pensamento e objeto**: a conexão entre linguagem e realidade. Pelotas: NEPFIL online, 2015. Disponível em: <https://wp.ufpel.edu.br/nepfil/files/2019/02/1-pensamento-e-objeto.pdf>. Acesso em: 16 maio 2023.

HELFER, I.; FISCHBORN, A. I. A utilidade da teoria da falseabilidade do filósofo Karl Popper no direito: estudo de algumas situações nas quais essa aplicação poderia ser útil. SEMINÁRIO INTERNACIONAL "DEMANDAS E POLÍTICAS PÚBLICAS NA SOCIEDADE CONTEMPORÂNEA", 16., 2019, Santa Cruz. **Anais**... Santa Cruz do Sul, RS: Unisc, 2019. Disponível em: <https://online.unisc.br/acadnet/anais/index.php/sidspp/article/download/19662/1192612375>. Acesso em: 18 maio 2023.

HOCHMAN, B. et al. Desenhos de pesquisa. **Acta Cirurgica Brasileira**, v. 20, supl. 2, p. 2-9, 2005. Disponível em: <https://www.scielo.br/j/acb/a/bHwp75Q7GYmj5CRdqsXtqbj/?lang=pt>. Acesso em: 28 jun. 2023.

HOUAISS, A.; VILLAR, M. de S. **Dicionário eletrônico Houaiss da língua portuguesa**. versao 3.0. Rio de Janeiro: Instituto Antonio Houaiss; Objetiva, 2009. 1 CD-ROM.

JONKER, J., PENNINK, B. **The Essence of Research Methodology**: a Concise Guide for Master and PhD Students in Management Science. Berlin: Springer-Verlag, 2010.

KIANE, R. Conhecimento científico, você sabe o que é? **Via**, 28 dez. 2017. Disponível em: <https://via.ufsc.br/voce-sabe-conhecimento-cientifico/>. Acesso em: 2 jun. 2023.

KÖCHE, J. C. **Fundamentos de metodologia científica**: teoria da ciência e iniciação à pesquisa. Petrópolis, RJ: Vozes, 2011.

KOTHARI, C.R. **Research Methodology**: Methods and Techniques. 2nd. Ed. New Delhi: New Age International (P) Ltd., Publishers, 2004.

LAKATOS, E. M.; MARCONI, M. A. **Metodologia científica**. 6. ed. São Paulo: Atlas, 2011.

LAROS, J. A.; PUENTE-PALACIOS, K. E. Validação cruzada de uma escala de clima organizacional. **Estudos de Psicologia**, Natal, v. 9, n. 1, abr. 2004. Disponível em: <https://www.scielo.br/j/epsic/a/sHJHbfPwTF7YKrmrMw8CyPC/?lang=pt>. Acesso em: 26 jun. 2023.

MOTA, E. A. D.; PRADO, G. do V. T.; PINA, T. A. Buscando possíveis sentidos de saber e conhecimento na docência. **Cadernos de Educação – FaE/PPGE/UFPel**, Pelotas, n. 30, p. 109-134, 2008. Disponível em: <https://periodicos.ufpel.edu.br/index.php/caduc/article/view/1761/1639>. Acesso em: 16 ago. 2023.

MOTA, J. da S. Utilização do Google Forms na Pesquisa Acadêmica. **Revista Humanidades e Inovação**, v. 6, n. 12, p. 371-379, 2019.

Disponível em: <https://revista.unitins.br/index.php/humanidades einovacao/article/view/1106>. Acesso em: 4 jul. 2023.

NUNES, M. F. As metodologias de ensino e o processo de conhecimento científico. **Educar**, Curitiba, n. 9, p. 49-58, 1993. Disponível em: <https://www.scielo.br/j/er/a/cbFzCc5T3nqZCgTbDrmHyvk/?format=pdf&lang=pt>. Acesso em: 18 maio 2023.

O GUIA completo das ferramentas de pesquisa. **Even3 Blog**. 2023. Disponível em: <https://blog.even3.com.br/guia-completo-das-ferramentas-de-pesquisa/>. Acesso em: 4 jun. 2023.

O QUE É escala? **Professor André Libault: Laboratório de Cartografia e Geoprocessamento**. Disponível em: <http://labcart.fflch.usp.br/o-que-e-escala#:~:text=Escala%20%C3%A9%20uma%20rela%C3%A7%C3%A3o%20matem%C3%A1tica,ser%20relativizado%20de%20maneira%20escalar.>. Acesso em: 26 jun. 2023.

O QUE É ontologia? **Significado e exemplos**. 29 maio 2020. Disponível em: <https://www.psicanaliseclinica.com/o-que-e-ontologia/>. Acesso em: 15 jun. 2023.

OLIVEIRA, J. V. Os 14 principais tipos de gráfico: exemplos e exercícios! **Trybe**, 19 jul. 2022. Disponível em: <https://blog.betrybe.com/estatistica/principais-tipos-de-grafico/#3>. Acesso em: 3 jan. 2024.

PANASIEWICZ, R.; BAPTISTA, P. A. N. **A ciência e seus métodos**: os diversos métodos de pesquisa – a relação entre tema, problema e método de pesquisa. Belo Horizonte: Fumec, 2013.

PEREIRA, A. S. et al. **Metodologia da pesquisa científica**. Santa Maria, RS: UAB/NTE/UFSM, 2018.

PESQUISA de mercado. **Opus Consultoria & Pesquisa**, 14 jun. 2018. Disponível em: <https://www.opuspesquisa.com/blog/mercado/pesquisa-de-mercado/>. Acesso em: 23 jun. 2023.

PRODANOV, C. C.; FREITAS, E. C. **Metodologia do trabalho científico**: métodos e técnicas da pesquisa e do trabalho acadêmico. 2. ed. Novo Hamburgo: Feevale, 2013.

RÉA-NETO, A. Raciocínio clínico: o processo de decisão diagnóstica e terapêutica. **Rev. Ass. Med. Brasil**. v. 44, n. 4, p. 301-311, 1998. Disponível em: <https://www.scielo.br/j/ramb/a/GxpfP3vrzdxRS4Gp6KKMwDc/?format=pdf&lang=pt>. Acesso em: 6 dez. 2023.

SAMPIERI, R. H.; COLLADO, C. F.; LUCIO, M. P. B. **Metodologia de pesquisa**. 5. ed. Porto Alegre: Penso, 2013.

SILVA, A. B. L. da et al. Experiência e atitudes de gestantes acerca do aleitamento materno. **Revista Brasileira em Promoção da Saúde**, n. 34, 2021. Disponível em: <https://ojs.unifor.br/RBPS/article/view/11903/pdf>. Acesso em: 22 jun. 2023.

SILVA, C. N. N.; PORTO, M. D. **Metodologia científica descomplicada**: prática científica para iniciantes. Brasília, DF: IFB, 2016.

SILVA, F. de A. da C. **Desmistificando a elaboração de slides acadêmicos: o passo a passo** [livro eletrônico]. Patos, PB: Edição do Autor, 2020. Disponível em: <https://educapes.capes.gov.br/bitstream/capes/600445/2/Desmistificando%20a%20elabora%C3%A7%C3%A3o%20de%20slides%20acad%C3%AAmicos%20-%20o%20passo%20a%20passo.pdf>. Acesso em: 26 dez. 2023.

SILVA, M. A.; COSTA, E. da S.; COSTA, A. A. Conhecimento científico e senso comum: uma abordagem teórica. COLÓQUIO INTERNACIONAL "EDUCAÇÃO E CONTEMPORANEIDADE", 7., 19-21 set. 2013. São Cristóvão, SE. **Anais**... Sergipe: Universidade Federal de Sergipe, 2013. Disponível em: <https://ri.ufs.br/bitstream/riufs/9718/96/95.pdf>. Acesso em: 30 maio 2023.

SOUSA, A. S. de; OLIVEIRA, G. S. de; ALVES, L. H. A pesquisa bibliográfica: princípios e fundamentos. **Cadernos da Fucamp**, v. 20, n. 43, p. 64-83, 2021. Disponível em: <https://revistas.fucamp.edu.br/index.php/cadernos/article/view/2336/1441>. Acesso em: 7 jul. 2023.

SUTTON, R.; STAW, B. What Theory is not. **Administrative Science Quarterly**, v. 40, n. 3, p. 371–84, 1995. Disponível em: <https://funginstitute.berkeley.edu/wp-content/uploads/2014/01/stawtheory.pdf>. Acesso em: 16 ago. 2023.

THOMAS, J. R.; NELSON, J. K.; SILVERMAN, S. J. **Métodos de pesquisa em atividade física**. 6. ed. Porto Alegre: Artmed, 2012.

TREVISAN, T. V. **Teoria do conhecimento e epistemologia**: 3º semestre. Santa Maria: UFSM, 2010. Disponível em: <https://repositorio.ufsm.br/handle/1/17130>. Acesso em: 15 jun. 2023.

VILLASANTE, P. A estatística inferencial na psicologia. **A mente é maravilhosa**, 5 jan. 2023. Disponível em: <https://amentemaravilhosa.com.br/estatistica-inferencial-na-psicologia/>. Acesso em: 30 jun. 2023.

VILELA JUNIOR, G. de B. **As etapas de pesquisa**. Disponível em: <https://www.cpaqv.org/metodologia/as_etapas_da_pesquisa.pdf>. Acesso em: 3 jul. 2023.

YAMASHITA, M. T. Preços abusivos praticados por revistas renomadas refletem escolhas erradas da comunidade científica. **Jornal da Unesp**, 4 fev. 2022. Disponível em: <https://jornal.unesp.br/2022/02/04/precos-abusivos-praticados-por-revistas-renomadas-refletem-escolhas-erradas-da-comunidade-cientifica/>. Acesso em: 1º ago. 2023.

ZANELLA, L. C. H. **Metodologia de pesquisa**. 2. ed. reimp. Florianópolis: Departamento de Ciências da Administração/UFSC, 2013.

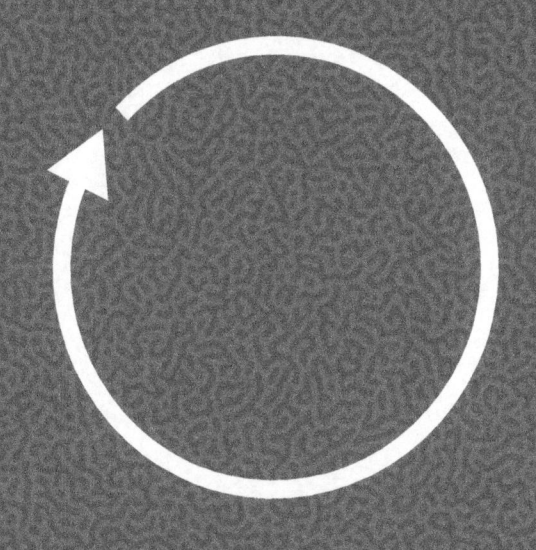

SOBRE O AUTOR

Ronaldo Domingues Filardo é graduado em Educação Física pela Pontifícia Universidade Católica do Paraná (PUC-PR, 1998) e mestre em Educação Física pela Universidade Federal de Santa Catarina (UFSC, 2005). Tem experiência na área de Educação Física, com ênfase em Atividade Física e Saúde, atuando principalmente nos seguintes temas: biomecânica, bioestatística, cinesiologia, atividade física e saúde, prescrição do exercício físico (musculação e cardiorrespiratório), avaliação da *performance* humana, antropometria e composição corporal, desportos coletivos, metodologia de pesquisa e seminários e orientações em trabalhos de conclusão de curso. Também é bacharel em Teologia pelo Centro Universitário de Maringá (Unicesumar, 2016), com ênfase em Prática Ministerial, ofertando aulas relativas à prática da vida cristã.

Os papéis utilizados neste livro, certificados por instituições ambientais competentes, são recicláveis, provenientes de fontes renováveis e, portanto, um meio responsável e natural de informação e conhecimento.

Impressão: Reproset